Jörg Bartenschlager
Hans Hebel
Georg Schmidt

**Handhabungstechnik
mit Robotertechnik**

Aus dem Programm
Automatisierungstechnik

Einführung in die Roboterprogrammierung
von B. Güsmann

Dehnungsmeßstreifentechnik
von P. Giesecke

Atlas der modernen Handhabungstechnik
von S. Hesse

Montage-Atlas
von S. Hesse

Robotik
von S. Hesse und G. Seitz

Handhabungstechnik mit Robotertechnik
von J. Bartenschlager, H. Hebel und G. Schmidt

Bussysteme in der Automatisierungstechnik
von G. Schnell (Hrsg.)

Steuern – Regeln – Automatisieren
von W. Kaspers, H.-J. Küfner, B. Heinrich und W. Vogt

Vieweg

Jörg Bartenschlager
Hans Hebel
Georg Schmidt

Handhabungstechnik mit Robotertechnik

Funktion, Arbeitsweise, Programmierung

Mit 324 Bildern und 45 Tabellen

Alle Rechte vorbehalten
© Friedr. Vieweg & Sohn Verlagsgesellschaft mbH, Braunschweig/Wiesbaden, 1998

Der Verlag Vieweg ist ein Unternehmen der Bertelsmann Fachinformation GmbH.

Das Werk einschließlich aller seiner Teile ist urheberrechtlich geschützt. Jede Verwertung außerhalb der engen Grenzen des Urheberrechtsgesetzes ist ohne Zustimmung des Verlages unzulässig und strafbar. Das gilt insbesondere für Vervielfältigungen, Übersetzungen, Mikroverfilmungen und die Einspeicherung und Verarbeitung in elektronischen Systemen.

http://www.vieweg.de

Umschlaggestaltung: Klaus Birk, Wiesbaden
Druck und buchbinderische Verarbeitung: Lengericher Handelsdruckerei, Lengerich
Gedruckt auf säurefreiem Papier
Printed in Germany

ISBN 3-528-03830-6

Vorwort

Kurze Produktlebenszeiten zwingen die Hersteller zu flexiblen Produktionsmethoden. Damit können unterschiedliche Werkstücke, in beliebiger Reihenfolge, in wechselnden Losgrößen wirtschaftlich gefertigt werden. Diese Vorgaben sind nur durch Automatisierung eines Großteils der Produktion zu erreichen. Einen gewichtigen Anteil an der Automatisierung eines Prozesses nimmt die Handhabungstechnik ein. Die Robotertechnik wiederum ist in den Bereich der Handhabungstechnik einzuordnen und spielt hier eine zentrale Rolle, da man den Roboter als das universellste Handhabungsgerät bezeichnen kann.

Die Handhabungstechnik – und somit auch die Robotertechnik – ist Inhalt der beruflichen Erst- und Weiterbildung. Weiterhin sind diese Lerninhalte an Fachhochschulen und Universitäten im Bereich der Automatisierungstechnik und Prozeßautomatisierung Standard. Das vorliegende Lehrbuch ist an alle gerichtet, die sich in Ausbildung, Studium oder Praxis mit dem Themengebiet Handhabungstechnik beschäftigen müssen.

Ziel dieses Buches ist es, ein Handhabungssystem in Kinematik, Antrieb, Meßsystem, Endeffektor, Steuerung, Sensorik, Programmierung und Arbeitsschutz vorzustellen. Damit wird der Leser in die Lage versetzt, die komplexen Zusammenhänge eines automatisierten Prozesses zu überblicken und ein Handhabungsgerät richtliniengemäß in den Prozeß zu integrieren. Viele theoretische Inhalte sind mit Hilfe existierender Befehlsstrukturen ausgeführter Steuerungssoftware verdeutlicht, um auch hier den Praxisbezug zu gewährleisten. Einige stark mathematische Inhalte im Bereich der Bahnplanung sind in den Anhang verlegt worden und können so bei Interesse durchgearbeitet werden.

Dem Buch liegt eine CD-ROM der Firma SCHUNK bei, aus der technische Daten zu Greifer, Greiferwechselsystemen und anderer zusätzlicher Greifereinrichtungen (z.B. Kollisionschutz) entnommen werden können. Hierzu gehören auch technische Zeichnungen, die im DXF-Format abrufbar sind. Darüber hinaus ist ein Berechnungsprogramm für Greifer enthalten, welches in Abhängigkeit von verschiedenen Parametern die Greifkraft berechnet. Entsprechende Hinweise zur CD sind im Buch vorhanden.

Dieses Buch entstand aus einer Lehrerfortbildung für das Staatliche Institut für Lehrerfort- und -weiterbildung des Landes Rheinland-Pfalz, die die Autorengruppe organisiert und geleitet hat. Es wurden Lehrer an Berufsbildenden Schulen projektorientiert (d.h. realer Aufbau und Inbetriebnahme eines automatisierten Prozesses mit Roboter, SPS, Sensoren und Aktoren) in die Themengebiete eingeführt.

Für Verbesserungsvorschläge aus dem Leserkreis sind wir jederzeit dankbar.

Bad Honnef, Melsbach, Trier im Februar 1998 *Jörg Bartenschlager*
Hans Hebel
Georg Schmidt

Inhaltsverzeichnis

1 **Grundlagen der Fertigungsautomatisierung** 1
   1.1 Der Begriff Handhaben 5
   1.2 Funktionen des Handhabens 8
   1.3 Symbolische Darstellung von Handhabungsaufgaben 8
   1.4 Handhabungseinrichtungen 9
       1.4.1 Manipulatoren 12
       1.4.2 Teleoperatoren 12
       1.4.3 Balancer 13
       1.4.4 Einlegegeräte 13
       1.4.5 Spezialgeräte/-maschinen 14
       1.4.6 Industrieroboter 15

2 **Grundlagen der Robotertechnik** 16
   2.1 Geschichtliche Entwicklung des Robotereinsatzes 16
   2.2 Definitionen des Industrieroboters 17
   2.3 Systemkomponenten eines Industrieroboters 19
   2.4 Kenngrößen eines Industrieroboters 21
       2.4.1 Mechanische Systemgrenzen 22
       2.4.2 Raumaufteilung 23
       2.4.3 Belastungskenngrößen 24
       2.4.4 Kinematische Kenngrößen 26
       2.4.5 Genauigkeitskenngrößen 26
   2.5 Einsatzbereiche und Anwendungsbeispiele von Industrierobotern 30

3 **Kinematik des Roboters** 36
   3.1 Achsen 36
   3.2 Freiheitsgrade 39
   3.3 Bestimmung der Achsbezeichnungen 45
   3.4 Bauarten, Arbeitsräume und Einsatzbereiche 47
       3.4.1 Lineararm-Roboter/Portalroboter 48
       3.4.2 Schwenkarm-Roboter 49
       3.4.3 Knickarm-Roboter 50

4 **Roboter-Antriebe** 51
   4.1 Allgemeines 51
   4.2 Gleichstromantriebe 53
       4.2.1 Aufbau des Scheibenläufermotors 54
       4.2.2 Drehzahlregelung des Scheibenläufermotors 57
       4.2.3 Lage- und Drehzahlerfassung 58
   4.3 Drehstrom-Servoantriebe 60
       4.3.1 Servoantrieb mit Synchronmotor 62
       4.3.2 Servoantrieb mit Asynchronmotor 65
       4.3.3 Blockschaltbild eines kompletten Drehstrom-Servoantriebes 65

5 Meßsysteme ... 69
- 5.1 Aufgaben von Meßsystemen ... 69
- 5.2 Wegmeßsysteme ... 70
  - 5.2.1 Inkrementale Wegmeßsysteme ... 70
  - 5.2.2 Absolute Wegmeßsysteme ... 74
- 5.3 Geschwindigkeitsmeßsysteme ... 83

6 Greifer ... 85
- 6.1 Grundbegriffe ... 85
- 6.2 Funktionen des Greifers ... 86
- 6.3 Teilsysteme von Greifern ... 86
  - 6.3.1 Das Trägersystem (Flansch) ... 87
  - 6.3.2 Das Antriebssystem ... 88
  - 6.3.3 Das kinematische System ... 89
  - 6.3.4 Das Wirk- bzw. das Haltesystem ... 90
  - 6.3.5 Das Steuerungs- und Sensorsystem ... 90
  - 6.3.6 Das Schutzsystem ... 91
- 6.4 Einteilung der Greifer ... 93
  - 6.4.1 Übersicht über mögliche Gliederungsprinzipien ... 93
  - 6.4.2 Gliederung nach dem Wirkprinzip ... 94
  - 6.4.3 Gliederung nach Anzahl der Greifobjekte ... 94
  - 6.4.4 Gliederung nach der Anzahl der Wirkorgane ... 98
- 6.5 Beschreibung des Greifprinzips wichtiger Greiferarten ... 98
  - 6.5.1 Sauggreifer ... 98
  - 6.5.2 Magnetgreifer ... 100
  - 6.5.3 Adhäsionsgreifer ... 101
  - 6.5.4 Mechanische Greifer ... 101
  - 6.5.5 Nadelgreifer ... 104
  - 6.5.6 Sonstige Greiferarten ... 105
- 6.6 Flexibilität von Greifern ... 107
  - 6.6.1 Flexible Greifer und flexible Greiferbacken ... 107
  - 6.6.2 Greiferwechselsysteme ... 109

7 Roboter-Steuerung ... 112
- 7.1 Grundlagen ... 112
- 7.2 Koordinatensysteme und -transformationen ... 118
  - 7.2.1 Grundlagen ... 119
  - 7.2.2 Roboter-Koordinatensysteme ... 131
- 7.3 Steuerungsarten ... 138
  - 7.3.1 Punktsteuerung ... 140
  - 7.3.2 Streckensteuerung ... 140
  - 7.3.3 Multipunktsteuerung ... 140
  - 7.3.4 Bahnsteuerung ... 142

8 Sensoren ... 152
8.1 Allgemeines ... 152
8.1.1 Begriffsdefinition ... 152
8.1.2 Sensorordnung (nach Grabnitzki). ... 152
8.2 Induktive Sensoren ... 158
8.2.1 Grundlagen ... 158
8.2.2 Technische Begriffe, Definitionen (DIN EN 50010, 50032, VDE 0660) ... 162
8.2.3 Schaltzeiten des Sensors ... 168
8.2.4 Bauformen ... 170
8.2.5 Elektrische Daten ... 171
8.2.6 Elektrische Schutzmaßnahmen ... 173
8.2.7 Reihen- und Parallelschaltung ... 176
8.2.8 Merkmale des induktiven Sensors ... 178
8.2.9 Kriterien für den praktischen Einsatz ... 179
8.2.10 Gegenseitige Beeinflussung von induktiven Sensoren ... 182
8.2.11 Schnittstellen induktiver Sensoren ... 182
8.2.12 NAMUR-Sensoren (DIN 19234) ... 184
8.3 Kapazitive Sensoren ... 185
8.3.1 Sensoraufbau ... 186
8.3.2 Schaltabstand bei kapazitiven Sensoren ... 193
8.3.3 Material-Korrekturfaktor ... 194
8.3.4 Merkmale kapazitiver Sensoren ... 195
8.3.5 Anwendung ... 195
8.3.6 Elektrische Daten ... 196
8.3.7 Elektrische Schutzmaßnahmen ... 196
8.3.8 Schaltungsarten ... 196
8.3.9 Montagehinweise ... 196
8.3.10 Gegenseitige Beeinflussung ... 197
8.4 Applikationsbeispiele für induktive und kapazitive Sensoren ... 197
8.4.1 Umgebungsbedingungen ... 198
8.4.2 Umgebungstemperatur ... 198
8.4.3 Schock- und Schwingbeanspruchung ... 198
8.4.4 Fremdkörper und Staub ... 198
8.4.5 Dichtigkeit ... 198
8.4.6 Feuchte und Wasser ... 199
8.4.7 Chemische Einflüsse ... 199
8.4.8 Elektromagnetische Einflüsse ... 199
8.4.9 Sonstige Einflüsse ... 199
8.5 Optoelektronische Sensoren ... 200
8.5.1 Einleitung ... 200
8.5.2 Physikalische Grundlagen ... 200
8.5.3 Die Grundprinzipien ... 202

	8.5.4	Die Einweg-Lichtschranke	203
	8.5.5	Die Reflexionslichtschranke	208
	8.5.6	Der Reflexionslichttaster	212
	8.5.7	Technische Besonderheiten	218
	8.5.8	Digitale Störaustastung	220
	8.5.9	Ausführungsformen von optoelektronischen Sensoren	221
	8.5.10	Empfehlungen	222

9 Programmierung von Industrierobotern 223
9.1 Aufgaben und Anforderungen an die Programmierung 223
9.2 Verfahren zur Roboterprogrammierung 223
    9.2.1 Überblick 223
    9.2.2 Online-Programmierung 225
    9.2.3 Offline-Programmierung 229
9.3 Programmierbeispiele 236
    9.3.1 Programmierbeispiel Mitsubishi 236
    9.3.2 Programmierbeispiel in der Programmiersprache BAPS 237

10 Planung des Einsatzes von Industrierobotern 240
10.1 Automatisierungsgerechte Produktgestaltung 240
10.2 Methodische Vorgehensweise 241
    10.2.1 Arbeitsplatzanalyse und Auswertung 242
    10.2.2 Auswahl und Realisierung von Systemlösungen 242
    10.2.3 Wirtschaftlichkeitsbetrachtung und Realisierung 244
10.3 Planungshilfsmittel 244
    10.3.1 Pflichtenheft 244
    10.3.2 Checkliste 245
    10.3.3 Planungssoftware 247
10.4 Wirtschaftlichkeitsbetrachtungen 249

11 Arbeitsschutzmaßnahmen 250
11.1 Unfallquelle Industrieroboter 250
11.2 Allgemeine Sicherheitsmaßnahmen 252
11.3 Allgemeine Sicherheitshinweise (informelle Sicherheitsmaßnahmen) 253
    11.3.1 Betriebsanleitung 253
    11.3.2 Verpflichtung des Betreibers 253
    11.3.3 Verpflichtung des Bedienpersonals 253
    11.3.4 Organisatorische Maßnahmen 253
    11.3.5 Ausbildung des Bedienpersonals 254
11.4 Vorbeugende Maßnahmen 254
11.5 Sicherheitsanalyse 256
    11.5.1 Risikobewertung 256
    11.5.2 Sicherheitskategorien 256
11.6 Schutzeinrichtungen 261
    11.6.1 Trennende Schutzeinrichtungen 262
    11.6.2 Mit Positionsschaltern erreichbare Sicherheitskategorien 267

11.7 Sicherheitssensoren zur Überwachung beweglicher Schutzeinrichtungen 268
    11.7.1 Funktionsprinzip 268
    11.7.2 Funktionsweise 270
    11.7.3 Auswerteeinheit mit dreifach redundantem Aufbau 270
    11.7.4 Erzielbare Sicherheitskategorien mit Sicherheitssensoren 271
11.8 Schutzeinrichtungen mit Annäherungsreaktion 271
    11.8.1 Berührungslos wirkende Schutzeinrichtungen (BWS) 271
    11.8.2 Schaltmatten 275
11.9 Betriebsbedingte Schutzmaßnahmen 280
    11.9.1 Automatikbetrieb 280
    11.9.2 Programmierung des IR 280
    11.9.3 Regelmäßige Inspektion und Wartung 281
11.10 Sicherheitsvorschriften für IR 282
11.11 Beispiele für Schutzeinrichtungen 284

A Kinematische Beschreibung von Industrierobotern 287
    A.1 Einführung 287
    A.2 Mathematische Grundlagen 289
    A.3 Roboterachsenbeschreibung nach Denavit und Hartenberg 297
    A.4 Beschreibung der Roboterkinematik nach Paul 299
    A.5 Vorwärts- und Rückwärtstransformation beim Zweiarmmanipulator 308
        A5.1 Vorwärtstransformation 309
        A5.2 Rückwärtstransformation 311

B Bahnberechnungen 314
    B.1 Grundlagen 314
    B.2 Industrieroboter mit maximal drei Achsen 315
        B.2.1 Dreiachsiger Roboter mit kartesischem Arbeitsraum 316
        B.2.2 Dreiachsiger Roboter mit zylindrischem Arbeitsraum 316
        B.2.3 Dreiachsiger Roboter mit kugelförmigem Arbeitsraum 318
    B.3 Punktsteuerungen für mehr als drei Achsen 319
        B.3.1 Interpolation für eine einzelne Achse 319
        B.3.2 Kopplung mehrerer Achsen 327
    B.4 Bahnsteuerungen für mehr als drei Achsen 330

C Beispiele ausgeführter Roboter 334
    C.1 Portalroboter der Firma DÜRR 334
    C.2 Scara-Roboter der Firma BOSCH 337
    C.3 Knickarmroboter der Firma KUKA 339
    C.4 Industrieroboter der Firma REIS 341

D Beispielprogramm Geradeninterpolation 342
    D.1 Programmablaufplan 342
    D.2 FORTRAN-Programm 345

Literaturverzeichnis 351

Sachwortverzeichnis 354

1 Grundlagen der Fertigungsautomatisierung

Es war schon immer ein Wunsch der Menschheit, schwere, unangenehme Arbeit oder immer wiederkehrende monotone Arbeitsabläufe auf Maschinen oder Apparate zu übertragen. So konstruierte *Philon von Byzanz* um 230 v. Chr. einen Ölbehälter, bei dem das „lästige" Nachfüllen des Öls automatisch erfolgte. In diese Zeit fällt auch die Erfindung von *Heron von Alexandria*. Er entwickelte einen automatischen Tempeltürschließer. Nach Entzünden eines Opferfeuers schlossen sich die Tempeltüren automatisch (Ausnutzung der pneumatischen Wirkung des Temperaturunterschiedes). Bei solchen Objekten handelte es sich um vereinzelte Erfindungen, die Vorgänge automatisiert ablaufen ließen. Es war durch die hauptsächlich auf Ackerbau und Viehzucht ausgerichtete Kultur noch kein großer Bedarf an solchen Automatismen. Daneben waren auch die theoretischen naturwissenschaftlichen Grundlagen nicht bzw. nur in Ansätzen bekannt.

Grundlegende Voraussetzungen für die Industrialisierung waren die Fortschritte in den Naturwissenschaften, die z.B. von *Aristoteles* (Hebelgesetze, ca. 350 v. Chr.), *Archimedes* (Auftrieb, ca. 250 v. Chr.), *Galilei* (Fallgesetze, ca. 1590 n. Chr.) und *Newton* (klassische Mechanik, Infinitesimalrechnung, ca. 1670 n. Chr.) gemacht wurden. Sie schufen den theoretischen, naturwissenschaftlichen Hintergrund bzw. die Basis für alle späteren Erfindungen. Die Menschheit versuchte immer erfolgreicher, Vorgänge zu automatisieren.

So wurde von dem Engländer *Richard Arkwright* zwischen 1769 und 1775 eine Flügelspinnmaschine gebaut, und 1764 erfand der englische Weber *Hargreaves* den Wagenspinner, der 1825 von *Richard Roberts* vervollständigt wurde. 1830 konstruierte der Amerikaner *Jenks* die Ringspinnmaschine. Der erste mechanische Webstuhl wurde 1834 von *Cartwright* gebaut. Um 1770 konstruierte man auch erste menschenähnliche Maschinen. So baute *P. Jaquet-Droz* Puppen, die mit einer Schreibfeder Sätze zu Papier brachten. Es waren rein mechanische Steuerungen, die sogar durch Austausch von Steuerscheiben in der Lage waren, verschiedene Sätze zu schreiben.

Bild 1-1
Schreibpuppe von P. Jaquet-Droz aus dem 18. Jahrhundert
(Musée d´art et d´histoire Neuchatel)

Als einer der Meilensteine in der Menschheitsgeschichte dürfte wohl die Erfindung der Dampfmaschine 1764 von *J. Watt* angesehen werden. Hiermit stand dem Mensch erstmals eine Maschine zur Verfügung, die – im Vergleich zu ihm oder einem Tier – ein wesentlich größeres Arbeitsvermögen hatte. Gleichzeitig konnte man die Arbeit aus dieser Maschine im Prinzip rund um die Uhr nutzen; die Maschine ermüdete nicht.

Eine weitere historisch bekannte Rationalisierungsmaßnahme ist die Einführung der Fließbandfertigung bei der *Ford Motor Company* ca. 1914. Hier wurde eine strenge Arbeitsteilung eingeführt; jeder Arbeiter war Spezialist, d.h. er führte nur wenige Handgriffe durch. Automatisiert war der Transport des allmählich werdenden Autos auf einem Band. Dadurch wurde die Zeit für eine Chassismotage von 12.5 h auf 1.5 h gesenkt. Bei dieser Art der Rationalisierung ist festzustellen, daß die Flexibilität der Fertigung allerdings gleich Null ist. Die Fließbandfertigung war in den zwanziger Jahren dieses Jahrhunderts gang und gäbe. Durch den 2. Weltkrieg konzentrierte sich der Großteil der industriellen Fertigung auf den Rüstungsbereich.

Nach dem 2. Weltkrieg waren in Deutschland ca. 90 % der Industrie zerstört. Der Bedarf an zivilen Produkten war groß, und es konnte somit in großen Serien geplant werden. Betrachtet man die Entwicklung der Produktivität und der Flexibilität in der industriellen Fertigung nach dem 2. Weltkrieg, so kann man sie grob in 5 Schritte einteilen.

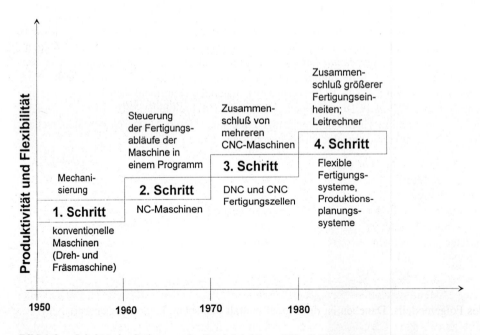

Bild 1-2 Schrittweise Steigerung der Produktivität und Flexibilität nach dem 2. Weltkrieg

1.1 Der Begriff Handhaben

In den ersten beiden Phasen war die Steigerung der Produktivität vorrangiges Ziel der Veränderungen. Es wurden große Fortschritte bei den Spindelleistungen der jeweiligen Maschine und den Schnittleistungen der Werkzeuge gemacht. Gleichzeitig wurde durch automatischen Werkstück- und Werkzeugwechsel rationalisiert. Hierdurch sanken die Nebenzeiten (z.B. Rüstzeiten), und die Hauptnutzungszeiten stiegen an.

Die Nebenzeiten waren allerdings immer noch relativ hoch. In der dritten und vierten Phase wurden durch Verlagerung der Rüstzeiten in die Hauptzeiten, durch unterbrechungslosen Programmwechsel, automatische Werkzeugverwaltung, automatische Werkstück- und Werkzeugzubringung etc. auch die Nebenzeiten drastisch verkürzt. Durch diese Maßnahmen war man in der Lage, die Stillstandszeiten der teuren Maschinen zu minimieren. Desweiteren können Nacht- und Wochenendschichten fast ohne Personal gefahren werden.

In der fünften Phase beginnt nun die Vernetzung des gesamten Betriebes über Computer; als Schlagwort gilt CIM (Computer Integrated Manufactoring). Die Maschinen an sich fertigen zwar äußerst schnell, aber neben dem reinen Materialfluß in einem Betrieb kommt zusehends auch immer stärker ein großer Datenfluß (Arbeitspapiere, Zeichnungen etc.) zum Tragen. Mit CIM versucht man, die informationsverarbeitenden Computer des gesamten Betriebes zu vernetzen, um bisherige manuelle Tätigkeiten zur Informationsübertragung zu eliminieren.

Diese ganzen Entwicklungen sind möglich gewesen, da es parallel dazu in verschiedenen technischen Bereichen rasante Weiterentwicklungen gab, die diese oben genannten Prozesse positiv beeinflußten. So sind die Fertigungsmaschinen hinsichtlich Genauigkeit und Steifigkeit wesentlich verbessert worden. Daneben hat es riesige Fortschritte im Bereich der Computertechnologie (Prozessoren, Datennetze etc.) gegeben, die wiederum Auswirkungen auch auf die Steuerungstechnik (SPS, Controler etc.) hatten.

Vergleicht man diese Entwicklung der letzten 40 - 50 Jahre, so sieht man, daß sich die Industriestruktur tiefgreifend verändert hat. Nach dem zweiten Weltkrieg bis in die 70er Jahre war ein Großteil der industriellen Produktion auf Großserienfertigung ausgelegt. Es wurden standardisierte Produkte erzeugt, die eine sehr lange Produktlebenszeit hatten. Dies hat sich in den letzten Jahren geändert. Heute werden Fertigungskonzepte verlangt, mit denen immer kleinere Losgrößen mit hoher Produktqualität immer schneller gefertigt werden können. Der Hersteller muß schnell auf Veränderungen am Markt reagieren können und das Produkt produzieren, welches der Käufer abnimmt. Daneben muß der Preis des Produktes mit anderen Herstellern oft weltweit konkurrieren. Viele Produkte, die heutzutage hergestellt werden, haben Produktlebenszeiten von nicht mehr als fünf Jahren (Tendenz fallend).

Ein geradezu klassisches Beispiel ist die PKW-Fertigung. Hier sind die Lebenszeiten eines Modells wesentlich geringer geworden; somit sinken auch die Entwicklungszeiten des Folgemodells. Daneben ist die Modellvielfalt fast schon nicht mehr beschreibbar. Es gibt oftmals eine Limousinen-, eine Stufenheck und eine Kombiversion. Diese werden meistens in einer Fabrik montiert und zwar nach Bestellungseingang der Kunden. Das bedeutet, daß beim Punktschweißen der Karosserie z.B. eine Stufenheckversion gefolgt wird von einem Kombi. Der Programmwechsel für den Schweißvorgang geschieht vollautomatisch, Sensoren erkennen die entsprechende Form, und ein Rechner lädt die

Schweiß-Steuerung mit den richtigen Programmen. Ein solcher Vorgang war in den 60er Jahren nicht möglich. Damals wurden nur bestimmte Typen für eine bestimmte Zeit gefertigt. Für einen Wechsel von Kombi auf Stufenheck mußte umgerüstet werden, oder es existierten zwei getrennte Fertigungsstraßen für jeden Typ.

Neben der Karosserieform gibt es noch eine Vielzahl von weiteren unterschiedlichen Ausstattungsmerkmalen, wie Schiebedach, Anhängerkupplung, Bereifung, Farbe, Motor, Getriebe, die alle nach Kundenwunsch eingebaut werden. Dies bedeutet, daß heutzutage kein PKW, der in einer Fabrik montiert wird, mit dem Vorgänger auf dem Band identisch ist. Selbst Fahrzeuge vom gleichen Typ werden durch die Angebotsvielfalt zu einem „Individuum".

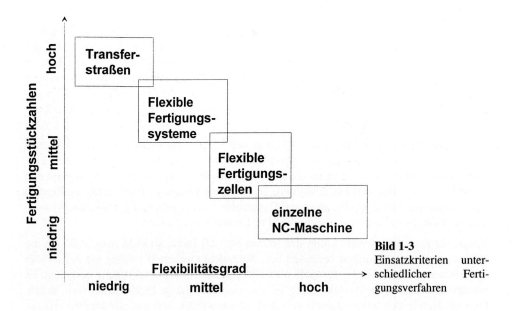

Bild 1-3 Einsatzkriterien unterschiedlicher Fertigungsverfahren

Neben der Steigerung der Produktivität ist zunehmend auch die Flexibilität der Fertigung wichtig. Unter Flexibilität versteht man, daß unterschiedliche Fertigungsaufgaben mit minimalem Umrüstaufwand durchgeführt werden können. Bislang wurden Fließbänder und Transferstraßen im Bereich der Massenfertigung eingesetzt. Man konzipierte teilweise Sondermaschinen speziell für ein Produkt unter dem Gesichtspunkt möglichst hoher Stückzahlen. Auch hier ist eine Entwicklung weg von den Sondermaschinen erkennbar. Durch die kurzen Produktlebenszeiten amortisieren sich solche Sondermaschinen nicht mehr; die Folgeprodukte müssen mit der gleichen Maschine herstellbar sein. Auch hier halten die CNC-Maschinen immer stärkeren Einzug, zumal die Produktivität dieser Maschinen in den letzten Jahren kontinuierlich gestiegen ist.

Zusammenfassend versteht man unter dem Begriff flexible Automatisierung heute, daß man unterschiedliche Werkstücke in beliebiger Reihenfolge in wechselnden Losgrößen wirtschaftlich fertigen kann.

Bei allen Rationalisierungsmaßnahmen ist es notwendig, die Werkstück- und Werkzeugzu- und -abfuhr zu automatisieren. Das automatische Handhaben ist ein wichtiges Instrument der automatisierten, flexiblen Fertigung. Die Vorteile des automatischen Handhabens sind:

- Handhaben von großen Massen
  Menschen können auf Dauer (eine Schicht) nur bestimmte Hebeleistungen erbringen. Dadurch kommt es beim manuellen Handhaben sehr schnell zu Ermüdungserscheinungen der Werker und dadurch zu Fehlern.
- Handhabung von kleinen Teilen
  Im Vergleich zum Menschen kann der Handhabungsautomat wesentlich kleinere Teile handhaben und hat zudem eine größe Arbeitsgeschwindigkeit, Positioniergenauigkeit und Ausdauer (z.B. Platinenbestückung).
- Unfallverhütung
  Heiße Werkstücke und solche, die Verletzungen durch Grat hervorrufen, sollten besser automatisch gehandhabt werden.
- Taktzeiten
  Automatische Handhabungsgeräte sind wesentlich schneller und ermüdungsfreier als der Mensch.

1.1 Der Begriff Handhaben

Ein wichtiger Teil des Automatisierens ist das Handhaben, wobei das Handhaben eine Teilfunktion des Materialflusses ist. Neben dem Handhaben sind das Fördern und das Lagern (Speichern) weitere Teilfunktionen.

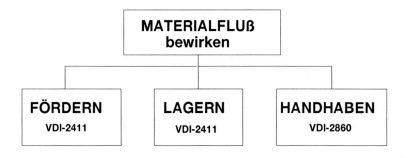

Bild 1-4   Handhaben als Teilfunktion des Materialflusses

Unter Handhaben versteht die VDI-Richtlinie 2860 *das Schaffen, definierte Verändern oder vorübergehende Aufrechterhalten einer vorgegebenen räumlichen Anordnung von geometrisch bestimmten Körpern.*

Die räumliche Anordnung eines starren Körpers ergibt sich aus seinen sechs Freiheitsgraden, die er im Raum hat. Es handelt sich hierbei um drei translatorische Freiheitsgrade (z.B. *x*-, *y*- und *z*- Koordinate seines Schwerpunktes), als Position eines Körpers bezeichnet, und drei rotatorische Freiheitsgrade (z.B. Rotationen um die *x*- bzw. *y*- bzw. *z*-Achse), als Orientierung eines Körpers bezeichnet. (Zur genaueren Information sei auf Kapitel 3.2 verwiesen.)

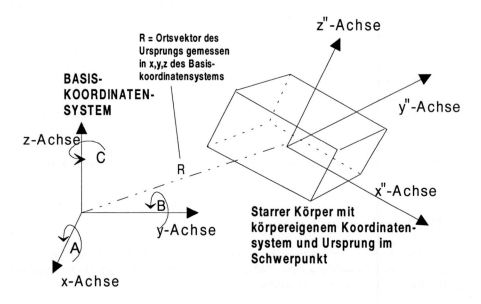

Bild 1-5   Translatorische und rotatorische Freiheitsgrade im Raum

Der zu handhabende Körper wird durch das *körpereigene Koordinatensystem* beschrieben. Der Ursprung des Koordinatensystems ist frei wählbar; er wird aber sinnvollerweise meistens im Schwerpunkt, an Kanten oder an Symmetrielinien gewählt. Bei Bewegungen des zu handhabenden Körpers im Raum wird dieses Koordinatensystem mitbewegt. Bewegungen eines Körpers von einer Ausgangslage in eine Endlage lassen sich, bei bekannter Ausgangspostion und -orientierung, eindeutig als Beträge der Verschiebungen entlang der Achsen des Basiskoordinatensystems und Winkelbeträge der Drehungen um diese Achsen beschreiben. Aus diesen Betrachtungen resultieren wichtige Kenngrößen zur Beschreibung von Handhabungsaufgaben.

Unter dem *Positionsgrad PG* versteht man die Anzahl der drei translatorischen Freiheitsgrade eines starren Körpers, die bekannt sind. Unter dem *Orientierungsgrad OG* versteht man die Anzahl der drei rotatorischen Freiheitsgrade eines starren Körpers, die bekannt sind.

1.1 Der Begriff Handhaben

Tabelle 1-1 Positions- und Orientierungsgrad von Körpern

Positionsgrad		Orientierungsgrad	
PG	Erläuterung	OG	Erläuterung
3	Ursprung des körpereigenen Koordinatensystems in allen drei Achsrichtungen x, y und z bzgl. des Basiskoordinaten-systems bekannt	3	Orientierung des starren Körpers in allen drei Rotationsachsen bestimmt
2	Ursprung des körpereigenen Koordinatensystems in zwei von drei Achsrichtungen bzgl. des Basiskoordinatensystsem bekannt.	2	Orientierung des starren Körpers in zwei von drei Rotationsachsen bestimmt
1	Ursprung des körpereigenen Koordinatensystems in einer von drei Achsrichtungen des Basiskoordinatensystems bekannt.	1	Orientierung des starren Körpers in einer von drei Rotationsachsen bestimmt
0	Positon des Ursprungs des körpereigenen Koordinatensystems unbekannt	0	Orientierung des starren Körpers unbekannt

Faßt man die beiden oben beschriebenen Kenngrößen zusammen, so erhält man den *Ordnungszustand* OZ eines Körpers: **OZ = OG/PG**

Diese Kenngröße gibt an, in wievielen von sechs (3 OG + 3 PG) möglichen Raumfreiheitsgraden ein Körper bestimmt ist.

Beispiele: OZ = 0/0 Körper ist völlig ungeordnet im Raum,
z.B. Werkstücke in einem Bunker.

0/0 < OZ < 3/3 Körper befindet sich teilgeordnet im Raum,
z.B. haben Sprudelflaschen in einem Kasten
OZ = 2/3, wenn sie beliebig – auf die Ausrichtung des Etikettes bezogen – im Kasten stehen;
ein Würfel mit OZ = 1/2 liegt auf einer Ebene beliebig gedreht.

OZ = 3/3 völlig geordnet im Raum; d.h. Position und Orientierung des Körpers sind bekannt,
z.B. Werkstück eingespannt auf Frästisch oder Sprudelflaschen im Kasten mit definierter Ausrichtung des Etiketts.

Zusammenfassend läßt sich sagen, daß der Unterschied zwischen Handhaben und Fördern/Lagern darin besteht, daß beim Handhaben zusätzlich immer die Orientierung des Körpers eine Rolle spielt; d.h. der Ordnungszustand OZ muß größergleich Eins sein. Somit kann sich Handhaben nur auf geometrisch bestimmte Körper beziehen, während Lagern/Fördern auch geometrisch unbestimmte (z.B. Gase, Flüssigkeiten) einschließt. Im Folgenden sei nun die weitere Untergliederung des Begriffes Handhaben vorgestellt.

1.2 Funktionen des Handhabens

Nach VDI 2860 gliedert sich das Handhaben in fünf Teilfunktionen, wobei sich diese Teilfunktionen (außer dem Speichern) aus sieben Elementarfunktionen zusammensetzen. Aus diesen Elementarfunktionen können dann andere Funktionen zusammengesetzt werden.

Tabelle 1-2   Teil-, Elementar- und zusammengesetzte Funktionen des Handhabens

TEILFUNKTIONEN				
Speichern	Mengen verändern	Bewegen	Sichern	Kontrollieren
ELEMENTARFUNKTIONEN				
	Teilen Vereinigen	Drehen Verschieben	Halten Lösen	Prüfen
ZUSAMMENGESETZTE FUNKTIONEN				
• geordnetes Speichern • teilgeordnetes Speichern	• Abteilen • Zuteilen • Verzweigen • Zusammenführen • Sortieren	• Schwenken • Orientieren • Positionieren • Ordnen • Führen • Weitergeben	• Spannen • Entspannen	• Prüfen auf: • Anwesenheit • Identität • Form • Größe • Farbe • Gewicht • Position • Orientierung • etc.

Im Prinzip lassen sich alle Handhabungsaufgaben als Folge der sieben Elementarfunktionen beschreiben. Die zusammengesetzten Funktionen sind zur einfacheren Beschreibung von Handhabungsvorgängen eingeführt. Zur symbolischen Beschreibung dieser Vorgänge wurde in der VDI-Richtlinie 2860 eine Darstellung dieser Funktionen entwickelt.

1.3 Symbolische Darstellung von Handhabungsaufgaben

Will man komplexe Handhabungsaufgaben im betrieblichen Ablauf anwenden, so ist der erste sinnvolle Schritt eine klare und eindeutige Beschreibung der Aufgabenstellung und eine Zergliederung in kleinste Elementarfunktionen des Handhabens nach VDI 2860. Die VDI-Richtlinie hat zu diesem Zweck Sinnbilder für die Elementar- und zusammengesetzten Funktionen entwickelt, mit denen ein Funktionsplan für die Aufgabenstellung erstellt werden kann. Dieser Funktionsplan ist herstellerneutral und sagt auch noch nichts über die einzusetzenden Geräte aus. Desweiteren dient dieser Funktionsplan als Diskussionsgrundlage zur Optimierung, da komplexe Abläufe meistens im Team konzipiert werden.

1.4 Handhabungseinrichtungen

Auch gibt es mittlerweile Software zur Planung von Handhabungsvorgängen und zur Schaffung von Lösungskatalogen.

In Bild 1-6 ist das Ordnen von Kleinteilen dargestellt. Die ablaufbedingte Folge der Funktionen stellt man durch Pfeile dar. Laufen Funktionen gleichzeitig ab, werden sie durch Aneinanderreihen der Symbole dargestellt. Faßt man mehrere Funktionen gerätetechnisch zusammen, so umrahmt man dies mit einer Strich-Punkt-Linie.

1 geordnetes Speichern (magaziniert),
2 ungeordnetes Speichern (gebunkert),
3 Zuteilen,
4 Verzweigen,
5 Zusammenführen,
6 Drehen,
7 Verschieben,
8 Ordnen,
9 Weitergeben,
10 Positionieren,
11 Spannen,
12 Prüfen

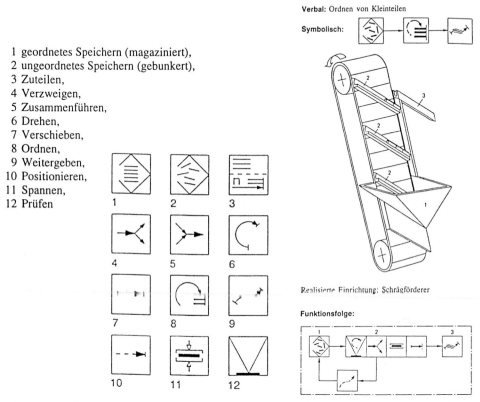

Bild 1-6 Beispiele für Handhabungssymbole und Anwendung der Handhabungssymbole auf das Ordnen von Kleinteilen (VDI 2860)

Im nächsten Kapitel werden einige Handhabungsgeräte vorgestellt.

1.4 Handhabungseinrichtungen

Unter Handhabungseinrichtungen versteht man technische Einrichtungen zur Realisierung von Handhabungsfunktionen (nach VDI 2860); sie sind also Funktionsträger des Handhabens. Dies können Geräte, Vorrichtungen oder Maschinen sein. Wie bei den meisten technischen Einrichtungen ist oft eine eindeutige Zuweisung von Funktion und Handhabungsgerät nicht möglich, da viele Handhabungsgeräte mehrere Teilfunktionen ausführen können. Ein Beispiel hierzu ist der Industrieroboter. Er kann bei einer Aufgabenstellung Werkstücke handhaben (Teilfunktion Bewegen oder Menge verändern) oder ein Werkstück zum Polieren an eine Maschine halten (Teilfunktion Halten). Daneben kann ein Industrieroboter aber auch Werkzeuge (Schweißzange oder Farbpistole) handhaben und somit als Fertigungsmaschine deklariert werden, die in der Fertigungsfunktion Fügen bzw. Beschichten tätig ist. Diese multifunktionalen Fähigkeiten verschiedener Handhabungsgeräte macht es schwierig, die auf dem Markt befindlichen Handhabungsgeräte systematisch einzuteilen.

Häufig legt man eine Hauptfunktion für das Handhabungsgerät fest und kann es dann grob nach Tabelle 1-3 in Anlehnung an die VDI-Richtlinie 2861 einordnen.

Tabelle 1-3   Gliederung von Handhabungseinrichtungen nach ihrer Hauptfunktion

HANDHABUNGSEINRICHTUNGEN				
Gliederungskriterium: Hauptfunktion				
Einrichtungen zum Speichern	Einrichtungen zum Verändern von Mengen	Einrichtungen zum Bewegen	Einrichtungen zum Sichern	Einrichtungen zum Kontrollieren
• Gurt • Palette • Magazin	• Vereinzelungseinrichtung • Zuteiler • Weiche	• Dreheinrichtung • Ordnungseinrichtung • Industrieroboter	• Greifer • Aufnahme • Spanner	• Prüfeinrichtung • Meßeinrichtung • Sensor

Wie man sieht, handelt es sich nicht nur um High-Tech-Produkte bzw. besitzen nicht alle Handhabungsgeräte eine eigene Steuerung (eigenen Controler). Es sind teilweise konventionelle Vorrichtungen, wie sie aus dem Werkzeug- und Maschinenbau seit langem bekannt sind. Sinnvolle Rationalisierung meint in diesem Zusammenhang auch nicht, daß für jede Handhabungsaufgabe gleich ein Industrieroboter – der die flexibelste, aber auch teuerste Lösung darstellt – angeschafft werden muß. Oftmals ist ein einfacher Einleger oder eine Dreheinrichtung, die rein mechanisch funktioniert, wesentlich günstiger („Nicht mit Kanonen auf Spatzen schießen").

Dieses Buch hat nicht zum Ziel, einen gesamten Überblick über die Handhabungsgeräte zu geben. Daher wird sich auf die Teilgruppe „Handhabungsgeräte zum Bewegen" konzentriert, da der Industrieroboter definitionsgemäß in diesen Bereich einzuordnen ist.

Zunächst eine genauere Einteilung dieser Teilgruppe (s. Bild 1-7):
- *Bewegungseinrichtungen mit fester Hauptfunktion* haben im allgemeine nur eine der Funktionen aus Tabelle 1-3. Es handelt sich oft um Spezialgeräte, die im Bereich der Serienfertigung eingesetzt werden. Somit sind sie oft nur für ein Produkt verwendbar, also sehr unflexibel.
- *Bewegungseinrichtungen mit variabler Hauptfunktion* sind in der Lage, mehrere der in Tabelle 1-3 aufgeführten Funktionen auszuführen. Diese Gruppe wird weiter hinsichtlich der Art der Bewegungsvorgabe unterschieden.

1.4 Handhabungseinrichtungen

- Bei *manuell gesteuerten Bewegungseinrichtungen* werden die Bewegungen vom Menschen direkt erzeugt, d.h. es ist kein Speicher vorhanden, in dem ein Bewegungsmuster abgelegt werden kann und dann beliebig oft wiederholbar ist.
- Bei *programmgesteuerten Bewegungseinrichtungen* werden die Bewegungen durch ein mechanisch (Anschläge, Nockenscheibe oder Kurvenscheibe) oder elektronisch gespeichertes Programm gesteuert werden. Die programgesteuerten Bewegungseinrichtungen lassen sich weiter hinsichtlich der Art der Programmänderung unterteilen (s. Bild 1-7).

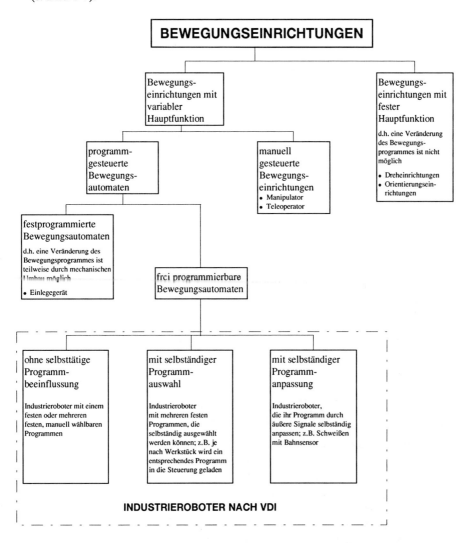

Bild 1-7   Gliederung der Bewegungseinrichtungen (nach VDI 2861)

1.4.1 Manipulatoren

Hierbei handelt es sich um Handhabungsgeräte, deren Bewegungsabläufe manuell gesteuert werden. Sie sind somit nicht programmierbar.

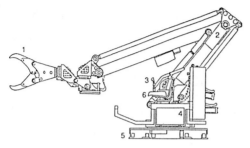

Bild 1-8
Industriemanipulator Andromat (Frankreich)
1 Greifer
2 Führungsgetriebe
3 Analog-Steuerhebel
4 Dreheinheit
5 Grundplatte
6 Bedienersitz

Zur Bedienung des Manipulators braucht der Bediener direkte Sicht zum Arbeitsbereich. Die Bewegungen des Manipulators werden vom Bediener über Hebel erzeugt. Solche Manipulatoren kommen in der Industrie z.B. beim Freiformschmieden zum Einsatz; also überwiegend dort, wo der direkte Kontakt Mensch/Handhabungsobjekt zu gefährlich oder das Handhabungsobjekt zu schwer ist.

1.4.2 Teleoperatoren

Darunter versteht man ferngesteuerte Manipulatoren. Sie werden überwiegend dort eingesetzt, wo die direkte Sicht zum Arbeitsraum nicht möglich oder lebensgefährlich ist; z.B. Tiefseeoperatoren, Operatoren für die Kanalisation, Operatoren in der Kerntechnik, beim Entschärfen von Munition oder beim Minensuchen.

Meistens sind diese Teleoperatoren fahrbar. Die Kommunikation mit dem Bediener wird häufig über ein Kamerasystem hergestellt, damit der Bediener ein möglichst realistisches Bild von der Arbeitsumgebung erhält. Auch diese Teleoperatoren sind meistens nicht zu selbständigen Handlungsfolgen in der Lage (nicht programmierbar).

Bild 1-9
Teleoperator („Polizeiroboter")
HOBO L3A1 (Kenntree, Irland)

1.4.3 Balancer

Hierbei handelt es sich um ein Hebezeug. Es kommt hauptsächlich im Bereich eines industriellen Arbeitsplatzes zum Einsatz und dient zum Manipulieren von schweren Lasten (Auträder, Papierrollen, Fässer etc.). Der Bediener bewegt und steuert mit Hilfe des Balancers das zu handhabende Objekt, ohne dabei Arbeit gegen die Schwerkraft verrichten zu müssen. Das Gewicht des anhängenden Handhabungsobjektes wird durch den Balancer automatisch kompensiert. Auch dieses Handhabungsgerät ist nicht programmierbar.

Bild 1-10
Ständerbalancer mit einem Greifer zur Handhabung von Rollen (Schmidt Handling)

1.4.4 Einlegegeräte

Diese Handhabungsgeräte – häufig auch als Pick&Place-Geräte bezeichnet – werden vorwiegend in der Großserienfertigung eingesetzt. Sie besitzen oft einen Getriebefreiheitsgrad ≤ 3 und werden hauptsächlich zum automatisierten Eingeben und Entnehmen von Werkstücken an Fertigungsmaschinen eingesetzt. Ein weiteres Einsatzgebiet ist die Weitergabe von Werkstücken innerhalb des Materialflusses. Auch diese Handhabungsgeräte können mit speicherprogrammierbaren Steuerungen ausgerüstet sein. Die Weginformationen werden allerdings meist über Endschalter eingegeben. Dadurch ist dann auch nicht möglich, definierte Bahnkurven im Raum (Gerade oder Kreis) zu fahren. Zur Durchführung der Bewegungen werden meist elektrische oder pneumatische Antriebe benutzt.

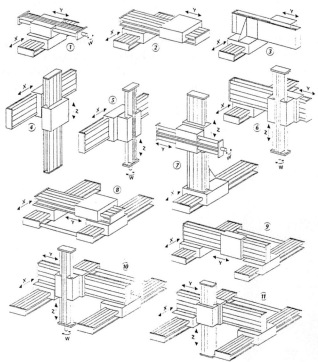

Bild 1-11
Frei kombinierbare Linearmodule (Firma IEF-Werner)

1.4.5 Spezialgeräte/-maschinen

Gerade in der Massenfertigung gibt es immer wieder Geräte bzw. Maschinen, die speziell für eine Handhabungsaufgabe konstruiert wurden. Sie haben eine sehr kurze Taktzeit sind allerdings häufig sehr unflexibel, da sie nur auf ein Produkt zugeschnitten sind. Eine solche Spezialmaschine zur Entnahme von Gläsern zeigt Bild 1-12.

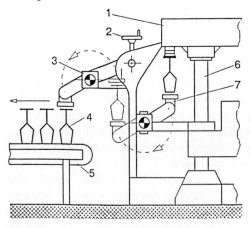

Bild 1-12
Entnahmeeinrichtung in der Glasindustrie
1 Rotormaschine
2 Stellspindel (Einstellung auf Werkzeughöhe)
3 Umsetzer
4 Werkstück
5 Temperband
6 Maschinengestell
7 Entnahmeeinrichtung

1.4.6 Industrieroboter

Der Industrieroboter ist mit das universellste Handhabungsgerät. Er hat eine CNC-Steuerung zu Bahnplanung und besteht aus mehreren von einander unabhängig zu bewegenden Achsen. Er kann mit Endeffektoren (Greifer, Werkzeuge) ausgestattet sein und aus der Umgebung mit Hilfe von Sensoren Informationen gewinnen, die er in seinem Programm verarbeitet. Seine Bewegungen im Raum werden durch ein Programm vorgeschrieben und können relativ schnell ohne mechanische Veränderungen abgeändert werden; d.h. der Roboter ist äußerst flexibel.

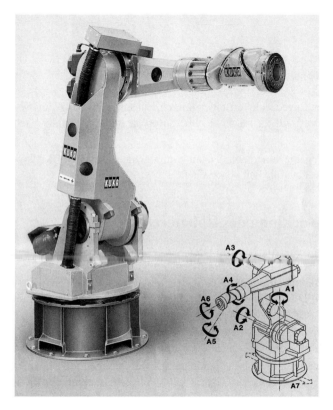

Bild 1-13 Sechsachsiger Knickarmroboter (KUKA)

2 Grundlagen der Robotertechnik

In Kapitel 1 wurde deutlich, daß es eine Vielzahl von Handhabungsgeräten gibt. Alle diese Geräte und deren spezifischen und allgemeinen Eigenschaften abzuhandeln, würde den Rahmen dieses Buches bei weitem sprengen. Mit dem Beginn dieses Kapitels wird sich auf das universellste Handhabungsgerät, den Industrieroboter (nachfolgend mit *IR* bezeichnet), beschränkt. Alle nachfolgenden Aussagen sind somit nur noch auf diesen Typ Handhabungsgerät bezogen.

In diesem Kapitel werden
- die historische Entwicklung,
- die wichtigsten Definitionen,
- die wichtigsten Teilekomponenten eines Industrieroboters und
- die Kenngrößen

behandelt. Man ist somit in der Lage, sich mit einer kurzen Zusammenfassung der wesentlichen Merkmale eines IR vertraut zu machen, ohne sofort zu sehr in Detailwissen eintauchen zu müssen.

Beginnend mit Kapitel 3 werden die einzelnen Systemkomponenten (Antriebe, Meßsysteme, Greifer etc.) gesondert und ausführlich besprochen.

2.1 Geschichtliche Entwicklung des Robotereinsatzes

Der Begriff Roboter ist auf den tschechischen Literaten *Karl Capek* zurückzuführen, der in seinem Drama „Rossum´s Universal Robot" (1920) seiner Figur „künstlicher Mensch" den Namen „Roboter" gab. Gemeint war damit jemand, der Fronarbeit (Robot) verrichtet; ein Fronarbeiter (Roboter) also. Dieses Drama kann man schon fast als Science-Fiction bezeichnen: Die Roboter übernehmen die Macht, töten fast alle Menschen und vernichten das Geheimnis ihrer Konstruktion. Erst durch die wieder aufkeimenden menschlichen Gefühle erhält die Menschheit eine neue Chance.

Die allerersten Vorläufer der heutigen IR waren Handhabungseinrichtungen mit unveränderbarem Bewegungsablauf, die schon Ende des letzten Jahrhunderts zu Beginn der Industrialisierung eingesetzt wurden. Auch sie hatten den Zweck, Fertigungsprozesse zu automatisieren, wobei hier der Mensch immer noch ein wichtiges Teilglied im Fertigungsprozeß war; im Gegensatz zu heute, wo der Mensch in der automatisierten Fertigung häufig nur noch Kontrollaufgaben hat. Es handelte sich damals um spezielle Handhabungseinrichtungen, die nur für ein bestimmtes Produkt zu gebrauchen, also sehr unflexibel waren.

Die ersten Roboter, die in der Industrie genutzt wurden, hatten den Zweck, dem Arbeiter monotone, stumpfsinnige Arbeitsbewegungen abzunehmen. Hierzu zählte mit Sicherheit die automatische Werkstückhandhabung, wie Einlegen, Herausnehmen etc. Speziell in der Automobilindustrie folgte später dann auch der Einsatz im Bereich der Werkzeughandhabung.

Eine der ersten Entwicklungen eines IR entstand in den 50er Jahren, als die Herren *Joseph Engelberger* und *Georg Devol* die Firma *Unimation* gründeten, um einen programmierbaren Manipulator zu vermarkten. Dies stellte die Basis für den ersten IR bei Ford dar, mit dem Druckgußautomaten entladen wurden. Der erste großindustrielle Einsatz von IR war im Bereich der Werkzeughandhabung beim Punktschweißen von Autokarosserien. Bereits Ende der 60er Jahre wurden bei der Firma Ford ¾ aller anfallenden Schweißarbeiten von IR durchgeführt.

Das erste Land weltweit, das den IR-Einsatz in der Industrie stark forcierte, war Japan. Ende der 60er Jahre baute *Kawasaki* in Lizenz von *Unimation* den ersten IR. Damit begann eine gewaltige Entwicklung in Japan, was den Einsatz von solchen Handhabungsautomaten angeht. Dies führte zu der Spitzenstellung, die die japanische Industrie heute weltweit im Bereich der Robotertechnik innehat.

Die Ausbreitung der Roboter ist deshalb so groß, da parallel dazu im Bereich der Mikrocomputer immer leistungsfähigere Prozessoren zu immer günstigeren Preisen zur Verfügung standen. Nur durch die leistungsfähigen Prozessoren ist es heute möglich, die komplizierten Berechnungen für die Bahnplanung eines mehrachsigen IR in solch kurzer Zeit durchzuführen, d.h. derart hohe Bahngeschwindigkeiten zu verwirklichen. Desweitern partizipierte man auch an Weiterentwicklungen in Technologien wie elektrische Antriebe und Wegmeßsysteme, die aus der CNC-Fertigung (CNC-Fräsen und CNC-Drehen) kommen. Nur aufgrund dieser großen Fortschritte ist man heute in der Lage, durch den IR immer komplexere Aufgaben (z.B. sensorgeführtes Schweißen) zu erledigen. Durch seinen hohen Flexiblitätsgrad ist der IR geradezu prädestiniert, im Bereich der flexiblen Fertigung Aufgaben zu übernehmen, da die Produktpalette eines Betriebes immer breiter bei gleichzeitig kleiner werdenden Losgrößen wird.

Mittlerweile ist der IR auch in Bereiche außerhalb der klassischen Industrieanwendung vorgedrungen. Serviceroboter, Roboter im Bereich der Chirurgie, Tankroboter, Kanalroboter, Roboter für die Raumfahrt, Tauchroboter für die Tiefsee – um nur einige zu nennen – sind heute schon Stand der Technik.

Das Aussehen zukünftiger Roboter wird mit Sicherheit stark beeinflußt von den Fortschritten im Teilbereich „künstliche Intelligenz" der Informatik. Prognostiziert werden Roboteranwendungen für folgende Bereiche:
- Bergbau, Tunnelbau und Hoch- und Tiefbau
- Mikroroboter für Blutgefäße oder
- Wartungsarbeiten in Maschinen

2.2 Definitionen des Industrieroboters

Sieht man sich Statistiken über den weltweiten Robotereinsatz in unterschiedlichen Ländern an, so stellt man auf den ersten Blick erhebliche Unterschiede fest. Vergleicht man speziell Statistiken aus Japan und Deutschland, so meint man auf den ersten Blick, daß die Automatisierung von Fertigungsprozessen in Japan wesentlich weiter fortgeschritten ist als in Deutschland, weil die Japaner deutlich mehr Roboter einsetzen.

Diese scheinbare Schieflage ist allerdings in der unterschiedlichen Definition „was ist ein IR" begründet. Während in Deutschland ein sehr enger Begriff des IR definiert ist, hat man in Japan eine wesentlich weitere Auffassung des Begriffs IR.

Bei näherem Hinsehen zeigt sich, daß diese Art von Statistiken nur sehr schwer mit einander zu vergleichen sind. Eine einheitliche, weltweit geltende Definition eines IR wäre wichtig. Im Moment läßt sich leider feststellen, daß weltweit keine einheitliche Definition praktiziert wird. Aus diesem Grund sollen hier die wichtigsten vorgestellt werden.

DEFINITION NACH JAPAN INDUSTRIAL ROBOT ASSOCIATION (JIRA)
Hier wird nach folgenden Roboterklassen unterschieden:
- Intelligent Robot
  Die höchste Roboterklasse. Diese Roboter können sensorgeführt sein und den Programmablauf selbständig beeinflussen.
- Numerical control Robot
  Zufuhr der Informationen für die Steuerung über Datenträger, Tasten, Schalter.
- Playback Robot
  Er ist in der Lage, einen simulierten Bewegungsablauf, den der Bediener mit dem Roboterarm simuliert, zu speichern und beliebig oft zu wiederholen (typische Anwendung: Lackierarbeiten).
- Variable Sequence Robot
  Der Bewegungsablauf ist schnell zu ändern; ansonsten ähnlich einem Fixed Sequence Robot.
- Fixed Sequence Robot
  Handhabungsgerät mit einem festen Bewegungsmuster. Änderung des Musters ist sehr aufwendig.
- Manual Manipulator
  Wird vom Bediener geführt; kein Programm für das Bewegungsmuster vorhanden.

DEFINITION NACH ROBOT INSTITUTE OF AMERICA (RIA)
Hier wird unter dem Begriff Roboter ein Handhabungsgerät verstanden, das frei programmierbar und zum Bewegen von Material, Werkstücken und Werkzeugen geeignet ist.

DEFINITION NACH VDI-RICHTLINIE 2860, STAND MAI 1990
Nach dieser Definition versteht man unter einem Industrieroboter einen Bewegungsautomaten mit mehreren Achsen, die frei programmierbar sind (evtl. sensorgeführt). Man kann diese IR mit Endeffektoren wie Greifer oder Werkzeugen ausrüsten.

DEFINITION NACH ISO-REGELUNG TR 8373 VON 1993
Es wurde von der International Federation of Robotics (IFR) folgende Roboterdefinition geschaffen:
Ein Industrieroboter ist ein universelles Handhabungsgerät mit mindestens drei Achsen, dessen Bewegungsmuster frei programmierbar ohne mechanische Hilfsmittel entsteht. Es kann ein Endeffektor wie z.B. Greifer oder Werkzeug angebracht werden.

Vergleicht man die verschiedenen Definitionen, so sieht man, daß die ISO-Regelung sehr viel Ähnlichkeit mit der deutschen VDI-Definition hat. Sie unterscheiden sich hauptsächlich in der Festlegung der Anzahl der freiprogrammierbaren Achsen. Die beiden anderen

Definitionen sind wesentlich weiter gefaßt, so daß sich die unterschiedlichen Zahlen über Robotereinsätze in den Ländern erklären.

In diesem Buch soll bis auf weiteres die Definition nach ISO gelten. Im folgenden Kapitel werden die wichtigsten Systemkomponenten eines IR beschrieben.

2.3 Systemkomponenten eines Industrieroboters

Die wichtigsten Komponenten, aus denen ein IR besteht, sind:
- Steuerung (einschließlich Software)
  Im Wesentlichen koordiniert die Steuerung das Zusammenwirken aller anderen Teilkomponenten des Roboters. Desweiteren bietet sie meistens noch Schnittstellen für andere Komponenten (V24-Schnittstelle, digitale oder analoge Ein- und Ausgänge), um eine Kommunikation aufzubauen. Meistens sind die IR in eine komplexere Anlage integriert, in der sie Slave-Funktion haben und eine SPS die Masterfunktion übernimmt. Neben dieser Hauptaufgabe ist die Steuerung auch für das normale Editieren, Speichern und Abarbeiten der Programme (Steuern und Überwachen des Programmablaufes) zuständig.
- Programmierhandgerät (PGH)
  Das PGH kann als Teil der Steuerung gesehen werden. Es ist allerdings eine typische Komponente, die z.B. CNC-Bearbeitungsmaschinen nicht haben. Im Prinzip ist über das PGH ein kompletter Dialog mit der Steuerung möglich. Oft ist dies allerdings etwas umständlich, da der Editor am PGH nicht für größere Programme geeignet ist. Das PGH wird hauptsächlich während des Teachens benutzt, um die Arbeitspunkte für den Bewegungsablauf zu finden. Das eigentliche Schreiben des Hauptprogrammes geschieht häufig im Editor eines PCs.
- Endeffektor
  Mit dieser Teilkomponente wird die eigentliche Handhabungsaufgabe durchgeführt. Man unterteilt die Effektoren in die beiden Hauptgruppen Greifer und Werkzeuge. Es gibt vom einfachen Greifer, der nur die beiden Zustände auf und geschlossen besitzt, bis hin zu komplexen Werkzeugen, die sensorgeführt eine Bearbeitung durchführen, ein breite Palette von Anwendungen.
- Kinematik/Bewegungseinheiten (Gelenke und Achsen)
  Prinzipiell besteht jede Roboterkinematik aus rotatorischen und/oder translatorischen Achsen mit den entsprechenden Gelenken. Durch die Anordnung dieser Achsen entstehen bestimmte Konfigurationen wie Scara-, Knickarm- oder Portal-Roboter. Die jeweiligen Konfigurationen haben unterschiedliche Vor- und Nachteile was Steifigkeit, Arbeitsräume etc. angeht, und haben dadurch jeweils bestimmte Einsatzgebiete; z.B. wird der Scara-Roboter wegen seiner Genauigkeit und Steifigkeit sehr viel für die Platinenmontage eingesetzt.

- Antriebssysteme
  Die meisten IR besitzen die Möglichkeit, auf mathematisch definierten Bahnen im Raum zu fahren, sog. Bahnsteuerungen. Hierzu müssen im allgemeinen Fall alle Achsen des IR getrennt bezüglich Weg und Geschwindigkeit geregelt werden. Dies bedeutet, daß für jede Achse des IR eine eigene Antriebseinheit zur Verfügung stehen muß. Hier werden meistens Elektromotoren (Gleichstrom-Servoantriebe und Drehstromantriebe) eingesetzt.
- Wegmeßsysteme
  Jede angetriebene Achse eines IR besitzt ein eigenes Wegmeßsystem, das in einen Positionsregelkreis integriert ist. Man unterscheidet die Wegmeßsysteme nach zwei Hauptkriterien. Auf der einen Seite gibt es je nach Art der Meßwerterfassung analoge und digitale Meßsysteme. Daneben ist die Unterscheidung nach der Art des Bezugssystems für die Messung in absolut und inkremental noch von Bedeutung.
  Weiterhin gibt es speziell bei den bahngesteuerten IR für jede Achse auch einen Geschwindigkeitsregelkreis.
- Peripherie wie Sensoren und Sicherheitseinrichtungen
  Kaum eine Roboteranwendung kommt ohne Sensoren aus. Die Steuerung würde das implementierte Bewegungsprogramm immer wieder, auch fehlerhaft, ausführen und nur unter festverdrahteten Not-Aus-Bedingungen abschalten. Durch externe Sensoren, die über die Schnittstellen mit der Steuerung gekoppelt sind, können programmbeinflussende Parameter zur Steuerung gegeben werden (z.B. Werkstück vorhanden oder nicht, Positionskorrekturen, Andrucksensor beim Schleifen, sensorgeführtes Schweißen etc.)
  Werker, die in der Nähe von oder mit Roboterapplikationen arbeiten, müssen vor den von diesen Anlagen ausgehenden Gefahren geschützt werden. Dazu zählen Sicherheitseinrichtungen, die vor den Lichtbögen beim Schweißen schützen. Daneben bewegen sich beim industriellen Robotereinsatz große Massen mit großen Geschwindigkeiten. Die kinetischen Energien, die hier vorhanden sind, sind in der Lage, Menschen zu töten. Man muß Sicherheitseinrichtungen einbauen, die zum sofortigen Abschalten der Anlage führen, wenn eine Person in den Gefahrenbereich kommt.
  Weiterhin gibt es Sicherheitseinrichtungen, die den Roboter selbst vor Defekten schützen. So ist z.B. jedes größere System mit Crash-Sensoren ausgerüstet, die bei Kollisionen die Bestromung der Antriebe abschalten und somit Beschädigungen verhindern.

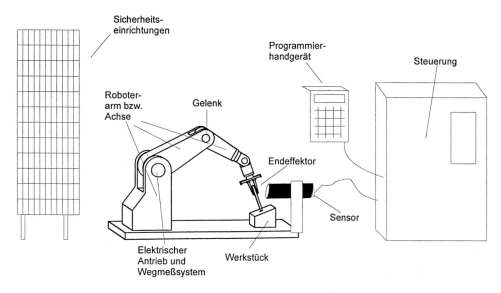

Bild 2-1 Komponenten eines Industrierobotersystems

2.4 Kenngrößen eines Industrieroboters

In der VDI-Richtlinie 2861 werden verschiedene Kenngrößen für IR definiert, um Herstellern und Anwendern einheitliche Kriterien für die Bewertung unterschiedlicher Robotersysteme zur Verfügung zu stellen. Die VDI-Richtlinie 2861 teilt die Kenngrößen eines IR nach folgender Systematik auf:

Tabelle 2-1 Kenngrößen eines Industrieroboters (nach VDI 2861)

KENNGRÖSSEN EINES INDUSTRIEROBOTERS			
geometrische Kenngrößen	Belastungs- Kenngrößen	kinematische Kenngrößen	Genauigkeits- Kenngrößen
• mechanische Systemgrenzen • Raumaufteilung • Arbeitsbereich	• Nennlast • Maximale Nennlast • Maximallast • Nennmoment • Nenn-Massen-trägheitsmoment	• Geschwindigkeit • Beschleunigung • Überschwingweite • Ausschwingzeit • Verfahrzeit • Zykluszeit	• Wiederholgenauigkeit (Position und Orientierung) • Wiederholgenauigkeit (Bahn) • Allgemeine Kenngrößen

In Blatt 2 dieser Richtlinie werden diese Kenngrößen unter bestimmten Randbedingungen definiert. Dadurch sollen Kriterien geschaffen werden, mit denen man die Einsetzbarkeit von IR für unterschiedliche Anwendungsfälle sowie die dabei zu erzielende Genauigkeit beurteilen kann. In Blatt 3 dieser Richtlinie werden geeignete Verfahren und Vorschläge für Meßaufbauten zur Ermittlung dieser Kenngrößen angegeben.

Einige der oben aufgeführten Kenngrößen seien hier näher erläutert; zur genaueren Information sei auf die Richtlinie verwiesen.

2.4.1 Mechanische Systemgrenzen

Nach VDI-Richtlinie werden mechanische Systemgrenzen sowohl innerhalb des IR gebildet als auch nach außen hin an den Berührungsstellen des IR mit der Peripherie.

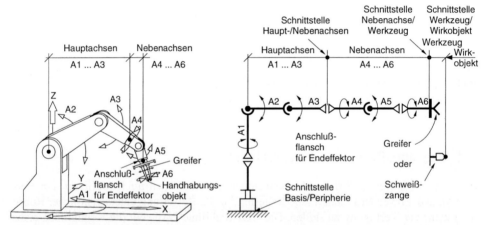

Bild 2-2 Mechanische Systemgrenzen eines sechsarmigen Knickarmroboters; symbolische Darstellung gestreckt gezeichnet

Man unterteilt einen IR in *Haupt- und Nebenachsen* und *Werkzeuge (Effektoren)*. Bei einem sechsachsigen IR sind A1...A3 die Hauptachsen. Sie dienen im wesentlichen dazu, die Position (z.B. in x, y und z) anzufahren. Die Achsen A4...A6 sind die Nebenachsen. Sie dienen im wesentlichen dazu, die Orientierung des Handhabungsobjektes im Raum (Winkel bzgl. des kartesischen Koordinatensystems; vgl. dazu Kapitel 3.2) festzulegen. Unter Werkzeugen versteht man Greifer, Spritzpistolen, Schweißbrenner etc. Wirkobjekte sind in die Peripherie integrierte zu beschickende Fertigungsmaschinen, Paletten, zu verschweißende Teile etc.

Die Schnittstelle zwischen der Basis des IR und der Peripherie ist meistens der untere Flansch des Roboters, mit dem er entweder am Boden oder an der Wand oder an der Decke verschraubt wird. Der Mittelpunkt dieser Flanschfläche ist häufig auch der Ursprung des Basiskoordinatensystems für den IR. Die Schnittstelle zwischen den Haupt- und Nebenachsen liegt im Flansch oder Gelenk zwischen A3 und A4 bei einem sechsachsigen IR.

Daneben gibt es eine weitere Schnittstelle, die zwischen den Nebenachsen und dem Endeffektor liegt. Diese Schnittstelle befindet sich sehr häufig im Anschlußflansch für den Endeffektor. Die Schnittstelle Werkzeug/Wirkobjekt beschreibt den Ort der Einflußnahme des vom IR geführten Effektors; es handelt sich häufig um den sog. *Tool Center Point (TCP)*.

2.4.2 Raumaufteilung

Der *Hauptarbeitsraum* ist derjenige Teil des Arbeitsraumes, der von der Schnittstelle Haupt-/Nebenachsen gebildet wird, indem man alle Hauptachsen in ihre jeweiligen Maximal- und Minimalstellungen verfährt.

Der *Nebenarbeitsraum* ist entsprechend dem Hauptarbeitsraum für die Nebenachsen definiert.

Der *Arbeitsraum* ist die Summe von Hauptarbeitsraum und Nebenarbeitsraum. Er ist also der Raum, der von der Schnittstelle Nebenachse/Endeffektor mit der Gesamtheit aller Achsbewegungen erreicht werden kann.

Der *nicht nutzbare Raum* eines IR entsteht durch Gelenke oder Achsbauteile, die beim Fahren im Raum mitbewegt werden müssen, dadurch auch mit dem Umfeld (Mensch oder Hardware) kollidieren können und somit eine erhebliche Gefahr darstellen.

Der *feste Bewegungsraum* ist die Summe aus Arbeitsraum und nicht nutzbarem Raum. Er ist somit der Raum, der von allen bewegten Elementen des IR mit der Gesamtheit aller Achsbewegungen beschrieben wird. Begrenzt wird dieser Raum durch die Schnittstelle Nebenachsen/Werkzeug.

Der *variable Bewegungsraum* eines IR ist der Raum, der durch die Bewegungen des Endeffektors erzeugt wird. Er schließt sich also an die Schnittstelle zwischen Nebenachse und Werkzeug an. Dieser Raum ist variabel, da die Abmessungen des Endeffektors variieren können.

Der *Bewegungsraum* ist die Summe aus variablem und festem Bewegungsraum. Er ist unter sicherheitstechnischen Aspekten identisch mit dem Gefahrenraum.

BEWEGUNGSRAUM / GEFAHRENRAUM				
	fester Bewegungsraum			variabler Bewegungsraum
nicht nutzbarer Raum	Arbeitsraum			
	Hauptarbeitsraum		Nebenarbeitsraum	Arbeitsraum von Werkzeug oder Handhabungsobjekt

Bild 2-3   Raumaufteilung von Industrierobotern

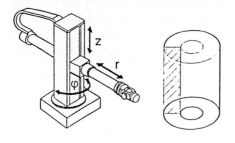

Bild 2-4
Arbeitsraum eines Industrieroboters

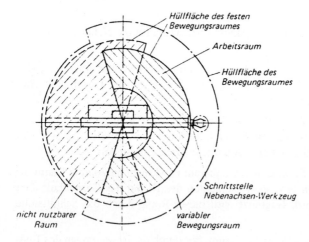

Bild 2-5
Raumaufteilung (Draufsicht)

2.4.3 Belastungskenngrößen

Egal, ob der IR zur Handhabung von Werkzeugen oder Werkstücken benutzt wird, ist die maximale Last (d.h. Masse), die der IR bewegen kann, beschränkt. Die Trennstelle zwischen dem Eigengewicht des IR und der zu bewegenden Last ist meistens der Anschlußflansch an der letzten Achse. Man unterscheidet folgende Begriffe:

Die *Werkzeug-/Effektor-/Greiferlast* ist die Last, die entweder als Werkzeug oder als Greifer am Anschlußflansch der letzten Achse angebracht wird.

Die *Nutzlast* ist die Last, die zusätzlich zur Werkzeuglast bewegt werden kann, ohne daß dabei Einschränkungen an die maximalen Geschwindigkeiten oder maximalen Beschleunigungen einer Achse gemacht werden müssen. Desweiteren dürfen auch keine Einschränkungen bezüglich der Genauigkeit und des Arbeitsbereiches erfolgen.

Die *Nennlast* ist die Last, die sich als Summe aus der Werkzeuglast und der Nutzlast berechnet.

2.4 Kenngrößen eines Industrieroboters

Die *zusätzliche Nutzlast* ist die Last um die die Nutzlast überschritten werden darf, wobei hierbei aber Einschränkungen hinsichtlich Genauigkeit, max. Geschwindigkeit, max. Beschleunigung oder max. Arbeitsbereich des IR gemacht werden müssen.

Die *maximale Nutzlast* ist die Summe aus Nutzlast und zusätzlicher Nutzlast.

Die *Maximallast* ist die Summe aus maximaler Nutzlast und Werkzeug-, Effektor- bzw. Greiferlast.

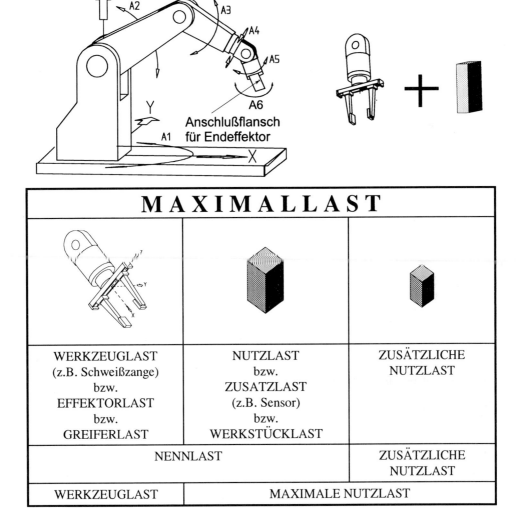

Bild 2-6 Tragfähigkeitskenngrößen von Industrierobotern

2.4.4 Kinematische Kenngrößen

Die maximalen Geschwindigkeiten und maximalen Beschleunigungen eines IR sind die Faktoren, die die Zykluszeit einer Handhabungsaufgabe hauptsächlich bestimmen (bei Einhaltung der geforderten Genauigkeit). Neben der Angabe der maximalen Geschwindigkeit und Beschleunigung für jede Achse unterscheidet man folgende Begriffe:

Unter der *resultierenden Geschwindigkeit* versteht man die vektorielle Addition aller Achsgeschwindigkeiten, die an der Bewegung beteiligt sind. Sinngemäß definiert man auch die resultierende Beschleunigung.

Unter der *Bahngeschwindigkeit* versteht man die Geschwindigkeit, mit der der TCP entlang einer definierten Bahn im Raum (z.B. Gerade; Kreis) bewegt wird, also die Geschwindigkeit in Richtung dieser Raumbahn.

Die *Überschwingweite* gibt an, um wieviel mm oder Grad eine anzufahrende Position oder Orientierung überschwingt.

Die *Ausschwingzeit* gibt an, wie lange der Einschwingvorgang in die Sollpositon nach dem ersten Erreichen der Sollposition dauert.

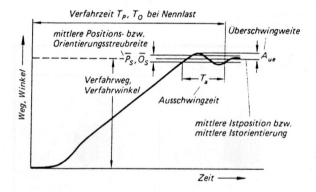

Bild 2-7
Kinematische Kenngrößen (VDI 2861)

2.4.5 Genauigkeitskenngrößen

Die Genauigkeit eines IR wird im wesentlichen bestimmt durch die Genauigkeit beim Positionieren und Orientieren und durch die Genauigkeit beim Nachfahren einer Bahn im Raum. Die Genauigkeitskenngrößen werden beim IR achsunabhängig und unter Nennlast ermittelt. Die Kenngrößen müssen für den gesamten Arbeitsraum gelten.

2.4 Kenngrößen eines Industrieroboters

Zur Ermittlung der Wiederholgenauigkeit beim Positionieren und Orientieren werden in einem Bezugskoordinatensystem nach VDI-Richtlinie 2861 mindestens $k = 30$ Meßorte Mo_j ($j = 1...k$) festgelegt.

Ein IR fährt einen Meßort Mo_j im Raum mit einer gewissen Streuung an. Jeder Meßort Mo_j wird n mal angefahren (laut Empfehlung von VDI-Richtlinie 2861 $n \geq 5$). Dadurch entstehen $n \cdot k$ Meßpunkte MP_{ij} ($i = 1...n$ und $j = 1...k$) = i-ter Meßwert am j-ten Meßort Mo_j. Man berechnet nun die Abweichung der Meßpunkte vom Sollwert am Meßort.

$$x_{ij} = MP_{ij} - Mo_j$$

Nach der VDI-Richtlinie müssen die Meßorte sowohl aus positiver als auch aus negativer Richtung angefahren werden. Prinzipiell ergibt sich folgende Häufigkeitsverteilung:

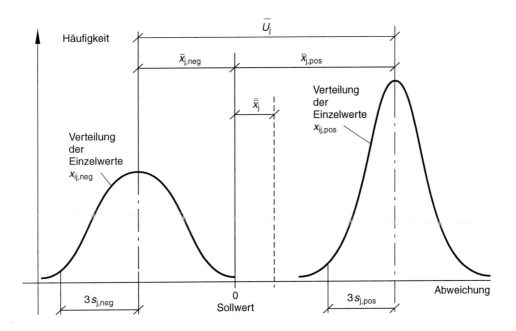

Bild 2-8 Häufigkeitsverteilung der Postions- bzw. Orientierungs-Meßwerte

Mit Hilfe dieser Meßwerte lassen sich die statistischen Werte in Tabelle 2-2 errechnen.

Tabelle 2-2 Berechnung von statistischen Größen

Größe	Formel
Mittelwert der Einzelmeßwerte am Meßort Mo_j in positiver Anfahrrichtung	$\bar{x}_{ij,pos} = \dfrac{1}{n}\sum_{i=1}^{n} x_{ij,pos}$
Mittelwert der Einzelmeßwerte am Meßort Mo_j in negativer Anfahrrichtung	$\bar{x}_{ij,neg} = \dfrac{1}{n}\sum_{i=1}^{n} x_{ij,neg}$
Standardabweichung in positiver Anfahrrichtung am Meßort Mo_j	$s_{j,pos} = \sqrt{\dfrac{1}{n-1}\sum_{i=1}^{n}\left(x_{ij,pos} - \bar{x}_{j,pos}\right)^2}$
Standardabweichung in negativer Anfahrrichtung am Meßort Mo_j	$s_{j,neg} = \sqrt{\dfrac{1}{n-1}\sum_{i=1}^{n}\left(x_{ij,neg} - \bar{x}_{j,neg}\right)^2}$
Mittlere Standardabweichung am Meßort Mo_j	$\bar{s}_j = \dfrac{s_{j,pos} + s_{j,neg}}{2}$
Positionsstreubreite am Meßort Mo_j	$P_{s,j} = 6\bar{s}_j$
Orientierungsstreubreite am Meßort Mo_j	$O_{s,j} = 6\bar{s}_j$
Maximale Positionsstreubreite aller Meßorte Mo_j $(j = 1...k)$	$P_{s,max} = Max\,(P_{s,j})$ mit $j = 1...k$
Maximale Orientierungsstreubreite aller Meßorte Mo_j $(j = 1...k)$	$O_{s,max} = Max\,(O_{s,j})$ mit $j = 1...k$
Umkehrspanne am Meßort Mo_j	$U_j = \left|x_{j,pos} - x_{j,neg}\right|$
Maximale Umkehrspanne aller Meßorte Mo_j $(j = 1...k)$	$U_{s,max} = Max\,(U_{s,j})$ mit $j = 1...k$
Mittlere Abweichung vom Sollwert am Meßort Mo_j	$\bar{\bar{x}}_j = \dfrac{\bar{x}_{j,pos} + \bar{x}_{j,neg}}{2}$

Auf der Grundlage der oben berechneten statistischen Größen lassen sich nun folgende Größen berechnen:

2.4 Kenngrößen eines Industrieroboters

- mittlere Positionsstreubreite $\overline{P}_s$

$$\overline{P}_s = \frac{1}{k} \sum_{j=1}^{k} P_{sj}$$

(Mittelwert aller Positionsstreubreiten der Meßorte in einer Meßrichtung)

- mittlere Orientierungsstreubreite $\overline{O}_s$

$$\overline{O}_s \frac{1}{k} \sum_{j=1}^{k} O_{sj}$$

(Mittelwert aller Orientierungssstreubreiten der Meßorte in einer Meßrichtung)

- mittlere Umkehrspanne $\overline{U}$

$$\overline{U} = \frac{1}{k} \sum_{j=1}^{k} U_j$$

Während der Meßwertaufnahme sollen betriebsähnliche Bedingungen herrschen. Man sollte auf
- eine feste Fundamentierung des IR achten, damit keine Verschiebungen eintreten,
- eine konstante Umgebungstemperatur garantieren und
- möglichst berührungslos messen.

Genaue Informationen bezüglich der Meßanordnungen sind der VDI-Richtlinie 2861 zu entnehmen.

Viele der heutigen Anwendungen verlangen von einem IR eine Bahnsteuerung; d.h. alle Achsen des IR werden im allgemeinen mit unterschiedlichen Geschwindigkeiten und Beschleunigungen so verfahren, daß der Endeffektor eine mathematisch definierte Bahn (z.B. Raumgerade oder Raumkreis) fährt. Dies ist z.B. beim Schweißen der Fall. Hier muß die Schweißpistole mit definierter Geschwindigkeit eine definierte Bahn im Raum abfahren, um die Güte der Schweißnaht zu gewährleisten. Für diese Aufgabenstellung gibt die oben geschilderte Positionier- oder Orientierungsgenauigkeit kein Bewertungskriterium her. Daher definiert die VDI-Richtlinie 2861 folgende Kenngrößen zur Beurteilung der Bahnwiederholgenauigkeit:
- mittlerer Bahnabstand
- mittlerer Bahnstreubereich
- mittlere Bahn-Orientierungsabweichung
- mittlerer Bahn-Orientierungsstreubereich
- mittlere Bahnradiusdifferenz
- mittlerer Eckenfehler
- mittlerer Überschwingfehler

Neben diesen Kenngrößen gibt es noch sog. allgemeine Genauigkeitskenngrößen
- mittlere Referiergenauigkeit
- mittlere Programmiergenauigkeit
- mittlere Austauschgenauigkeit
- kleinster verfahrbarer Schritt
- mittlerer Temperaturfehler

2.5 Einsatzbereiche und Anwendungsbeispiele von Industrierobotern

Die wesentlichen Einsatzbereiche von IR werden in zwei Gruppen eingeteilt:

- IR mit Werkzeughandhabung
  Hierbei führt der IR ein Werkzeug (z.B. Schweißzange etc.), um Fertigungsaufgaben durchzuführen. Die wichtigsten Einsatzbereiche sind:
    - Punktschweißen
    - Bahnschweißen
    - Kleber aufbringen
    - Entgraten
    - Beschichten

- IR mit Werkstückhandhabung
  Hierbei hat der IR einen Greifer, mit dem er ein Handhabungsojekt (z.B. Werkstück etc.) handhabt. Die wichtigsten Einsatzbereiche sind:
    - Montage
    - Be- und Entladen von Maschinen
    - Palettieren, Kommissionieren und Verpacken

Im Folgenden werden einige beispielhafte Applikationen von Industrierobotern namhafter Hersteller gezeigt.

Übersicht Herstellerangebot Industrieroboter

Anwendungsgebiete (∗ = häufigste Anwendung)	Bauarten			
	Portal	Lineararm	Vertikal-knickarm	Schwenk-arm
Beschichten			∗	∗
Schweißen			∗	
Entgraten			∗	∗
Prüfen		∗	∗	∗
Druck-/Spritzguß		∗		
Pressen		∗		
Palettieren	∗		∗	∗
Verpacken	∗		∗	
Bohren, Fräsen				∗
Einlegen	∗	∗		∗
Schrauben				∗
Einpressen				∗
Kabel verlegen	∗		∗	∗

2.5 Einsatzbereiche und Anwendungsbeispiele von Industrierobotern

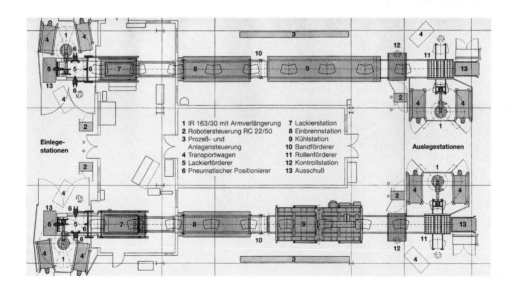

1 IR 163/30 mit Armverlängerung
2 Robotersteuerung RC 22/50
3 Prozeß- und Anlagensteuerung
4 Transportwagen
5 Lackierförderer
6 Pneumatischer Positionierer
7 Lackierstation
8 Einbrennstation
9 Kühlstation
10 Bandförderer
11 Rollenförderer
12 Kontrollstation
13 Ausschuß

Bild 2-9 Handhaben unterschiedlicher Windschutzscheiben (KUKA)

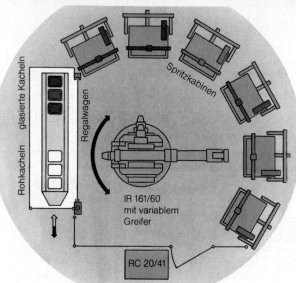

Bild 2-10 Handhaben und Glasieren von Keramikkacheln (KUKA)

2.5 Einsatzbereiche und Anwendungsbeispiele von Industrierobotern

Bild 2-11 Palettierung (BOSCH)

Bild 2-12
Roboterschweißanlage
(REIS)

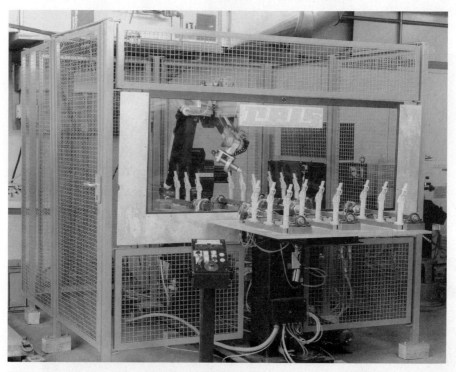

Bild 2-13 Entgraten von Lagergehäusen (REIS)

2.5 Einsatzbereiche und Anwendungsbeispiele von Industrierobotern

Bild 2-14
Putzen, Entgraten, Bearbeiten von Gummi-Metallteilen (REIS)

Bild 2-15 Palettieren und Verpacken (REIS)

3 Kinematik des Roboters

3.1 Achsen

Der kinematische Aufbau eines Roboters ist durch die Anordnung und die Anzahl der an der Bewegung beteiligten Achsen bestimmt. Achsen sind geführte, unabhängig voneinander angetriebene Glieder. Diese Achsen dienen beim Industrieroboter dazu, daß das Werkstück bzw. das Werkzeug des Roboters im Raum bewegt werden kann. Hilfseinrichtungen am Roboter, wie Greifer, zählt man nicht zu den Achsen. Man unterscheidet prinzipiell zwei Arten von Achsen:
- rotatorische Achsen und
- translatorische Achsen.

Rotatorische Achsen unterteilt man wiederum in Achsen, die um sich selbst drehen:
- *vertikale* Achsen bzw. *fluchtende* Achsen und
- *horizontale* oder *nicht fluchtende Achsen* (Achsen, die in einem Drehgelenk liegen).

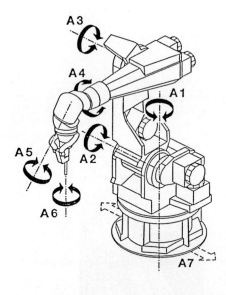

Bild 3-1
Beispiele für rotatorische Achsen (KUKA)
Achsen A1 bis A6   rotatorisch
Achsen A1, A4, A6   vertikal bzw. fluchtend
Achsen A2, A3, A5   horizontal bzw. nicht fluchtend

3.1 Achsen

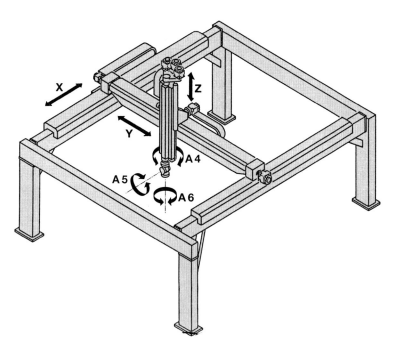

Bild 3-2   Beispiele für translatorische Achsen (X, Y, Z) (KUKA)

Bei den translatorischen Achsen unterscheidet man drei Teilgruppen. Auf der einen Seite gibt es die sog. *Verschiebeachsen*, die nicht fluchtend sind. Dann hat man sog. *Teleskopachsen*, die fluchtend sind. Weiterhin gibt es noch sog. *Verfahrachsen*, z.B. Linearschlitten.

Je nach Hersteller ergeben sich, was die äußere Gestalt des Roboters betrifft, unterschiedliche Bauweisen. Um die einzelnen Roboter vergleichbar zu machen und das Wesentliche ihrer Kinematik herauszustellen, kann man sog. kinematische Ersatzbilder erstellen. In der VDI-Richlinie 2861 (Kinematikbeschreibung von Industrierobotern) sind die Symbole für die Achsen, für Effektoren und das Fundament aufgeführt.

Diese kinematischen Ersatzbilder verdeutlichen, daß bei der oben beschriebenen Einteilung immer zwei Angaben für eine Achse gemacht werden. Auf der einen Seite ist durch diese Einteilung eindeutig festgelegt, ob sich die Achse linear oder rotatorisch bewegt. Des Weiteren ist aber auch etwas über das Gelenk, das bei rotatorischen Achsen vorhanden sein muß, ausgesagt. Die Drehbewegung der Achse kann einmal um sich selbst erfolgen (fluchtende Achse) oder einmal um das Gelenk herum (nicht fluchtend).

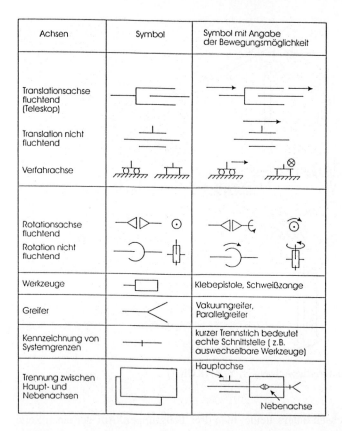

Bild 3-3 Kinematikbeschreibung von Industrierobotern (nach VDI 2861, Blatt 1)

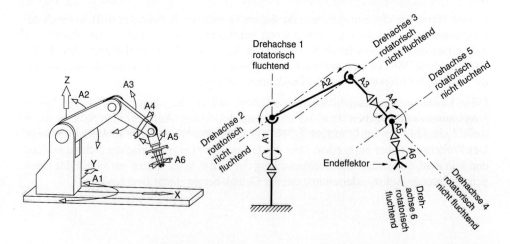

Bild 3-4 Sechsachsiger Knickarmroboter mit kinematischem Ersatzschaltbild (im Ersatzschaltbild sind die Drehachsen zur Verdeutlichung zusätzlich eingezeichnet)

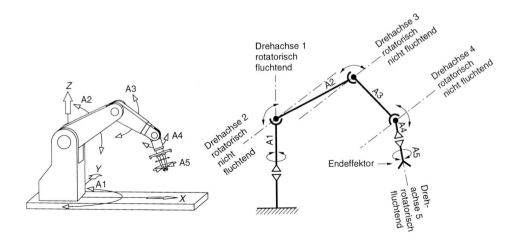

Bild 3-5 Fünfachsiger Knickarmroboter mit kinematischem Ersatzschaltbild (im Ersatzschaltbild sind die Drehachsen zur Verdeutlichung zusätzlich eingezeichnet)

Anhand der kinematischen Ersatzschaltbilder sieht man, daß es sich bei Industrierobotern um sog. *kinematische Starrkörperketten* handelt. Zu diesem Themengebiet sind noch einige grundlegende Bemerkungen zu machen.

3.2 Freiheitsgrade

Beschreibt man die Bewegung eines Körpers im Raum (z.B. in der Physik im Themengebiet Kinematik, um die Geschwindigkeit und Beschleunigung eines Autos zu berechnen), wird sehr häufig die vereinfachende Annahme gemacht, daß es sich bei dem Körper um einen *Massenpunkt* handelt. Dies ist eine sehr einschränkende – auch nur theoretisch mögliche – Vereinfachung, da ein Punkt bekanntlich keine räumliche Ausdehnung und somit natürlich auch keine Masse hat. Diese Vereinfachung ist durchaus vertretbar, da ja nur die Momentangeschwindigkeit bzw. die zurückgelegte Strecke interessiert und dadurch die Ausdehnung des bewegten Körpers im Raum uninteressant ist.

Somit sind zur eindeutigen Beschreibung der Lage des *Massenpunktes* lediglich die drei Koordinaten x, y und z notwendig. Schwieriger wird es, wenn die Ausdehnung – die tatsächliche Größe – des bewegten Körpers beachtet werden muß. Dies ist bei Bewegungen von Werkstücken im Raum der Fall.

Freiheitsgrade eines Körpers im Raum (nach DIN):
Der Freiheitsgrad f ist die Anzahl der möglichen unabhängigen Bewegungen. Demnach hat ein im Raum frei beweglicher starrer Körper maximal den Freiheitsgrad $f = 6$, der sich aus drei translatorischen und drei rotatorischen Bewegungsmöglichkeiten zusammensetzt.

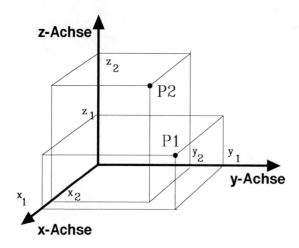

Bild 3-6
Bewegung eines Punktes im Raum von $P_1(x_1;y_1;z_1)$ nach $P_2(x_2;y_2;z_2)$

Bezogen auf Bild 3-7 gilt somit:
Um das Körpersystem in das Bezugssystem xyz zu überführen, sind drei Rotationen bzw. Drehungen (A, B, C) und drei Translationen bzw. Verschiebungen tx, ty, tz erforderlich.

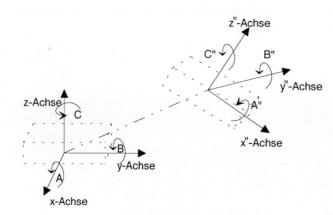

Bild 3-7
Bewegung eines starren Körpers im Raum (häufig bezeichnet man die Translationsangaben *tx, ty* und *tz* als *Position* und die Rotationsangaben *A, B* und *C* als *Orientierung* des Körpers)

Es sei hier weiterhin darauf hingewiesen, daß sich obige Definition nur auf starre Körper bezieht. Nimmt man die Verformbarkeit von Körpern noch mit in die Betrachtungsweise auf, wird die Beschreibung sehr kompliziert und würde den Rahmen dieses Buches sprengen, zumal die eventuell auftretenden Verformungen der Werkstücke beim Greifen zur Berechnung der Roboterbahn durch die Steuerung keine Rolle spielen.

3.2 Freiheitsgrade

Im Unterschied zum Freiheitsgrad starrer Körper im Raum ist der Begriff des Getriebefreiheitsgrades bzw. der Freiheitsgrad eines Systems von starren Körpern zu sehen. Ein solches System von starren Körpern wird häufig auch als Starrkörperkette bezeichnet (z.B. Achsen eines Roboters).

Dies sei mit Bild 3-8 erklärt, wobei nur ein Problem in der Ebene behandelt wird, um die Sachlage nicht unnötig zu erschweren.

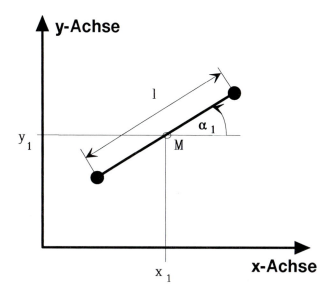

Bild 3-8
Freiheitsgrade eines starren Körpers in der Ebene

Ein ebener Stab hat in der Ebene drei Freiheitsgrade (gemeint: Freiheitsgrade eines starren Körpers). Die Freiheitsgrade sind bei gegebener Stablänge l z.B. die Koordinaten seines Mittelpunktes $M(x_1,y_1)$ zur Beschreibung der *Lage* des Stabes. Zur Beschreibung der *Orientierung* dient der Winkel α_1. Diese Art, die Lage und die Orientierung des Stabes zu beschreiben, ist völlig willkürlich. Es existieren sehr viel mehr Möglichkeiten, die Anordnung des Stabes eindeutig zu beschreiben. Aber allen diesen Möglichkeiten ist gemeinsam, daß sie lediglich drei voneinander unabhängige Parameter benötigen, um diese Anordnung festzulegen.

Somit ist in diesem Fall der Getriebefreiheitsgrad gleich dem Freiheitsgrad, da die Starrkörperkette nur aus einem Element besteht.

Verbindet man nun zwei Stäbe über ein *Gelenk* miteinander, so hat dann zwar jeder Stab für sich alleine gesehen noch immer drei Freiheitsgrade in der Ebene, aber als sog. *Starrkörperkette* haben sie vier Getriebefreiheitsgrade. Man braucht nämlich zur eindeutigen Beschreibung der Lage dieser Starrkörperkette in der Ebene – bei bekannten Längen l_1 und l_2 der Stäbe – lediglich die Angabe des Mittelpunktes des Stabes l_1 und den Winkel α_1, zur Beschreibung des Stabes 2 genügt dann der Winkel α_2, der die Drehung bzgl. des Koordinatensystems beschreibt. Zusammenfassend kann man hier sagen, daß zur Beschreibung der Lage die beiden Parameter x und y und zur Beschreibung der Orientierung die beiden Winkel α_1 und α_2 dienen.

Somit braucht man zur eindeutigen Beschreibung der Lage dieser Starrkörperkette vier voneinander unabhängige Koordinaten
  $P(x_1, y_1, \alpha_1, \alpha_2)$.
Der Getriebefreiheitsgrad dieses Systems ist also vier.

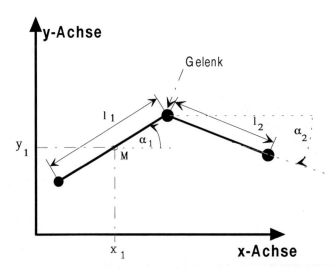

Bild 3-9
Getriebefreiheitsgrad einer Starrkörperkette

Verbindet man auf diese Weise (d.h. mit dieser Art von Gelenk) n Stäbe miteinander, so hat die dadurch entstandene Starrkörperkette einen Getriebefreiheitsgrad k von
  $k = n + 2$.

Ein Industrieroboter ist somit eine kinematische Starrkörperkette, die man durch ihren Getriebefreiheitsgrad beschreiben kann. Je nach Anordnung der einzelnen Achsen zu einer Starrkörperkette entstehen unterschiedliche Bauarten des Roboters.

Zum Abschluß des Themas Freiheitsgrade und Getriebefreiheitsgrade sei in diesem Zusammenhang darauf hingewiesen, daß in DIN 33408 die wesentlichen menschlichen Bewegungsbereiche festgehalten sind (Tabelle 3-1, Bilder 3-10 bis 3-12). Damit sollen ergonomische Arbeitsplätze geschaffen werden können. Hier werden das menschliche Skelett als „Starrkörperkette" betrachtet und die maximalen Bewegungswinkel der einzelnen Gelenke angegeben. Daraus lassen sich Rückschlüsse auf für den Menschen „günstige" und „ungünstige" Arbeitshaltungen ziehen.

3.2 Freiheitsgrade

Tabelle 3-1 Wesentliche Bewegungsbereiche (nach DIN 33408)

Körperglieder-Stellung	Gelenke	Bewegung	Maximale Winkel [°]	maximaler Bereich [°]	bequemer Einstellbereich [°]
Kopf zum Rumpf	Kopfgelenk	1 beugen vor/zurück	+ 60...-35[1]	95	+25...+5
		2 neigen rechts/links	+55...-55[1]	110	0
		3 drehen rechts/links	+55...-55[1]	110	0
Rumpf in sich	Brust-, Lendengelenk	4 beugen vor/zurück	+100...-50	150[1]	+5
		5 neigen rechts/links	+50...-50[1]	100	0
		6 drehen rechts/links	+50...-50[1]	100	0
Oberschenkel zum Rumpf	Hüftgelenk	7 beugen vor/zurück	+115...0	115	0 (+100...+85)[2]
		8 zur Seite aus-/einwärts	+30...-15	45	0
Unterschenkel zum Oberschenkel	Kniegelenk	9 schwenken vor/zurück	+0...-105	105	0 (-60...-85)
Fuß zum Unterschenkel	Fußgelenk	10 schwenken nach oben/unten	+110...+55	55	+90
Fuß zum Rumpf	Hüftgelenk, Unterschenkel, Fußgelenk	11 drehen aus-/einwärts	+110...-70[1]	180	+15...0
Oberarm zum Rumpf	Schultergelenk (Schlüsselbein)	12 schwenken aus-/einwärts	+180...-30[1]	210	0
		13 schwenken auf/ab	+180...-45[1]	225	(+40...+10)[3]
		14 schwenken vor/zurück	+140...-40[1]	180	+90...+40
Unterarm zum Oberarm	Ellbogengelenk	15 beugen/strecken	+120...0	120	+85...+45
Hand zum Unterarm	Handgelenk	16 schwenken aus-/einwärts	+40...-20	60	0[3]
		17 beugen/strecken	+75...-60	135	0
Hand zum Rumpf	Schultergelenk, Unterarm	18 drehen links/rechts	+130...-120[1,4]	250	-30...-60

Anmerkungen
- Die angegebenen maximalen Winkelstellungen gelten für den Normalfall. Sie sind im hohen Alter meist noch eingeschränkt. Außerdem können sie bei dicker Kleidung geringer sein.
- Durch Überlagerung der Winkelstellungen in einer mehrgliedrigen Kette ergeben sich größere Gesamtbewegungsbereiche (zum Beispiel Kopfbeugung und Rumpfbewegung)

1 aus der Überlagerung der angegebenen Gelenkbewegung
2 Klammerwerte für Sitzen
3 Klammerwerte für Manipulieren vor dem Körper
4 Für Stellung der flachen Hand parallel zur Rumpfseite als Ausgangsstellung
5 Greifwinkel der ganzen Hand gegen Querachse der Hand: 12° nach oben zum Daumen

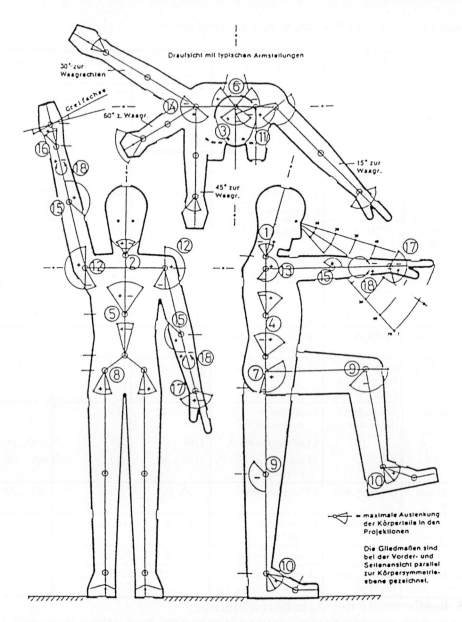

Bild 3-10 Wesentliche menschliche Bewegungsbereiche (nach DIN 33408)

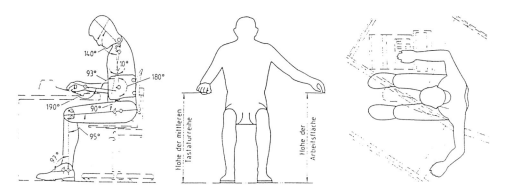

Bild 3-11 Sitzhaltung für einen Kassenarbeitsplatz (DIN 33408)

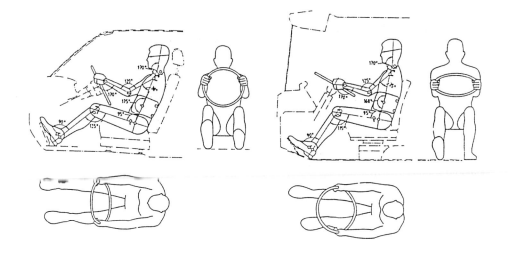

Bild 3-12 Sitzhaltung bei Kraftfahrzeugen (DIN 33408)

3.3 Bestimmung der Achsbezeichnungen

Um die Achsen eines Industrieroboters eindeutig bezeichnen zu können, verwendet man die Symbolik zur Darstellung des kinematischen Aufbaues nach VDI 2861.

Man bezieht sich auf ein ortsfestes kartesisches Koordinatensystem, in dem die x- und die y-Achse die horizontale Ebene bilden. Auf dieser Ebene steht senkrecht die z-Achse und ergänzt das System zu einem mathematisch positiven (linksdrehenden) System.

Will man nun die Achsbezeichnungen für eine Industrieroboter festlegen, so muß dieser in eine Grundstellung überführt werden, die dadurch gekennzeichnet ist, daß alle Achsen des Roboters parallel bzw. symmetrisch zum Bezugskoordinatensystem ausgerichtet sind.

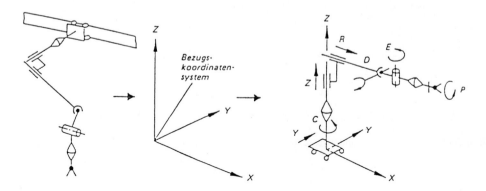

Bild 3-13 Überführung eines siebenachsigen Industrieroboters aus einer beliebigen Arbeitsstellung in die Grundstellung im Bezugskoordinatensystem zur Bestimmung der Achsbezeichnungen (VDI 2861 Blatt 1)

Ferner lehnt sich die Bezeichnung der Achsen an DIN 66217 „Koordinatenachsen und Bewegungseinrichtungen für numerisch gesteuerte Arbeitsmaschinen" an, da Industrieroboter in die allgemeine Klasse der numerisch gesteuerten Arbeitsmaschinen einzuordnen sind. Dabei erhalten die entsprechenden Haupt- und Nebenachsen festgelegte Buchstabenkennzeichen.

Tabelle 3-2   Bezeichnung der Haupt- und Nebenachsen

Hauptachsen		Nebenachsen	
Translationsachsen	Rotationsachsen	Translationsachsen	Rotationsachsen
parallel zur x-Achse X	parallel zur x-Achse A	parallel zur x-Achse U	parallel zur x-Achse E
parallel zur y-Achse Y	parallel zur y-Achse B	parallel zur y-Achse V	parallel zur y-Achse D
parallel zur z-Achse Z	parallel zur z-Achse C	parallel zur z-Achse W	parallel zur z-Achse P
um z-Achse drehend R			

Desweiteren findet auch DIN 66025 „Programmaufbau für numerisch gesteuerte Arbeitsmaschinen" Beachtung, um eine einheitliche Adressierung bei der Steuerung der Achsen zu berücksichtigen (VDI 2861 Blatt 1).

Nach VDI 2861 Blatt 1 existiert eine Symbolik, nach der sich der kinematische Aufbau eines Industrieroboters herstellerneutral beschreiben läßt.

Bezeichnungen	Symbol	Beispiel
Trennung zwischen Haupt- und Nebenachsen	/	YCBR/DEP
Beginn einer Verzweigung	(	Y(XZ+UW) zweiarmiger Bewegungs- automat
Ende einer Verzweigung	)	
Trennung verzweigter Systeme	+	

Tabelle 3-3
Symbolsprache zur Beschreibung des kinematischen Aufbaues von Industrierobotern mit Hilfe der Achsbezeichnungen

3.4 Bauarten, Arbeitsräume und Einsatzbereiche

Wie in Kapitel 3.2 erwähnt, braucht man insgesamt 6 Freiheitsgrade, um einen starren Körper beliebig im Raum anordnen zu können. Dies hat zur Folge, daß ein Roboter also mindestens sechs Achsen benötigt, um ein Werkstück bzw. ein Werkzeug im Raum beliebig anordnen zu können. Hat ein Roboter weniger als diese sechs Achsen, kann er nicht jede beliebige Positionierung nachvollziehen. Weiterhin wurde in Kapitel 3.2 darauf hingewiesen, daß man diese sechs Freiheitsgrade häufig in zwei Gruppen unterteilt. Eine Gruppe (x, y, z) faßt man unter dem Begriff *Lagebeschreibung* zusammen, während man die andere Gruppe (A, B, C) *Orientierung* nennt.

Diese Einordnung wird auch für eine erste Einteilung der Achsen an einem Roboter benutzt. Man braucht somit an einem Roboter zuerst einmal 3 Achsen zur Lagebeschreibung. Diese Achsen werden *Hauptachsen* genannt. Zur Herstellung der Orientierung des Greifers bzw. des Werkzeuges braucht man dann noch sog. *Nebenachsen*, auch – im Vergleich zum Menschen – *Handachsen* genannt.

Die Hauptachsen eines Roboters bestehen entweder nur aus translatorischen Achsen (vgl. Portalroboter), nur aus rotatorischen Achsen oder sie stellen eine Kombination von translatorischen und rotatorischen Achsen dar. Anders ausgedrückt: Die Hauptachsen sind eine Starrkörperkette, deren Gelenke entweder nur translatorisch, nur rotatorisch oder translatorisch und rotatorisch sind. Die Nebenachsen sind fast ausnahmslos rotatorische Achsen.

Schaut man sich die räumliche Form der Begrenzungen an, die entstehen, wenn die Hauptachsen in ihren Maximal- bzw. Minimalstellungen verfahren werden, erhält man den *Arbeitsraum* des Roboters. Größe und Form des Arbeitsraumes sind mit entscheidend für die Auswahl eines Roboters, um ein gegebenes Handhabungsproblem zu lösen.

Mit Hilfe der kinematischen Beschreibung der Starrkörperkette der Hauptachsen kann eine erste Einteilung der Robotersysteme vorgenommen werden.

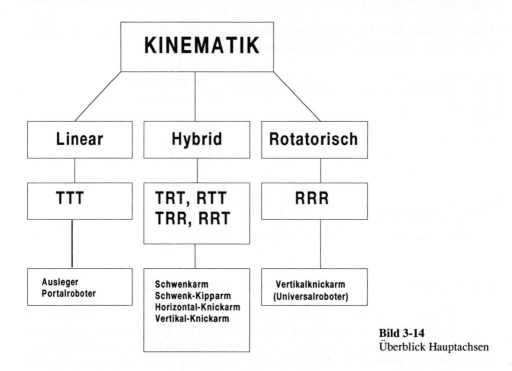

Bild 3-14
Überblick Hauptachsen

In Anhang C finden Sie einige Beispiele von Industrierobotern zu dieser Einteilung.

3.4.1 Lineararm-Roboter/Portalroboter

Der Lineararm-Roboter besitzt drei translatorische Hauptachsen und somit eine *TTT-Kinematik* (drei T für drei translatorische Hauptachsen). Der sich durch diese Anordnung ergebende Arbeitsraum hat kubische Form.

Eine weit verbreitete Realisierung des TTT-Roboters ist die Portalbauweise. Diese Art eignet sich sehr gut für Transportaufgaben über größere Strecken, da die enstehenden mechanischen Beanspruchungen gut über das Portalfundament abgefangen werden können. Ferner sind lange translatorische Achsen meßtechnisch einfacher zu handhaben als entsprechende rotatorische Achsen. Baut man zu den drei Achsen noch Nebenachsen ein, so können mit dieser Art von Roboter auch Fügearbeiten, die nicht genau in einer der drei Hauptachsenrichtungen liegen, durchgeführt werden. Diese Applikation kann dann z.B. zwei Fertigungsmaschinen miteinander verknüpfen, die ein Werkstück nacheinander bearbeiten. Das Ein- und Ausspannen in das jeweilige Maschinenfutter übernimmt der Portalroboter. Ein weiterer Vorteil dieser Anordnung ist, daß sich der Roboter oberhalb der Applikation befindet und somit der Bodenbereich und der Bereich vor den einzelnen Maschinen frei zugänglich ist. Dies wäre bei einer Lineareinheit vor den Maschinen, auf die der Roboter gestellt wird, nicht der Fall.

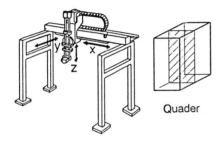

Quader

Bild 3-15
Portalroboter mit TTT-Kinematik

3.3.2 Schwenkarm-Roboter

Schwenkarm-Roboter sind Industrieroboter, die sowohl rotatorische als auch translatorische Achsen als Hauptachsen haben. Bei fast allen diesen Robotern ist die erste Achse, also die Achse, die am Fundament befestigt ist, eine rotatorische Achse.

Bei der RTT-Kinematik (Bild 3-16) sind nach der rotatorisch-fluchtenden ersten Achse zwei translatorische Achsen eingesetzt. Die zweite Achse dient zur Höheneinstellung, während die dritte Achse zur Einstellung der Reichweite verwendet wird. Industrieroboter mit dieser Kinematik der Hauptachsen werden hauptsächlich zum Be- und Entladen von Maschinen benutzt, da sie eine große Reichweite haben und trotzdem relativ schnell um die erste Achse drehen können. Der Arbeitsraum ist zylinderförmig.

Bei der RRT-Kinematik ist die erste Achse ebenfalls als rotatorisch-fluchtende Achse ausgebildet. Die Bauformen der zweiten und dritten Achse sind je nach Anwendungsfall verschieden. Es gibt Industrieroboter, die die zweite Achse rotatorisch, nicht fluchtend und die dritte Achse translatorisch – teleskop – aufgebaut haben (z.B. VW Roboter, Bild 3-17). Diese Roboter eignen sich sehr gut für das Bahnschweißen.

Eine häufige Anordnung in der RRT-Kinematik ist ein Roboter mit waagrechtem Arm, der sog. SCARA-Roboter (Bild 3-18). Hierbei liegen die erste und die zweite rotatorische nicht fluchtende Achse waagrecht. Die dritte Achse dient zur Höheneinstellung. Der entstehende Arbeitsraum dieser Kinematik ist zylinderförmig. Der Hauptanwendungsbereich dieser Kinematik ist im Montagebereich zu sehen. Durch diese Kinematik werden sehr hohe Fügekräfte ermöglicht, da die gesamte Anordnung mechanisch sehr steif ist.

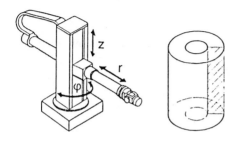

Bild 3-16
Schwenkarm-Roboter mit RTT-Kinematik

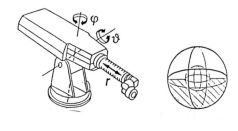

Bild 3-17
Schwenkarmroboter mit RRT-Kinematik (VW)

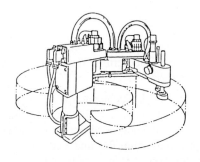

Bild 3-18
Roboter mit RRT-Kinematik (BOSCH)

3.4.3 Knickarm-Roboter

Bei Knickarm-Robotern, auch Gelenkarm-Roboter genannt, sind alle Hauptachsen als rotatorische Achsen ausgeführt (*RRR-Kinematik*). In fast allen Fällen ist die erste Achse eine fluchtende Achse, während die Achsen zwei und drei nicht fluchtend sind.

Im Vergleich zu den anderen Kinematiken hat die RRR-Kinematik den Vorteil, daß sie bezüglich ihres Arbeitsraumes den geringsten Platzbedarf hat und des weiteren für schnelle Bewegungen die kleinsten Beschleunigungskräfte benötigt. Durch RRR-Kinematik ist es diesen Robotern ohne weiteres möglich, über Kopf zu arbeiten. Der durch die Anordnung der Achsen entstehende Arbeitsraum ist kugelförmig.

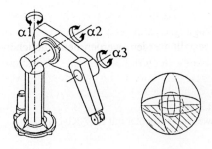

Bild 3-19
RRR-Kinematik

4 Roboter-Antriebe

4.1 Allgemeines

Der Bewegungsablauf eines Roboters wird über im „Anwenderhauptprogramm" programmierte Raumpositionen verwirklicht. Dabei fährt der Roboter die Positionen mit programmierbaren und damit veränderbaren Geschwindigkeiten und Beschleunigungen an. Jedoch sind die Maximalwerte für Geschwindigkeit und Achsbeschleunigung durch die Maschinendaten begrenzt und können somit nicht überschritten werden.

Da Roboter die programmierten Raumpositionen in der Bewegungsart PTP (Point To Point) oder auf einer mathematisch definierten Bahn – Bahnsteuerung, CP (Continious Path) – anfahren können, ist die Geschwindigkeitsangabe in der Bewegungsart PTP kein Maß für die wirkliche Geschwindigkeit des Tool Center Point (TCP); sie gibt lediglich die Geschwindigkeit an, mit der sich die Leitachse bewegt (die Achse, die den größten Verfahrweg hat). Daher bewegt sich der TCP, je nach Entfernung vom Drehpunkt der entsprechenden Achse, schneller oder langsamer.

Die Beschleunigung in der Bewegungsart PTP ist nicht nur ein Maß für die Erhöhung der Geschwindigkeit beim Start aus einer Position heraus, sondern auch gleichzeitig das Maß für die Verzögerung, mit der die Achsen abbremsen, um eine andere Position zu erreichen. In der Bewegungsart CP beziehen sich die Werte sowohl für die Geschwindigkeits- als auch für die Beschleunigungsangabe auf den TCP.

Werden zu einem programmierten Bewegungsablauf keine Geschwindigkeiten und Beschleunigungen angegeben, dann werden die vom Hersteller im Anwenderprogramm eingetragenen Defaultwerte für Beschleunigung und Geschwindigkeit wirksam.

Die Antriebssysteme, die für den Bewegungsablauf des Roboters verantwortlich sind, sind in der Regel Servomotoren mit integriertem Meßsystem. Diese gebremsten Motoren geben ihre Drehbewegung direkt oder indirekt durch Riemenantriebe auf Getriebebausätze ab, die Roboterachsen bewegen.

Wie namhafte Roboterhersteller berichten, werden bei Neukonstruktionen von Robotern Gleichstrom-Servoantriebe nur noch selten eingesetzt (zu wartungsaufwendig). Jedoch sind in der Praxis heute noch die trägheitsarmen Scheibenläufermotoren sehr verbreitet. Da mit zunehmender Automatisierung in der Fertigungstechnik hohe Anforderungen an Dynamik, Zuverlässigkeit und Wartungsfreiheit gestellt werden, werden heute üblicherweise die Antriebe von Robotern in Drehstromtechnik dergestalt ausgeführt, daß Drehzahlregelgeräte für die Speisung mit sinusförmigen Strömen und bürstenlose AC-Servomotoren mit Resolver – ein Drehzahlmelder, der die aktuelle Motor-Rotorposition meldet –, die sich durch kompakte Bauformen auszeichnen, zum Einsatz kommen. Zu diesem Trend haben nicht zuletzt die Fortschritte von Leistungs- und Mikroelektronik beigetragen.

Da Industrieroboter z.B. Werkstücke längs vorgegebener Strecken bzw. Bahnen mit in Grenzen wählbaren Geschwindigkeiten bei Einhaltung der angegebenen Herstellergenauigkeit in eine vorgesehene Position bringen sollen, werden Motoren mit Bremsdrehmomenten bis etwa 100 Nm und Bemessungsdrehzahlen bis ca. 6000 min^{-1} eingesetzt. Diese Roboterantriebe sind im allgemeinen mit einer Lageregelung mit unterlagerter Drehzahl- und Stromregelung in Kaskadenstruktur ausgerüstet.

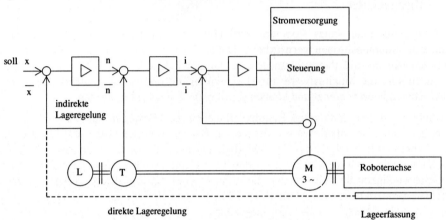

Bild 4-1   Prinzipstruktur eines Roboter-Servoantriebes
  L   Lageregler
  T   Tachogenerator

Erfolgt die Lageerfassung direkt an einer Roboterachse, so spricht man von direkter Lageregelung, wird hingegen die Stellung der Antriebsachse mit Hilfe eines Lagegebers auf der Antriebswelle gewonnen, so erfolgt die Lageregelung indirekt.

Für Roboterantriebe werden heute folgende Anforderungen an Servomotoren gestellt:
- hohes Dauerdrehmoment bezogen auf Motorvolumen und Gewicht
- hohe Drehbeschleunigung und hohe Bremsung
- großer Drehzahlstellbereich
- hohe Positioniergenauigkeit
- hochwertige Schutzart, Wartungsfreiheit und Zuverlässigkeit

Auswahlkriterien für Servomotoren sind:
- hohe kurzzeitige Überlastbarkeit
- geringes Massenträgheitsmoment (Rotorträgheitsmoment) sowie kleine Zeitkonstanten. Hierbei unterscheidet man die elektrische Zeitkonstante; sie ist die Zeit, in der der Strom bei blockierter Welle auf 63% seines Wertes ansteigt, und die elektromechanische Zeitkonstante, die der Rotor bei freiem Wellenende benötigt, um bei Nennlast vom Stillstand auf 63% der Leerlaufdrehzahl zu kommen
- geringe Welligkeit des Drehmomentes und guter Rundlauf bei kleiner Drehzahl

Für die Anpassung der Sensormotoren an die Roboterachsen werden Getriebe wie Harmonic Drive oder Cyclo-Getriebe erforderlich.

4.2 Gleichstromantriebe

Unter Antrieb ist die Integration von Motor und steuernder Elektronik zu verstehen. Dies gilt sowohl für DC- als auch für AC-Servomotoren.

Bild 4-2   Gleichstrom-Servoantrieb (ABB)

Bei „kleineren" Robotern und Handhabungsgeräten werden Gleichstrom-Scheibenläufermotoren eingesetzt. Dieser Motortyp eignet sich durch seine Klein- und Kompaktheit, seine hohe Drehzahldynamik, seinen guten Rundlauf, sein geringes Gewicht und nicht zuletzt durch seine einfache elektrische Regelbarkeit sehr gut für Handhabungsaufgaben.

Zu den besonderen Eigenschaften von Schleifringläufer-Motoren gehören:
- geringes Massenträgheitsmoment (ca. 4% des Wertes üblicher Gleichstrommotoren) und damit sehr kleine mechanische Zeitkonstanten (ca. 5 - 17 ms)
- gleichförmiger Rundlauf bis zur Schleichdrehzahl < 0,5 min^{-1}
- Drehzahlstellbereiche von ca. 0,3 min^{-1} bis 6000 min^{-1}
- kurzzeitige, hohe Impulsströme $i_{max} \leq 7 \cdot I_N$ bzw. Impulsdrehmomente zum Beschleunigen und Bremsen
- lange Standzeiten der Bürsten auf Grund der funkenfreien Kommutierung

4.2.1 Aufbau des Scheibenläufermotors

Die Felderregung erfolgt ausschließlich durch Permanentmagnete, die einerseits aus einer Gußlegierung mit Anteilen von Aluminium, Nickel und Kobalt bestehen (AlNiCo), andererseits Seltenerde-Magnete sind (Samarium/Kobalt-Magnete), die einen sehr hohen Energiegehalt aufweisen.

Scheibenläufermotoren, die mit Seltenerde-Magneten ausgestattet sind, haben eine geringere Bauhöhe als diejenigen mit AlNiCo-Magneten. Als weiterer Vorteil ist anzuführen, daß eine Magnetisierungswicklung zum Aufmagnetisieren der Magnete bei Motoren mit Seltenerde-Magnete fehlt, weil diese Magnete bereits vor der Montage des Motors magnetisiert werden. Somit kann beim Öffnen des Motors, um z.B. Kugellager zu wechseln, ein erneutes Magnetisieren nach dem Zusammenbauen mit einer dafür erforderlichen Stoßstromeinrichtung entfallen.

Wie schon der Name sagt, besitzen Scheibenläufermotoren eine nur wenige Millimeter dicke, eisenlose Ankerscheibe, die wegen ihres geringen Trägheitsmomentes sehr schnelle Drehzahländerungen im Millisekundenbereich zuläßt. Die Scheibe kann je nach Motorenhersteller aus voneinander isolierten Kupferfolien mit ausgestanzten Leiterzügen, die durch entsprechende Verschweißung der Enden eine durchgehende Wicklung bilden, oder aus Kupferdrähten, die untereinander verbacken sind, bestehen. Eingebettet sind die Wicklungen in hochtemperaturbeständigem Gießharz.

4.2 Gleichstromantriebe

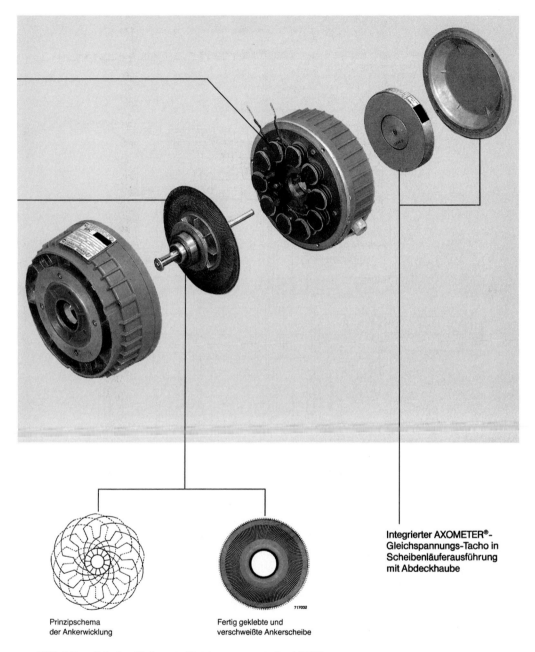

Prinzipschema der Ankerwicklung

Fertig geklebte und verschweißte Ankerscheibe

Integrierter AXOMETER®-Gleichspannungs-Tacho in Scheibenläuferausführung mit Abdeckhaube

Bild 4-3 Scheibenläufer mit Gleichspannungstacho (ABB)

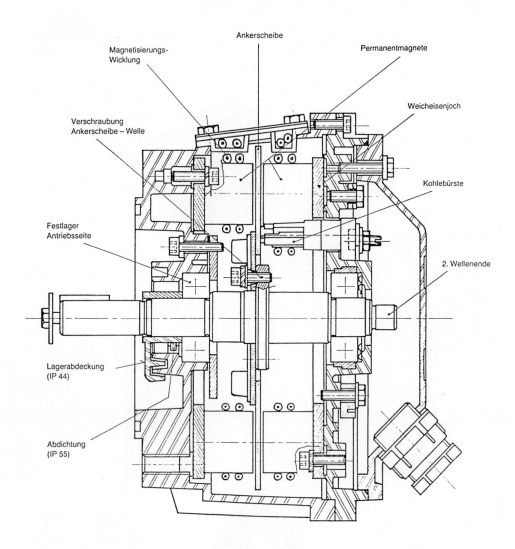

Bild 4-4   Schnittbild Scheibenläufermotor MC 13 S (ABB)

4.2.2 Drehzahlregelung des Scheibenläufermotors

Da der Scheibenläufermotor mit Permanentmagnetfeld eine Gleichstrom-Nebenschluß-Maschine darstellt, läßt sich seine Drehzahl relativ einfach regeln. Nachfolgend einige Gleichungen zur Berechnung verschiedener interessierender Größen:

Das in der Ankerscheibe erzeugte innere *Drehmoment* M_i ist dem Ankerstrom I direkt proportional.

$$M_i = k_m \cdot I \tag{1}$$

k_m ist eine Drehmomentkonstante, die Änderung des erzeugten Moments pro aufgenommenen Strom angibt.

Das an der Welle abgegebene *Nutzdrehmoment* M_N ist um das „Verlustdrehmoment" M_0, das sich aus dem drehzahlunabhängigen Losbrechmoment M_R und dem drehzahlabhängigen Dämpfungsmoment M_D der Lager, Bürsten und Wirbelstromverluste zusammensetzt, zu verringern.

$$M_D = k_D \cdot n \tag{2}$$

Somit ergibt sich das Nutzdrehmoment zu

$$M_N = M_i - M_0 \tag{3}$$

Die *Motoranschlußspannung* U setzt sich aus der in der Ankerscheibe generatorisch bei Drehung erzeugte Gegenspannung E und dem durch den Ankerstrom I am Ankerwiderstand R_A bedingten Spannungsabfall zusammen.

$$U = E + I \cdot R_A \tag{4}$$

Die *Gegenspannung* E ergibt sich aus

$$E = k_n \cdot n, \tag{5}$$

wobei k_n eine charakteristische Motorgröße ist.

Aus den Gl. (3) und (4) wird die Abhängigkeit der Drehzahl n von der Anschlußspannung U und dem Ankerstrom I ersichtlich.

$$n = \frac{U - I R_A}{k_n} \tag{6}$$

Setzt man die Gl. (1) bis (3) in Gl. (6) ein, so folgt:

$$n = \frac{U k_m - R_A (M_N + M_R)}{k_m k_n + R_A k_D} \tag{7}$$

Aus Gl. (7) wird die Abhängigkeit der Drehzahl von der Spannung U und dem Nutzmoment M_N ersichtlich.

Die angegebenen Konstanten können aus Datenblättern abgelesen werden (so z.B. für den Gleichstrom-Kompaktmotor GKM 12 der Fa. Hübner):

k_m = 5,75 Ncm/A

k_n = 5,6 V/(1000 min^{-1})

k_D = 0,2 Ncm/(1000 min^{-1})

R_A = 0,4 Ω

Ein elektronischer Regler paßt die Spannung U dem jeweiligen Belastungszustand des Motors an. Dazu benötigt der Regler zwei Informationen: Welche Drehzahl soll geregelt werden (Sollwert), und welche Drehzahl ist bereits vorhanden (Istwert). Der Vergleich von Ist- und Sollwert liefert eine positive oder negative Abweichung, der Regler verändert die Motorspannung solange, bis die Abweichung gleich null ist.

4.2.3 Lage- und Drehzahlerfassung

Damit Roboter Gegenstände genau positionieren können, muß die Drehzahl der Achsen nach einem bestimmten Hochlauf- und Abbremsdiagramm geregelt werden. Zur Erfassung der Lage hat sich der Drehimpulsgeber, der Encoder, durchgesetzt, der eine dem Weg proportionale Anzahl von Inkrementalsignalen abgibt.

Encoder basieren auf zwei Prinzipien:
Beim *optischen Prinzip* zerlegt eine optoelektronisch abgetastete Impulsscheibe die Achsumdrehung in eine der Anzahl der Schlitze proportionale Folge von Hell-Dunkel-Signalen, die der empfangende Fototransistor in entsprechende elektrische High-Low-Impulse umwandelt.

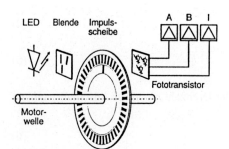

Bild 4-5
Schematischer Aufbau eines optoelektronischen Encoders (maxon motor GmbH)

Im Hinblick auf eine gute Auflösung wird die Anzahl der Schlitze genügend hoch gewählt. So erhält man bei 1000 Schlitzen (üblich) und einer Motordrehung von 6000 min^{-1} eine Impulsfrequenz von 100 kHz.

Beim *magnetischen Prinzip* sitzt ein kleiner, mehrpoliger Dauermagnet auf der Motorwelle. Beim Drehen dieser Welle erfassen Magnetsensoren die Änderung des magnetischen Flusses, was in einer Auswertelektronik erfaßt wird.

4.2 Gleichstromantriebe

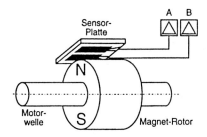

Bild 4-6
Schematischer Aufbau eines magnetischen Encoders (maxon motor GmbH)

Beide Lageerfassungssysteme liefern Rechtecksignale, die gezählt werden, wodurch eine genaue Positionierung erfolgt. Ferner liefern die Kanäle A und B der Auswerteelektronik phasenverschobene Signale, die zur Drehzahlerkennung miteinander zu vergleichen sind. Der Kanal I liefert den „home Impuls" – Referenzmarke für die Grundstellung – der als Referenzpunkt zur genauen Drehwinkelbestimmung dient.

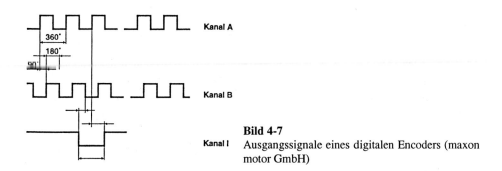

Bild 4-7
Ausgangssignale eines digitalen Encoders (maxon motor GmbH)

Für die Erfassung der Drehzahl oder der Geschwindigkeit haben sich Gleichstrom-Tachogeneratoren bewährt. Sie geben eine der Drehzahl proportionale Gleichspannung ab, deren Polarität direkt von der Drehrichtung der Achse bestimmt ist.

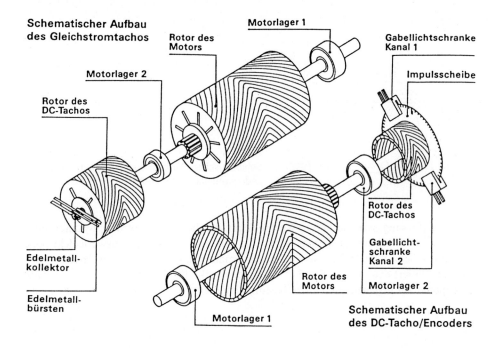

Bild 4-8 Schematischer Aufbau eines Gleichstromtachos (maxon motor GmbH)

Man könnte die Geschwindigkeit auch aus den Inkrementalsignalen des Encoders ableiten. Es zeigt sich jedoch, daß hierbei die Geschmeidigkeit der Bewegung, insbesondere beim Anfahren einer Position mit geringer Geschwindigkeit, nicht erreicht wird. Eine Vibration, die durch den Roboterarm noch vergrößert wiedergegeben wird, kann durch Tachogeneratoren vermieden werden. Denn schon bei der kleinsten Bewegung aus dem Stillstand heraus liefert der Tachogenerator ein Signal.

Letztlich ist noch darauf hinzuweisen, daß bei Robotern eine Stillstandsbremse erforderlich ist, da ein absolut triftfreier Stillstand gewährleistet sein muß, um präzise Positionierungen durchführen zu können.

4.3 Drehstrom-Servoantriebe

Wie bereits erwähnt, werden bei Neuausrüstungen von Robotern Drehstrom-Servoantriebe eingesetzt. Im Vergleich zu DC-Servoantrieben vermeiden sie die durch den mechanischen Kommutator mit Kohlebürstenkontakt vorgegebenen Begrenzungen des Strommoments im Stillstand und der zulässigen Stromanstiegsgeschwindigkeit. Es entfällt auch die Wartung, soweit sie mit der Standzeit der Kohlebürsten zusammenhängt. Durch die Verwendung von Seltenerde-Magneten können die Motorabmessungen sowie das Trägheitsmoment möglichst klein gehalten werden, so daß ein günstiges Verhältnis

4.3 Drehstrom-Servoantriebe

von Drehmoment und Volumen erreicht wird. Dies trifft besonders für die permanent erregten Synchronmotoren zu.

Für Antriebe in Drehstromtechnik ist der Aufwand für Steuerung und Regelung generell höher als für DC-Motoren.

Kriterium	DC-Motor	AC-Motor
Kurzzeitüberlastung	−	+
Leistung/Gewicht	−	+
Lebensdauer	−	+
Preis	−	+
Regelbarkeit	+	−
Thermische Belastung	−	+
Verschleiß	−	+

Tabelle 4-1
Vergleich DC-AC-Servomotoren

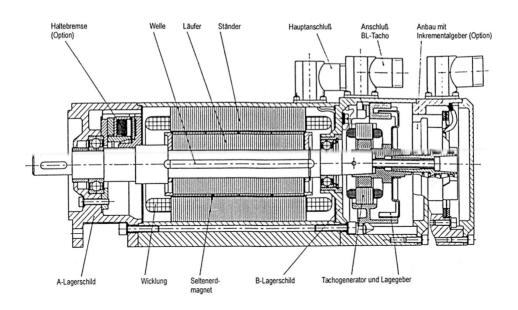

Bild 4-9 Aufbau eines Synchron-Servomotors (Baureihe DS) (Baumüller)

4.3.1 Servoantrieb mit Synchronmotor

Wie Bild 4-9 zeigt, weisen Synchronmotoren im Rotor eine Permanentmagneterregung auf und im Stator eine Drehstromwicklung, die das Drehfeld erzeugt.

Der Rotor des Synchronmotors ist so aufgebaut, daß Permanentmagnete mit wechselnder Magnetisierung aufeinander folgen. Wird in der Statorwicklung ein magnetisches Drehfeld erzeugt, dann richtet sich der Rotor nach diesem Drehfeld aus. Der Rotor dreht synchron mit dem Statordrehfeld (Synchronmotor).

Die Motordrehzahl n läßt sich wie folgt berechnen:

$$n = \frac{2f}{p}$$

mit f gleich Statorfrequenz und p gleich Polpaarzahl des Erregerfeldes.

Aus der oben angegebenen Gleichung erkennt man, daß die Motordrehzahl proportional der Statorfrequenz ist oder umgekehrt, die Statorfrequenz ist proportional der gewünschten Drehzahl n sowie der Polpaarzahl p; d.h. die Drehzahl läßt sich bei vorgegebenem Motor über die Frequenz ändern.

Handelsüblich sind Synchronmotoren in 2-, 3- und 4-poliger Ausführung. Es gibt aber auch Drehstrom-Servomotoren (s.Bild 4-9) in 6-poliger Bauweise. Damit Synchronmotoren einen weitgehend konstanten Momentenverlauf erreichen, werden die Pole nochmals geteilt (Wicklungsanordnung im Stator). Soll sich der Rotor des Synchronmotors drehen, muß die Statorwicklung bestromt werden, was auf zwei Arten geschehen kann.

4.3.1.1 Block- oder Rechteckansteuerung

Typisch für die Betriebsweise dieser Motoren ist ein Stromverlauf je Phase in Form von Rechteckblöcken für einen mechanischen Winkel von 120°, gefolgt von einem stromlosen Winkel von 60°. Hiernach folgt wieder eine Bestromung von 120° mit negativem Vorzeichen. Dies wiederholt sich für die drei Phasen U, V, W mit einem Versatzwinkel von 120° (s. Bild 4-11b).

Die Speisung erfolgt aus einer Gleichspannungsquelle, wobei die einzelnen Phasenströme in Abhängigkeit der Rotorposition ein- und ausgeschaltet werden. Die Signale für das Ein- und Ausschalten, Kommutierungssignale genannt, werden durch Hall-Sensoren geliefert.

Zu einer Servo-Roboterachse gehören noch ein Tachogenerator zur Geschwindigkeitserfassung sowie ein Inkremental-Encoder zur Wegerfassung. Somit ergibt sich für einen Servoantrieb mit Rechteckansteuerung das Blockschaltbild in Bild 4-10.

4.3 Drehstrom-Servoantriebe

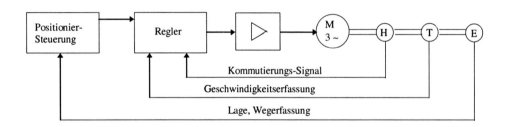

Bild 4-10 Servo-Achse mit Rechteckansteuerung für Synchronmotoren (H Hallsensor, T Tachogenerator, E Encoder)

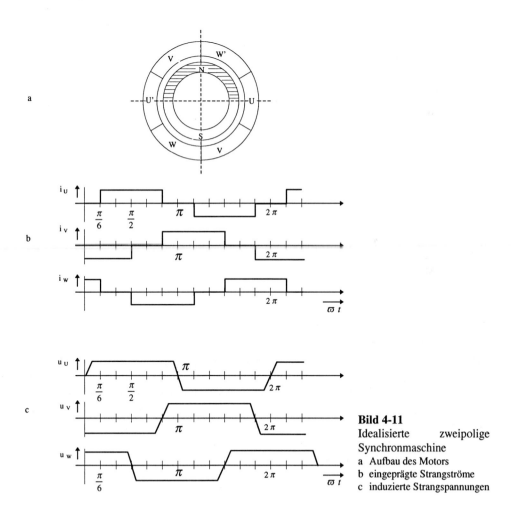

Bild 4-11
Idealisierte zweipolige Synchronmaschine
a Aufbau des Motors
b eingeprägte Strangströme
c induzierte Strangspannungen

4.3.1.2 Sinusansteuerung

Für diese Betriebsweise wird die Motorwicklung so ausgelegt, daß die induzierte Spannung sinusförmig verläuft. Wird der Strom in den Phasen U, V, W ebenfalls sinusförmig, jeweils um 120° phasenverschoben, eingeprägt, so ergibt sich der Betrieb eines symmetrisch gespeisten, selbstgesteuerten Motors.

Die Erfassung der Rotorlage muß jedoch kontinuierlich exakt erfolgen, wobei eine Auflösung kleiner 1° zu empfehlen ist. Hierfür bietet sich als geeignetes Meßsystem der Resolver an, zumal aus dem Resolversignal sowohl die Lage als auch die Geschwindigkeit abgeleitet werden können. Die Lageerfassung ist bei sinusförmiger Ansteuerung aufwendiger als bei Blockansteuerung (die Nachbildung der Encodersignale und die Erzeugung des Nullimpulses sind relativ schaltungsaufwendig), dafür werden aber höhere Positioniergenauigkeiten erzielt. Außerdem läßt sich bei sinusförmiger Bestromung der Synchronmotor bei gleicher maximaler Induktion im Luftspalt mit gleichem Stromeffektivwert höher ausnutzen.

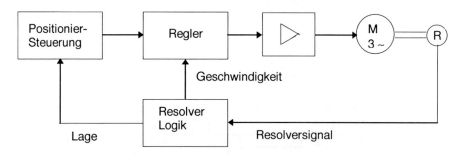

Bild 4-12   Servoantrieb mit Sinusansteuerung für Synchronmotoren

4.3.1.3 Vergleich der beiden Ansteuerungsarten

Aus Bild 4-11c ist ersichtlich, daß die eingeprägten Strangströme bei der Rechteckansteuerung nach jeweils 60° zu- bzw. abgeschaltet werden, was eine mangelnde Momentenkonstanz zur Folge hat. Da in einer Induktivität (Statorspule) ein sprunghafter Stromwechsel nicht möglich ist, ist der Stromverlauf in der Statorwicklung trapezförmig.

Die Folge dieser nicht exakt definierbaren Stromverläufe sind Momentensprünge in Abhängigkeit von der Rotorposition. Diese Momenteinbrüche hat die Sinusansteuerung nicht, da die eingeprägten Ströme keine sprunghaften Stromübergänge aufweisen (siehe Bild 4-13). Für Roboterantriebe werden daher nur Synchron-Servoantriebe mit Sinusansteuerung eingesetzt.

4.3 Drehstrom-Servoantriebe

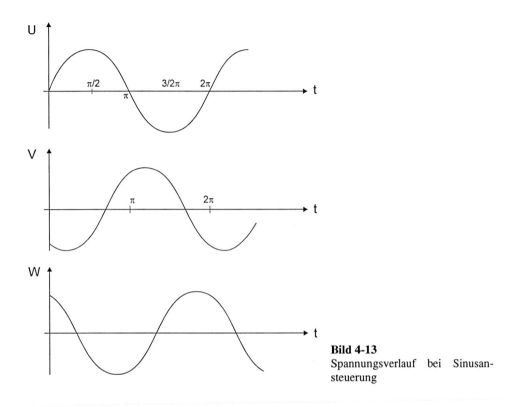

Bild 4-13
Spannungsverlauf bei Sinusansteuerung

4.3.2 Servoantrieb mit Asynchronmotor

Da im Vergleich zum Synchronmotor der Asynchronmotor im allgemeinen bei gleicher Dynamik eine geringere Ausnutzung hat und sich der Synchronmotor auch, besonders bei Teillasten, im Wirkungsgrad besser stellt, wird er daher heute nur selten für Roboterantriebe eingesetzt. Deshalb wird hier auf eine Betrachtung der Asynchronmaschine als Servoantrieb verzichtet.

4.3.3 Blockschaltbild eines kompletten Drehstrom-Servoantriebes

Ein Drehstrom-Servoantrieb mit Synchronmotor besteht im allgemeinen aus einer Einspeisung (Trenntrafo oder Spartrafo), einem Umrichter, einer Servoeinheit und einem Synchronmotor. Damit die an einen solchen Antrieb gestellten Anforderungen erfüllt werden können, müssen Umrichter, Servoeinheit und Motor aufeinander abgestimmt sein.
Die Bilder 4-14 und 4-15 zeigen ein solches System.

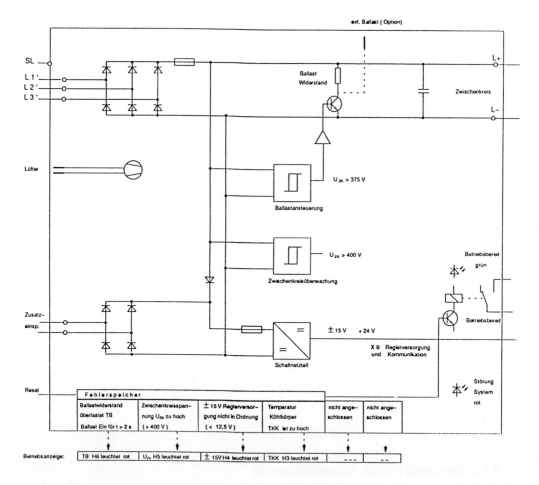

Bild 4-14 Blockschaltbild Umrichter (Baumtronic BUG 2, BUG 20)
Merkmale:
- Grundeinheit BUG 2 bis 18 kW (ΣP aller Antriebe)
- Grundeinheit BUG 20 bis 36 kW (ΣP aller Antriebe)
- Anschluß über Vortrafo 400/230 V, 3 ~
- Stromversorgung der Steuerung und Regelung aus dem Zwischenkreis
- Schaltnetzteil mit Weitspannungsbereich bleibt auch bei Netzausfall betriebsbereit, so lange der Zwischenkreis geladen ist
- in die Grundeinheit eingebaute Ballastschaltung mit hoher Spitzenleistung (Bremsen)

4.3 Drehstrom-Servoantriebe

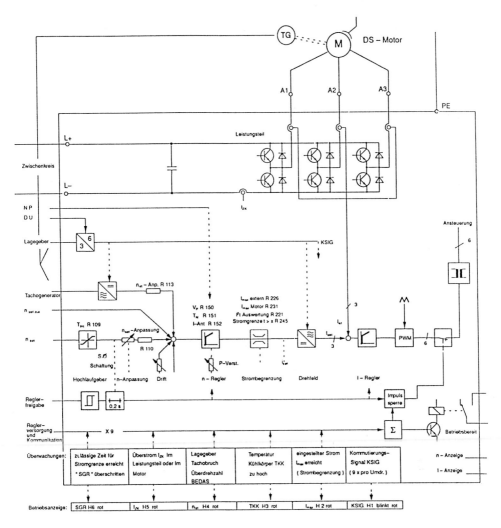

Bild 4-15 Blockschaltbild Servoeinheit (Baumtronic BUS 20, 21, 3)

Tabelle 4-2 Technische Daten der Servoeinheiten BUS 21 (Baumtronic)

Servoeinheit	3BUS21-7,5/15 -30-000	3BUS21-15/30 -30-000	3BUS21-22/45 -30-000	3BUS21-30/60 -30-000
Anschlußspannung U_{ZK}	300 V ⎓	300 V ⎓	300 V ⎓	300 V ⎓
Nennstrom I_N *				
$T_K = 35\,°C$, $T_B = 45\,°C$	7,5 A	15 A	22 A	30 A
$T_K = 45\,°C$, $T_B = 55\,°C$	5 A	10 A	15 A	20 A
Spitzenstrom I_S *				
für 200 ms < t < 10 s	15 A	30 A	45 A	60 A
Drehzahlsollwert n_{soll}	\multicolumn{4}{c}{$0\ldots\pm 10$ V}
Anpassung *	\multicolumn{4}{c}{5 V...11,5 V}
n_{soll} zusätzlich	\multicolumn{4}{c}{$0\ldots\pm 10$ V}
Integrator Hoch– und Rücklaufzeit t_H *	\multicolumn{4}{c}{10 ms......250 ms}
Drehzahlistwert n_{ist}				
$n_N \leq 3000$ min^{-1}	\multicolumn{4}{c}{3,3 V/1000 min^{-1} ± 10%}
$n_N > 3000$ min^{-1}	\multicolumn{4}{c}{1,65 V/1000 min^{-1} ± 10%}
max. Drehzahl n^*_{max}	\multicolumn{4}{c}{motorspezifisch}
Stromsollwert I_{soll} für Anzeige	10 V bei 15 A	10 V bei 30 A	10 V bei 60 A	10 V bei 60 A
externe Strombegrenzung SGR_{ext}				
analog (auf Wunsch) *	\multicolumn{4}{c}{$0\ldots +10$ V ≙ $0\ldots 100$ %}
schaltbar auf Festwert *	\multicolumn{4}{c}{Standard 10 % (auf Wunsch anderer Wert zwischen 0 und 100 %)}
max. Strom zeitlich begrenzt auf *	\multicolumn{4}{c}{0,3 / 0,5 / 1 / 2 s / ∞}
Reglerfreigabe RF				
bei Reglersperre "gebremst Aus"	\multicolumn{4}{c}{unverzögert}
bei Reglersperre "ungebremst Aus" *	\multicolumn{4}{c}{für 200 ms unverzögert}
Drehrichtungsumkehr DU	\multicolumn{4}{c}{+ 24 V}
Betriebsbereit, Kontakte belastbar mit	\multicolumn{4}{c}{24 V / 1A}
Betriebsstörung *	\multicolumn{4}{c}{übergreifend auf die anderen Achsen (wahlweise nicht übergreifend)}
Drehzahlüberwachung bei	\multicolumn{4}{c}{120 % von n_N}
Ansteuerleistung P_A	13 W	14 W	15 W	16 W
Verlustleistung P_V				
bei Nennbetrieb	80 W	120 W	160 W	230 W
im Leerlauf	25 W	30 W	40 W	50 W
Betriebsumgebungstemperaturbereich T_B	\multicolumn{4}{c}{$0\ldots 45\,°C$ (55°C)}
Kühlmitteltemperaturbereich T_K	\multicolumn{4}{c}{$0\ldots 35\,°C$ (45°C)}
Lagerungstemperaturbereich	\multicolumn{4}{c}{$-30\,°\ldots +70\,°C$}
Lüfter	–	–	–	220V/20W
Abmessungen (B x H x T)	\multicolumn{4}{c}{52,5 x 400 x 330 mm}
Gewicht	\multicolumn{4}{c}{5 kg}

5 Meßsysteme

5.1 Aufgaben von Meßsystemen

Die Roboterantriebe haben die Funktion, die einzelnen Roboterachsen mit einer festgelegten Geschwindigkeit in eine vorgegebene Position zu verfahren. Die Geschwindigkeiten und die Bewegungen der einzelnen Achsen müssen dabei von der Steuerung vorgegeben werden. Aufgabe des Meßsystems ist hierbei, die jeweiligen Positionen und Geschwindigkeiten zu erfassen und an die Steuerung weiterzuleiten.

Im allgemeinen hat jede Roboterachse einen Regelkreis für die Geschwindigkeit und die Position. Die Regelkreise werden über die Meßsysteme geschlossen, so daß ein genaues Anfahren der vorgegebenen Positionen mit der programmierten Geschwindigkeit möglich ist.

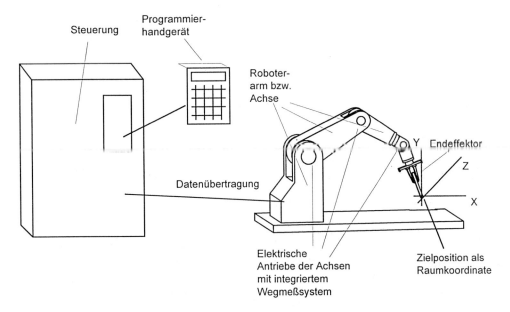

Bild 5-1 Roboter mit Antrieben und integrierten Meßsystemen

Die Wegmeßsysteme erfassen innerhalb des geschlossenen Regelkreises die IST-Position der Achsen, um sie an die Steuerung zurückzumelden. Nach erfolgtem SOLL-IST-Vergleich (IST-Wert des Meßsystems wird mit programmiertem SOLL-Wert verglichen) sendet die Steuerung entsprechende Signale an die Antriebe.

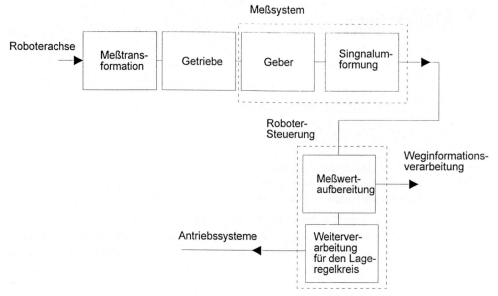

Bild 5-2 Schemazeichnung Meßsystem

Das Meßsystem besteht aus einem Geber und einer dazugehörigen Signalumformung. Geber sind direkt oder über Getriebe mit der Roboterachse verbunden und erfassen die augenblickliche Position oder Geschwindigkeit. Die Signalumformung dient dazu, die sinusförmigen Abtastsignale zu verstärken, in Rechteckimpulse umzuwandeln und weiterzugeben. Die Schaltungen zur Meßwertaufbereitung wandeln das Signal in die zur Informationsverarbeitung erforderlichen Parameter um – Digitalisierung und Verstärkung – und stellen es als eindeutiges Abbild des zurückgelegten Weges oder Winkels dar.

5.2 Wegmeßsysteme

5.2.1 Inkrementale Wegmeßsysteme

Der gesamte Bewegungsbereich einer Achse wird hierbei in kleine Schritte – Inkremente – aufgeteilt. Bei der Bewegung der Roboterachse wird jeder Schritt durch eine elektronische Einrichtung registriert und in einen elektronischen Impuls umgewandelt. Der zurückgelegte Weg der Roboterachse entspricht der Summe der Impulse. Ist die Ausgangsposition bekannt, kann aus der Zahl der Inkremente und deren Richtung die aktuelle Lage der Achse bestimmt werden.

Häufig eingesetzte inkrementale Meßwertgeber messen die Winkel einer sich drehenden Welle durch photoelektrische Abtastung. Sie werden als Drehimpulsgeber, Inkremental-Drehgeber, Inkremental-Winkelschrittgeber, Encoder oder Inkremental-Impulsgeber bezeichnet.

5.2 Wegmeßsysteme

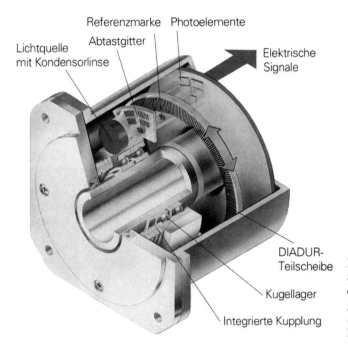

Bild 5-3
Schematische Darstellung eines inkrementalen Drehgebers mit integrierter Statorkupplung (Heidenhain)

Drehgeber dieser Bauart arbeiten nach dem Prinzip der photoelektrischen Abtastung feiner Gitter (s. Bild 5-4).

Inkrementale Drehgeber besitzen als Maßverkörperung eine Teilscheibe aus Glas mit einem Radialgitter aus Strichen und Lücken. Die lichtundurchlässigen Striche, die etwa so breit sind wie die lichtdurchlässigen Lücken, bestehen aus Chrom, das auf den Glaskörper aufgedampft ist (DIADUR-Verfahren der Fa. Heidenhain). Mit dem gleichen Verfahren werden auch axial ausgerichtete Teilungen auf Stahltrommeln erzeugt – diese Teilungen bestehen aus Goldstrichen, die gerichtet reflektieren, und diffus reflektierenden Lücken aus Chrom. AURODUR-Teilungen (Fa. Heidenhain) bestehen ebenfalls aus Goldstrichen, wobei die diffus reflektierenden Lücken durch Ätzung erzeugt wurden. Andere Teilscheiben werden aus Metall hergestellt, wobei die Markierungen durch galvanische Additivverfahren aufgebracht werden.

Auf einer zweiten Spur befindet sich zusätzlich eine Referenzmarke, die ebenfalls photoelektrisch abgetastet wird. Die durch die Referenzmarke festgelegte absolute Position der Teilscheibe ist genau einem Meßschritt zugeordnet. Durch Überfahren der Referenzmarke wird somit ein absoluter Bezug hergestellt.

Im geringen Abstand gegenüber der drehbaren Teilscheibe ist eine Abtasteinheit angeordnet, die auf vier Feldern jeweils die gleiche Gitterteilung wie die Teilscheibe und ein Abtastfeld für die Referenzmarke trägt. Die vier Strichgitter der Abtastplatte sind jeweils um ¼ der Teilungsperiode, d.h. ¼ des Abstandes zwischen zwei Strichen, zueinander versetzt.

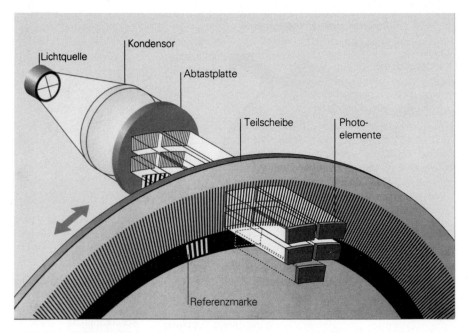

Bild 5-4 Photoelektrische Abtastung von Radialgitterteilungen auf Glas (Durchlicht-Verfahren) (Heidenhain)

Da zur Herstellung des absoluten Bezugs (Referenzmarke) im ungünstigsten Fall eine Drehung um 360° notwendig ist, sind verschiedene Winkelmeßsysteme auch mit abstandscodierten Referenzmarken versehen. Diese Geräte sind mit Teilscheiben ausgestattet, die konzentrisch zur Inkrementalspur eine Referenzmarkenspur enthalten, auf der Referenzmarken mit definiert unterschiedlichen Winkelabständen aufgebracht sind. Beim Überfahren von zwei benachbarten Referenzmarken ist der absolute Bezug bereits verfügbar.

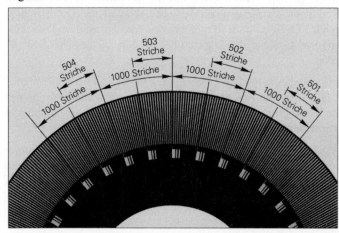

Bild 5-5
Schematische Darstellung einer Kreisteilung mit abstandscodierten Referenzmarken (Heidenhain)

5.2 Wegmeßsysteme

Alle Felder werden von einem parallel ausgerichteten Lichtbündel durchstrahlt, das von einer LED oder einer Miniaturlampe mit Kondensor ausgeht. Bei einer Drehung der Teilscheibe relativ zur Abtasteinheit kommen die Striche und Lücken der Teilscheibe abwechselnd mit denen der Abtastgitter zur Deckung. Die Photoelemente setzen den sich periodisch ändernden Lichtstrom in elektrische Signale um. Die Signale werden dabei durch Integration über eine große Anzahl von Strichen gebildet.

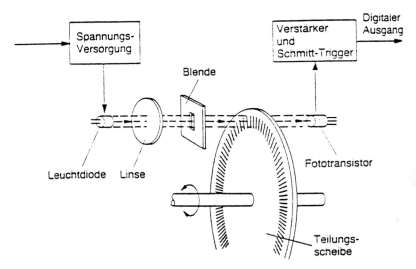

Bild 5-6 Prinzip eines inkrementalen Drehgebers mit Signalumformung und Interpolation

Die Photoelemente sind so geschaltet, daß sie zwei elektrische, annähernd sinusförmige Signale und eine Signalspitze für die Referenzmarke, das Referenzmarkensignal, liefern. Die Anzahl der Signalperioden pro Umdrehung entspricht der Strichzahl der Teilscheibe.

Die sinusförmigen Ausgangssignale werden entweder in dem Drehimpulsgeber direkt oder in einer separaten Elektronik interpoliert und digitalisiert. In der Regel enthalten Drehgeber mit eingebauter Digitalisierungselektronik Schmitt-Trigger zur Umformung der beiden sinusförmigen Abtastsignale in zwei phasenverschobene Rechteck-Impulsfolgen. Ebenso wird das Referenzmarkensignal in einen Rechteck-Impuls umgeformt.

Der Meßschritt ist der Winkelwert, der sich aus dem Abstand zwischen zwei Flanken der beiden Rechteck-Impulsfolgen ergibt. Ohne vorherige Interpolation der Meßsignale entspricht der Meßschritt bei der üblicherweise eingesetzten Vierfach-Auswertung in der Folge-Elektronik dem vierten Teil der Teilungsperiode.

Werden die Meßsignale vor der Digitalisierung noch z.B. fünffach interpoliert und anschließend in Rechteck-Signale umgeformt, so stehen 20 Flanken pro Signalperiode für die Meßwertbildung zur Verfügung. Die Anzahl der Meßschritte pro Umdrehung ergibt sich dann aus dem 20fachen der Strichzahl.

Die Drehrichtungserkennung kann durch logische Verknüpfung der beiden Rechteck-Impulsfolgen erfolgen.

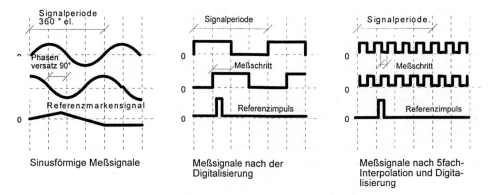

Bild 5-7 Digitalisierung und Interpolation

Bei der inkrementalen Wegmessung wird der Weg relativ zur Ausgangsposition gemessen. Daher muß vor Beginn der Messung der Referenzpunkt angefahren werden, von dem aus die Schritte in beide Richtungen gezählt werden.

Ohne besondere Einrichtungen bzw. Vorkehrungen gehen die Positionswerte beim Abschalten der Steuerung oder beim Auftreten einer Störung verloren, der Referenzpunkt muß erneut angefahren werden.

Inkrementale Drehgeber sind aufgrund ihres relativ einfachen Aufbaus und der kleinen Abmessungen die meisteingesetzten Positionsgeber in der Robotertechnik. Sie arbeiten berührungslos und liefern auch bei hohen Geschwindigkeiten der Welle genaue Ergebnisse. Hinzu kommt, daß ihr Verstellbereich unbegrenzt ist.

Nachteile ergeben sich aus der Empfindlichkeit gegen elektrische Störungen, durch die die Zählung der Schritte und damit der Meßwert verfälscht werden kann. Die fotoelektrische Abtastung ist empfindlich gegenüber Verschmutzung und Erschütterung, und die Meßwertaufbereitung ist relativ aufwendig.

5.2.2 Absolute Wegmeßsysteme

Bei absoluten Wegmeßsystemen liefert das Meßsystem für jede Position der Achse in ihrem ganzen Bewegungsbereich ein eindeutiges Signal, das unabhängig von der vorherigen Bewegung ist und auch beim Abschalten der Steuerung oder bei Störfällen nicht verloren geht.

Häufig eingesetzte Positionsgeber für absolute Wegmeßsysteme in der Robotertechnik sind
- der Code-Drehgeber bzw. Absolute Winkelcodierer und
- der Resolver.

5.2.2.1 Code-Drehgeber bzw. Absolute Winkelcodierer

Das absolute Umsetzungsverfahren ist ein Codierverfahren mit mehreren zeitparallelen Kanälen. Jedem Winkel ist eine bestimmte einmalige Kombination von Zahlenwerten absolut zugeordnet.

Bild 5-8
Codescheibe mit Gray-Code eines absoluten Meßsystems (Stegmann)

Code-Drehgeber benötigen keinen Zähler und keine Elektronik zur Richtungserkennung; der Meßwert wird vielmehr direkt aus dem Teilungsmuster der Teilscheibe abgeleitet und als codiertes Meßsignal ausgegeben. Alle Werte sind als Codemuster auf Codescheiben im Drehgeber gespeichert. Aufgrund dieser Tatsache können diese absoluten Zahlenwerte beliebig oft abgerufen werden, ohne daß sie verfälscht werden durch
- Netzausfälle,
- Störimpulse,
- Betriebsunterbrechungen oder
- zu hohe Abtastfrequenz (zu große Drehzahlen).

Da jeder Schritt auf der Scheibe durch den Code definiert ist, ist ein Referenzpunktfahren wie bei inkrementalen Winkelschrittcodierern bzw. inkrementalen Drehgebern nicht nötig.

Die Genauigkeit von Code-Drehgebern ist im wesentlichen bestimmt durch
- die Güte der Radialgitter-Teilungen,
- die Exzentrizität der Teilscheibe zur Lagerung,
- die Rundlauf-Abweichung der Lagerung,
- den Fehler durch die Ankopplung mit Rotor-Kupplungen und
- die integrierte Elektronik zur Ermittlung des Positionswerts.

Vom Abtastprinzip sind Code-Drehgeber gleich aufgebaut wie inkrementale Drehgeber, haben jedoch eine höhere Anzahl von Spuren (Bild 5-9).

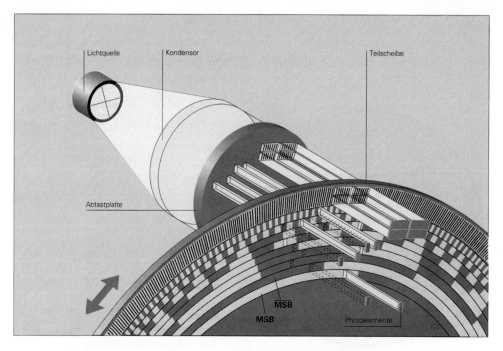

Bild 5-9 Photoelektrische Abtastung bei Code-Drehgebern (Heidenhain)

Entsprechend ihres Auflösungsvermögens lassen sich die Winkelcodierer in zwei Gruppen aufteilen:
- Codierer, die max. 360° auflösen, werden als Singleturn-Codierer bezeichnet. Hierbei wiederholen sich die Positionswerte nach einer Umdrehung.
- Codierer, die mehrere Umdrehungen auflösen, werden als Multiturn-Codierer bezeichnet. Dies ist dann erforderlich, wenn die Anzahl der Meßschritte eines Singleturn-Drehgebers nicht ausreicht, z.B. bei längeren Verfahrwegen oder einer höheren Zahl von Meßschritten pro Umdrehung als mit einem Singleturn-Drehgeber möglich.

Der *Singleturn-Codierer* ist durch eine drehbar gelagerte Codescheibe und eine Abtasteinrichtung gekennzeichnet. Das Prinzip des opto-elektronischen Code-Drehgebers geht aus der Prinzipdarstellung hervor (Bild 5-10). Die Codescheibe ist eine Spezialglasscheibe mit auf fotografischem Weg aufgebrachtem Codemuster. Durchsichtige Bereiche liefern logische „H"-Signale, undurchsichtige Bereiche liefern logische „L"-Signale.

Opto-elektronische Infrarotdioden-Arrays mit vorgeschalteter Blende zur Erzeugung eines parallelen Lichtbündels leuchten die Scheibe an der Stelle aus, die der Fototransistor-Empfängeranordnung gegenüber liegt.

Nach Vorverstärkung und Impulsumformung steht die Information im Gray-Code zur Verfügung. Jeder Schritt innerhalb der Gesamtauflösung wird gray-codiert dargestellt. Neben der Gray-Abtastung werden auch andere Abtastverfahren angewendet, auf die hier nicht im Einzelnen eingegangen werden soll.

5.2 Wegmeßsysteme

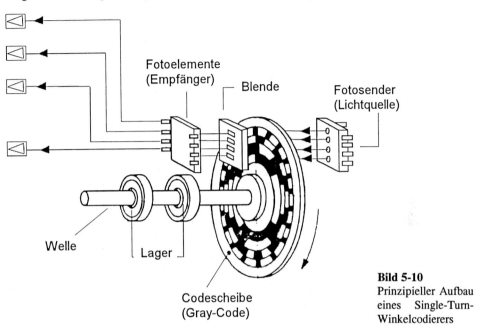

Bild 5-10 Prinzipieller Aufbau eines Single-Turn-Winkelcodierers

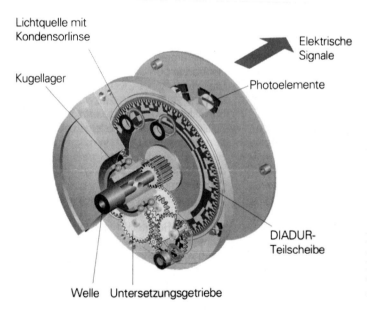

Bild 5-11 Schematische Darstellung eines Multiturn-Codedrehgebers (Heidenhain)

Multiturn-Codierer erfassen nicht nur Winkelpositionen innerhalb einer Umdrehung, sondern unterscheiden auch mehrere Umdrehungen. Dazu werden weitere codierte Kreisteilungen über ein Übersetzungsgetriebe mit einer Drehgeberwelle verbunden.

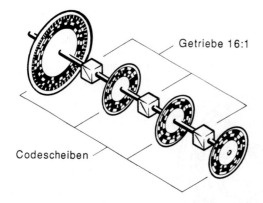

Bild 5-12
Multiturn-Winkelcodierer mit vier Codescheiben und Übersetzung (Prinzip) (Stegmann)

Die maximale Auflösung beträgt z.Zt. 24 Bit. Sie entsteht durch eine Auflösung der Codescheibe 1 von 12 Bit (4096), multipliziert mit der Anzahl von 16·16·16 = 4096 Umdrehungen. Die Codescheiben 2, 3 und 4 sind entsprechend der Getriebeuntersetzung codiert (4 bit = 2^4 = 16).

Tabelle 5-1 Zusammenhang zwischen Codescheiben und maximaler Auflösung

	Umdrehungen	max. Auflösung	Wortbreite
1 Codescheibe (Singleturn)	1	4096	12 Bit
2 Codescheiben (Multiturn)	16	65536	16 Bit
3 Codescheiben (Multiturn)	16·16	1048576	20 Bit
4 Codescheiben (Multiturn)	16·16·16	16777216	24 Bit

Die Multiturn-Codescheiben sind auch graycodiert und benötigen entsprechend der Getriebeuntersetzung 4 Bit (2^4 = 16) Wortbreite.

Die maximale Gesamtauflösung eines Multiturn-Winkelcodierers mit 3 zusätzlichen Codescheiben beträgt
4096·16·16·16 = 16777216 Schritte (24 Bit = 2^{24}):
- 4096 → max. Aufösung der 1. Codescheibe
- ·16 → Auflösung der 2./3./4. Codescheibe (max. Auflösung jeweils 16 Schritte)

5.2.2.2 Darstellung und Beschreibung der verschiedenen Codearten

Eine Binärstelle, ein Bit (***binary digit***), ist die kleinste Darstellungsart für Binärdaten. Sie kann jeweils zwei Zustände 0 und 1, L und H, schwarz und weiß usw. annehmen. Aus n Bits lassen sich somit 2^n Kombinationen als diskrete Werte darstellen.

Die Werte des Binärcodes lassen sich im dualen Zahlensystem darstellen, z.B.:

Dezimalzahl 199
Dualzahl 11000111
ergibt sich aus $1 \cdot 2^7 + 1 \cdot 2^6 + 0 \cdot 2^5 + 0 \cdot 2^4 + 0 \cdot 2^3 + 1 \cdot 2^2 + 1 \cdot 2^1 + 1 \cdot 2^0$.

Die binäre Codierung ist eine rechnercompatible Darstellung von Informationen und bedarf keiner weiteren Umwandlung.

Als Nachteil ergibt sich der gleichzeitige Wechsel mehrerer Bits beim Übergang von einem Wert zum nächsten, z.B. beim Übergang von 7 auf 8 (0111 auf 1000). Aus diesem Grunde muß das Lesen der Informationen synchronisiert werden, um nicht im Augenblick des Datenwechsels eine Fehlinformation zu erhalten. Zur Synchronisation dient hierbei das *Strobe-Signal*, oder die ursprünglich graycodierte Information wird über den *Store-Anschluß* zwischengespeichert und danach gelesen.

Der *Gray-Code* ist charakterisiert durch seine Einschrittigkeit. Bei jedem Wechsel von einem Schritt zum anderen ändert immer nur ein Bit seinen Zustand, d.h. zwei beliebige benachbarte Positionswerte unterscheiden sich in genau einer Codestelle. Hieraus ergibt sich zwangsläufig, daß eine eindeutige Zuordnung der einzelnen Bits zur Basis 2 wie beim Binärcode nicht mehr gegeben ist. Es ist somit eine Umwandlung in rechnercompatiblen Binärcode notwendig.

Der Gray-Code eignet sich jedoch gut für die Synchronisation zwischen einem Datenwechsel eines Winkelcodierers und dem Lesen der Daten der Empfangseinheit. Bei Verwendung des Gray-Codes kann auf eine besondere Synchronisation (Store, Strobe) verzichtet werden. Beim Gray-Code sollte auch auf ein Paritätsbit verzichtet werden, da dieses auch ein Datenbit darstellt und somit den Vorzug der Einschrittigkeit zunichte macht.

Der Ablesefehler beim Wechsel von einer Position zur nächsten entspricht somit maximal dem Betrag einer ¼ Teilungsperiode der feinsten Spur.

Der *BCD-Code* ist ein Code, der die Ziffern der einzelnen Stellen im Dezimalsystem binär verschlüsselt. Eine Dezimalstelle kann 10 Zustände annehmen, die mit 4 Bits binär codiert werden. Da mit 4 Bits jedoch 16 Zustände möglich sind, werden 6 Zustände nicht verwendet.

Dies wirkt sich durch einen höheren Bedarf an Bits und somit an notwendigen Datenleitungen aus.

Für die Dezimalzahl 3600
```
    3        6        0        0
  0011     0110     0000     0000
```
sind für die Darstellung mindestens 14 Bit und damit auch 14 Leitungen notwendig.

In der reinen Binärdarstellung sind hierzu nur 12 Leitungen notwendig. Beim BCD-Code besteht ebenso wie beim Binärcode die Notwendigkeit der Synchronisation, so daß er sich für den Einsatz bei Winkelcodierern kaum eignet.

Der *dekadische Gray-Excess-3-Code* ist eine Mischung aus dem BCD-Code und dem Gray-Code. Dabei ist jede einzelne Dekade im Gray-Code derart verschlüsselt, daß sie von der Zahl 3 beginnend bis zur Zahl 13 aufwärts zählt. Danach beginnt die 2. Dekade mit der Zahl 3 und die 1. Dekade zählt abwärts usw. Der dekadische Gray-Excess-3-Code ist ein einschrittiger BCD-Code. Dem Vorteil der Einschrittigkeit steht der erhöhte Aufwand bei der Umwandlung gegenüber.

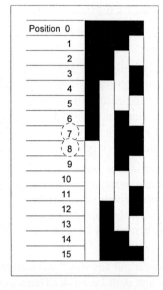
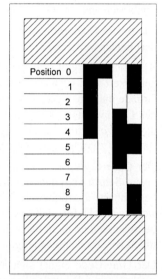

Typisches Muster für den Dualcode:
Beim Wechsel von einem Positionswert (im Beispiel unten "7") auf den nächsten Positionswert ("8")Können sich mehrere Codestellen gleichzeitig ändern
7=0111
8=1000

Typisches Muster für den Gray-code:
Beim Wechsel von "7" auf "8" ändert sich nur eine Codestelle.
7=0100
8=1100

Beispiel für Gray-Excess-Code:
Der 4 Bit Gray-Code liefert 16 codierte Positionswerte. Für 10 Positionswerte schneidet man die ersten und letzten 3 Codewerte aus dem Teilungsmuster ab und erhält den 10-Gray-Excess-3-Code.

Bild 5-13 Darstellung wichtiger Codierungsarten

Da der Gray-Code mathematisch vom Binärcode ableitbar ist, ist eine Einschrittigkeit nur in Zahlenbereichen möglich, die mit ganzzahligen Exponenten zur Basis 2 ausdrückbar sind, z.B. 2, 4, 8, 16, 32, 64, 128, 512 usw. Soll ein anderer Zahlenbereich über einen Kreis verteilt sein, z.B. 360 Schritte, so wäre der Code beim Übergang von 359 auf 0 nicht mehr einschrittig.

Durch Herausschneiden des gewünschten Zahlenbereiches aus dem Bereich der nächst höheren zur Basis 2 darstellbaren Zahl, wird die Einschrittigkeit gewährleistet. Der gewünschte Zahlenbereich wird „gekappt" (*gekappter Gray-Code, Gray-Excess-X-Code*).

5.2 Wegmeßsysteme

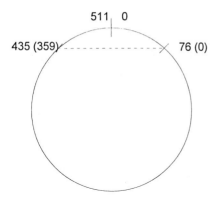

Bild 5-14
Gekappter Graycode/Gray-Excess-X-Code (X = 76)

Bei dem Beispiel in Bild 5-14 soll die Auflösung 360 betragen. Hierzu wurde die Zahl 512 als nächsthöhere Zahl (Potenz zur Basis 2) gewählt und der Bereich 360 Schritte „herausgeschnitten". Damit der Code einschrittig ist, müssen die Zahl 0 der Zahl 76 und die Zahl 359 der Zahl 435 entsprechen. Der Excess (der Offset), mit dem der neue Code beginnt, berechnet sich wie folgt ([nächsthöhere Potenz zur Basis 2 - gewünschte Auflösung]/2):

$$\frac{(512-360)}{2} = 76$$

Es handelt sich hierbei um einen *Gray-Excess-76-Code*.

5.2.2.3 Resolver

Der Resolver basiert auf dem induktiven Meßverfahren. Er besteht im Prinzip aus drei Spulen, von denen zwei stationär (Statorspulen S) und eine drehbar angeordnet sind (Rotorspule R), wobei der Kern, auf den die Spule gewickelt ist, senkrecht zur Drehachse steht. Der Rotor des Resolvers ist direkt oder über ein Getriebe mit der Roboterachse verbunden, so daß jeder Position dieser Achse ein bestimmter Drehwinkel des Resolvers zugeordnet werden kann.

Der Wechselstrom durch die Rotorspule induziert in den Statorspulen eine Wechselspannung gleicher Frequenz, aber mit einer Amplitude, die vom Drehwinkel abhängt, da sich die Kopplung des Übertragers Rotor-/Statorspule mit der Rotordrehung periodisch verändert, und zwar in den beiden Statorspulen um 90° phasenversetzt (U_{S1} und U_{S2}).

Neben den beiden Statorwicklungen befindet sich eine zusätzliche Wicklung, die als Referenz für die Messung dient und an der eine Spannung U_{Ref} entsteht. Durch den Einfluß der Erregerwicklungen entsteht innerhalb des Stators ein magnetisches Feld, das sich mit der Erregerfrequenz dreht. In der Rotorwicklung wird unter der Einwirkung dieses Magnetfeldes eine sinusförmige Spannung U_R induziert. Durch diese kann der Drehwinkel des Rotors und damit die Position der Roboterachse eindeutig angegeben werden. Ein Zeitgeber versorgt den Generator für die Erregerspannung mit den Zeitvorgaben, damit er die Spannungen mit richtiger Phasenlage und Frequenz erzeugen kann. Der Nulldurchgang der Spannungen U_{Ref} und U_R wird durch einen Empfänger erfaßt und an einen Umwandler weitergegeben. Durch die Messung der Zeitunterschiede zwischen diesen Vorgängen kann hierdurch die digitale Positionsangabe weitergegeben werden. Die Auswertung der Signale der beiden Empfängerspulen erfolgt meist nach einem Amplituden-Auswertverfahren, das einen hohen Interpolationsgrad ermöglicht.

Es können jedoch auch in die Statorspule zwei um 90° versetzte Wechselströme eingespeist werden. In der Rotorspule entsteht dann ein Wechselspannungssignal mit konstanter Amplitude, dessen Phase sich bei Drehung des Rotors relativ zur Phase des Speisestroms einer Statorspule kontinuierlich ändert. Für die Interpolation wird dann ein Phasen-Auswertverfahren benutzt.

Durch eine zusätzliche Übertragung der Anzahl der Umdrehungen kann die genaue Position der Roboterachse festgehalten werden, auch wenn der Resolver mehrere Umdrehungen bei einer Bewegung macht.

Resolver zeichnen sich durch einen einfachen robusten Aufbau sowie durch relativ kleine Abmessungen aus. Sie sind wenig störanfällig und unempfindlich gegen Umwelteinflüsse. Als Nachteile werden der relativ hohe Aufwand für die Geberansteuerung und die Meßwertaufbereitung angegeben. Um eine Genauigkeit wie mit optisch-elektronischen Systemen zu erreichen, ist ein erhöhter Aufwand notwendig.

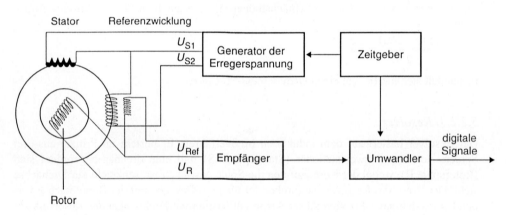

Bild 5-15 Prinzip eines Resolvers

5.2.2.4 Inductosyne

Die dem Resolver entsprechenden Wicklungsanordnungen des Stators und Rotors sind beim Inductosyn als mäanderförmige Leiterbahnen auf zwei Scheiben aufgebracht. Die einander zugewandten Leiterzüge des Stators und des Rotors drehen sich gegeneinander. Das Meßprinzip und die Meßwertdigitalisierung ensprechen prinzipiell dem des Resolvers, daher wird hier auf eine Beschreibung verzichtet.

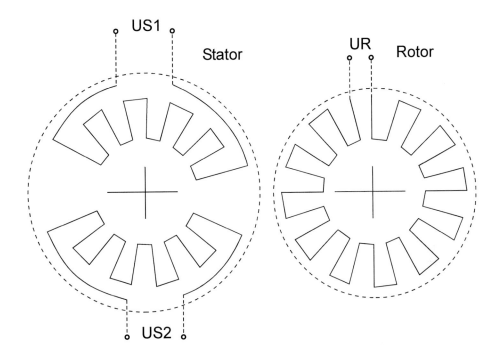

Bild 5-16 Leiterbahnen auf den Scheiben eines Inductosynes

5.3 Geschwindigkeitsmeßsysteme

Der Positions- und Lageregelkreis sorgt dafür, daß die Roboterachsen sich so bewegen, daß eine gegebene Sollposition erreicht wird. Darüberhinaus bedarf es eines Regelkreises, der die Geschwindigkeit der Achsbewegung, die für die Bewegungsaufgabe erforderlich ist, regelt. Dies erfolgt in einem geschlossenen Regelkreis über die Drehzahl des Achsmotors. Zur Erfassung der Istdrehzahl werden Tachometerdynamos oder Tachogeneratoren verwendet.

Gleichstrom-Tachometerdynamos sind Meßgrößenumformer, die ohne Hilfsenergie eine Drehzahl in eine der Drehzahl proportionale Gleichspannung umformen, deren Polarität von der Drehrichtung abhängt. Tachometerdynamos werden mit eigener Lagerung und als Hohlwellen-Ausführung zum Aufstecken auf die Antriebswelle, deren Drehzahl erfaßt werden soll, hergestellt.

Sie weisen die folgenden Eigenschaften auf, die für die Antriebstechnik besonders wichtig sind:
- große Linearität und Wiederholgenauigkeit der Tachospannung, auch im Reversierbetrieb
- hohe Reaktionsgeschwindigkeit bei schnellen Drehzahl- und Drehrichtungsänderungen
- großer Temperaturbereich
- hohe Störsicherheit auf Grund des Spannungsniveaus und des kleinen Innenwiderstands
- große elektrische und mechanische Robustheit
- vielseitige elektrische und mechanische Anpassungsfähigkeit an den jeweiligen Einsatzfall
- geringer Oberwellenanteil der potentialfreien Gleichspannung
- Spannungskonstanz auch bei Vibrationen der Antriebsmaschine

Eine weitere Möglichkeit, die Drehzahl zu erfassen, sind Digital-Tachos (Drehimpulsgeber). Hier übernehmen digitale Impulse die Drehzahl bzw. Lage-Erfassung. Ihr Funktionsprinzip gleicht den im Vorangegangenen beschriebenen Formen der Positionsmeßsysteme.

6 Greifer

6.1 Grundbegriffe

Ein Effektor ist der Teil des Roboters, der die eigentliche Handhabungsaufgabe ausführt. Er wird am Handgelenk des Roboters befestigt und an Energie- und Steuerleitungen angeschlossen. Je nach Handhabungsaufgabe kommen noch Sensoren, Fügehilfen, zusätzliche elektrische Leitungen (Schweißstrom) oder bei Lackierrobotern Schläuche für die Farbzufuhr hinzu.

Effektoren können passive Werkzeuge oder hochkomplizierte, komplexe Greifer für spezielle Anwendungen sein, die am Ende des Roboterarmes angebaut werden. Zum Anbau müssen entsprechende Schnittstellen (s. Bild 6-3) sowohl auf der Roboterseite als auch auf der Effektorenseite zur Verfügung stehen.

In diesem Kapitel soll der Greifer, der als die verbreiteste Form der Effektoren angesehen werden kann, als wichtige Komponente von Robotersystemen dargestellt werden.

Häufig wird in diesem Zusammenhang auch von Greif-Systemen gesprochen. Hiermit sind dann nicht nur die Greifer selbst, sondern alle Werkzeuge, die am Ende eines Roboterarmes angebaut werden können, gemeint. Dies können neben den Greifern Hubeinheiten, Schwenkeinheiten, Fügehilfen, Kollisions- und Überlastungsschutzeinrichtungen, Kraft-Momente-Sensoren, Meßeinrichtungen u.a. sein, wie Bild 6-1 zeigt.

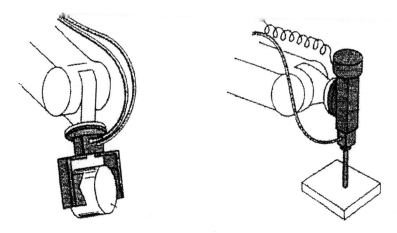

Bild 6-1 Effektoren am „Ende des Roboters" – als Greifer oder Werkzeug

6.2 Funktionen des Greifers

Der Greifer ist der Teil des Handhabungsgerätes bzw. Roboters, mit dem die eigentliche Bewegungsaufgabe durchgeführt wird. Alle übrigen Komponenten eines Roboters dienen dem Positionieren und Orientieren des Greifers durch eine allgemeine Bewegung im Raum.

Hieraus ergeben sich als Hauptaufgaben des Greifers:
- Herstellen des Kontaktes zwischen Objekt und Greiffinger im Sinne einer zeitlich begrenzten kraft- oder formpaarigen Verbindung
- Manipulation des Objektes im oder mit dem Greifer (Ortsveränderungen, Drehungen, Montieren u.a.)
- Ablegen des Greifobjektes durch Lösen des Kontaktes

Abhängig vom Anwendungsfall können sich noch zusätzliche Funktionen ergeben:
- Informationsaufnahme durch Sensoren (Werkstückerkennung, Lageerkennung für Werkstücke, Kraft- , Weg- und Momentenmessung)
- Änderung der Position von Werkstücken
- Änderung der Orientierung von Werkstücken
- Teilbereitstellung bei der Montage
- Reinigungsfunktion in Fertigungsprozessen

Der Greifer ist somit das Bindeglied zwischen Industrieroboter und Greifobjekt. Dies macht die Bedeutung des Greifers für die Flexibilität des Gesamtsystems deutlich. Die vielseitigen steuerungstechnischen und mechanischen Möglichkeiten des Roboters können nur mit geeigneten Greifern vollständig genutzt werden.

6.3 Teilsysteme von Greifern

Der Greifer als Teilsystem eines Industrieroboters oder Handhabungsgerätes läßt sich in weitere Subsysteme untergliedern (s. Bild 6-2):
- Wirksystem (Haltesystem)
- Trägersystem (Flansch)
- Antriebssystem
- Kinematisches System
- Steuerungssystem
- Sensorsystem
- Schutzsystem

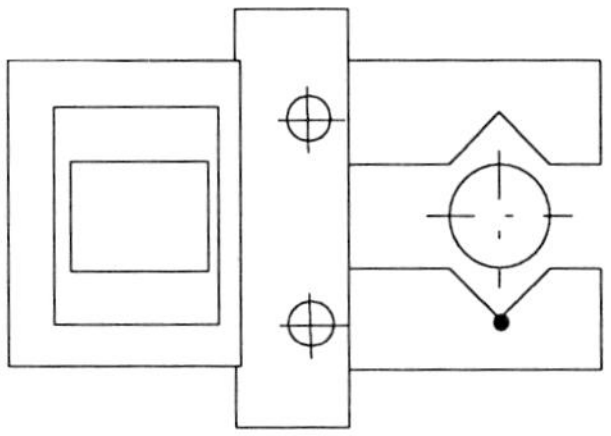

6.3 Teilsysteme von Greifern

Antriebssystem
Bereitstellung der Energie zur Erzeugung der Greifkraft

Steuerungssystem
Auswertung von Sensorinformationen; Greifkraftregulierung; automatische Greifweiteneinstellung

Wirksystem
Übertragung der Greifkraft vom Greiforgan auf das Greifobjekt

Schutzsystem
Sollbruchstellen; Kollisionskontrolle; Umfeldbeobachtung

Sensorsystem
Lageerkennung; Näherungssensorik; Greifkraftbestimmung; Weg- und Winkelmessung

Trägersystem
Verbindung zwischen Greifsystem und dem Greiferführungsgetriebe

Kinematisches System
Wandlung und Weiterleitung der Antriebsenergie an das Wirksystem

Bild 6-2   Teilsysteme eines Greifers

6.3.1 Das Trägersystem (Flansch)

Der Flansch ist die Verbindung zwischen Roboter und Greifersystem. Meist handelt es sich um eine Schraubenverbindung, die zusätzlich mit Paßstiften oder einer Paßfeder versehen ist, wodurch die Lage des Greifers zum Handhabungsgerät eindeutig definiert werden soll.

Der Flansch kann auch direkt als Teil des Greifergehäuses konstruiert sein. Darüberhinaus werden Greifer häufig auch ohne Flansch geliefert, sie enden mit Antriebsenergieanschlüssen und Gewindebohrungen, mit denen sie an den genormten Flansch, an ein Greiferwechselsystem oder eine beliebige andere Zwischenplatte befestigt werden können.

Zu den Aufgaben des Flansches gehören:
- die energetische Kopplung mit dem Antriebssystem und die Versorgung mit Antriebsenergie
- Übertragung von Informationen der Steuerung zu den Sensoren und umgekehrt (informatorische Schnittstelle)
- Festlegung einer definierten Lage zwischen Greifergehäuse und Roboter durch Kraft- oder auch Formschluß

Die mechanische Schnittstelle (Bild 6-3, links) zwischen Roboterhandgelenk und Greifer wird von den verschiedenen Herstellern nach eigenen Kriterien festgelegt. Sollen unterschiedliche Greifer und Werkzeuge (verschiedener Hersteller) ausgetauscht werden, bedarf es entsprechender Zwischenflansche und Adapter.

Um die Austauschbarkeit unterschiedlicher Greifer zu gewährleisten, wurden in der ISO 9409-1 (1988) die Abmessungen mit Baugröße, Lochkreisdurchmesser, Zentrierung sowie die Kennzeichnung der mechanischen Schnittstelle festgelegt. Bild 6-3 zeigt rechts die wesentlichen Maße des Flansches zum Werkzeuganschluß.

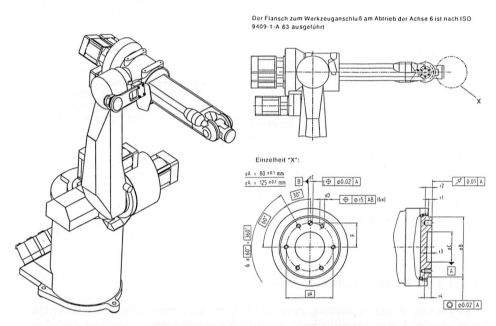

Bild 6-3 Roboter mit Schnittstelle für Greifsysteme (links) und Roboter mit Flansch nach ISO 9409-1-A-63 als Anbindung für den Greifer bzw. Greifsysteme (rechts) (Reis)

6.3.2 Das Antriebssystem

Das Antriebssystem hat die Aufgabe, die ihm zugeführte Energie in eine rotatorische oder translatorische Bewegung zu wandeln, die zur Bewegung der Kinematik und somit zum Aufbringen der Greifkräfte dient.

Ein Antrieb ist nur dann notwendig, wenn die Greiferkraft durch ein kinematisches System erbracht wird (mechanischer Greifer). Saug- und Magnetgreifer beispielsweise besitzen ein direktes Antriebssystem.

Für mechanische Greifsysteme werden folgende Antriebe benutzt:
- pneumatische
- hydraulische
- elektromagnetische
- elektromotorische

Diese Antriebe erzeugen lineare oder rotatorische Antriebsbewegungen. Die Wahl der Greiferantriebe hängt von der Antriebsbewegung und den Greiferbedingungen ab. Die folgende Tabelle zeigt eine Gegenüberstellung nach ausgewählten Bewertungskriterien.

Tabelle 6-1 Gegenüberstellung der Vor- und Nachteile verschiedener Greiferantriebssysteme

	Antriebssysteme			
	Pneumatik	Hydraulik	Elektromagnetisch	Elektromotorisch
hohe Greifkraft	+	++	–	+
Regelbarkeit	–	+	+	++
Energieübertragung	+	–	++	++
Schmutzempfindlichkeit	+	++	–	+
Wartung	+	+	–	+
Notausverhalten	+	+	–	–
Baugröße	++	+	++	+
Kosten	++	+	+	+

Erläuterung zur Bewertung: – = ungünstig, + = geeignet, ++ = gut geeignet

6.3.3 Das kinematische System

Die Aufgabe der Kinematik ist es, die Ausgangsbewegung des Antriebs in eine Bewegung des Haltesystems umzusetzen. Alle für diesen Vorgang benötigten Bauelemente gehören zu diesem Teilsystem. Hierbei können sowohl die Ausgangs- als auch die Haltebewegung rotatorisch oder linear sein.

Ein wesentliches Merkmal für die Kinematik ist das Übersetzungsverhältnis zwischen Antriebs- und Haltesystemgeschwindigkeit, wobei für Greifersysteme konstante Übersetzungsverhältnisse am günstigsten sind.

Ein kinematisches System wird jedoch nur bei Greifern benötigt, deren Haltesystem über bewegliche Elemente verfügt. Greifer, die nach kraftschlüssigen Halteprinzipien arbeiten, wie Unterdruck, Magnetismus oder Adhäsion, benötigen keine Kinematik. Bild 6-4 zeigt ausgewählte Beipiele in der Praxis verwendeter Kinematiken.

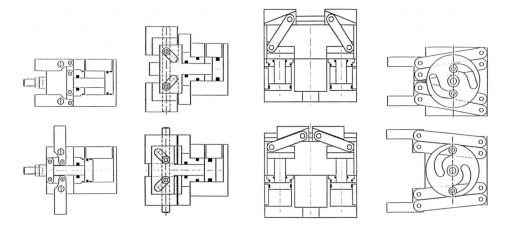

Bild 6-4 Kinematik eines Kniehebelgreifers, eines Parallelgreifers mit Rollenkulisse, eines Parallelgreifers mit 2 Kolben und eines Parallelgreifers mit Kurvenscheibe (von links nach rechts) (Sommer)

6.3.4 Das Wirk- bzw. das Haltesystem

Das Haltesystem ist der Teil des Greifers, der unmittelbar mit dem Werkstück bzw. Werkzeug, welches der Greifer hält, in Berührung kommt. Daher wird es auch Wirksystem genannt. Ein mechanischer Greifer besteht aus den Greifgliedern bzw. -fingern und den Wirkflächen an den Greifgliedern (Greiferbacken), über die die Spannkraft eingeleitet wird.

Die Aufgabe des Haltesystems besteht darin, die Lage des Werkstückes bzw. des Werkzeuges zum Greifer zu fixieren und bei Bedarf wieder zu lösen. Bei einem mechanischen Greifer geschieht dies in Kraft- oder Formschluß oder in einer Kombination von beiden. In Ausnahmefällen kann dies auch durch Adhäsionskräfte erfolgen.

Greiferhersteller bieten ihre Grundbausteine meist ohne Greiferbacken an. Diese können in verschiedenen Ausführungen in Abhängigkeit von der Handhabungsaufgabe und dem Greifobjekt als Zubehör bezogen werden. Die Flexibilität eines Greifers bezüglich der Objektform hängt vor allem von der Gestaltung der Greiferbacken ab.

6.3.5 Das Steuerungs- und Sensorsystem

Im Gegensatz zu den bisher beschriebenen Teilsystemen des Greifers, die sich mit Kraft- und Energieübertragung befassen, sind Steuerung und Sensorik der Informationsverarbeitung zugehörig.

Der Greifer wird normalerweise durch das übergeordnete Handhabungsgerät gesteuert. Bei mechanischen Greifern wird der Antrieb der Kinematik gesteuert, bei Vakuum- und Magnetgreifern das Haltesystem direkt.

6.3 Teilsysteme von Greifern

Die Steuerungen umfassen meist keine komplizierten Operationen, sondern schalten häufig nur Ventile oder Relais. Hierbei ist jedoch die Zusammenarbeit mit Sensoren erforderlich, die als Näherungsschalter am Greifer sitzen können, um den Sitz und die Lage des Werkstückes oder Werkzeuges zum Haltesystem bzw. die Funktionstüchtigkeit des Haltesystems zu prüfen. Darüber hinaus können Sensoren zur Überwachung von Montage- und Handhabungseinrichtungen eingesetzt werden. Die notwendigen Informationen können analog oder digital weitergegeben werden.

Freiprogrammierbare Steuerungen für Greifer werden nur selten vorgesehen. Sie sind beispielsweise erforderlich, wenn der Greifer mit einem Elektromotor angetrieben wird und über die Steuerung Hub und Kraft frei programmierbar sind.

Je nach Bauweise und Art des Greifers kann die Ansteuerung in Form einer einfachen Grundsteuerung über ein 4/2- oder 5/2-Wegeventil erfolgen oder als erweiterte Grundsteuerung über Doppelrückschlagventile mit einer NOT-AUS Abschaltung.

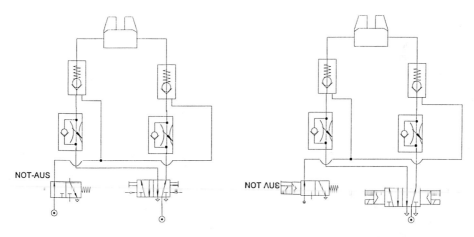

Bild 6-5 Ansteuerung doppelwirkender Greifer mit NOT-AUS Abschaltung (links: pneumatisch betätigt, rechts: elektrisch betätigt)

6.3.6 Das Schutzsystem

Um beim Versagen der Steuerung, bei Bedien- und bei Programmierfehlern Schäden an Werkstück und Roboter zu verhindern oder zu verringern, werden zwischen dem Handgelenkflansch des Roboters und dem Greifer häufig Schutzelemente eingebaut. Diese Einrichtungen sind in der Lage, Überlastungen zu erkennen, an die Steuerung zu melden (akustisches Signal) und durch Auslenkung zu reagieren. Erhält die Steuerung ein solches Signal, so kann der Arbeitsablauf sofort unterbrochen werden.

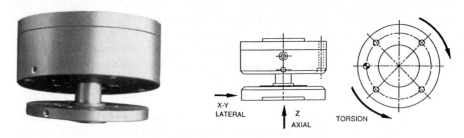

Bild 6-6 Kollisions- und Überlastungsschutzeinrichtung (links), Belastungsrichtungen (IPR)

Die Kollisionsschutzsysteme werden durch eine Roboteradapterplatte und eine Werkzeugadapterplatte pneumatisch in Position gehalten. Die Auslösekräfte bzw. -momente werden durch den eingestellten Luftdruck festgelegt. Sind die Arbeitsbedingungen normal, bildet der Kollisionsschutz eine starre Einheit zwischen Roboter und Werkzeug. Bei Überlastung gibt die Roboter- und Werkzeugadapterplatte nach. Zwei eingebaute Mikroschalter detektieren die Auslenkung und geben ein Signal an den Roboter. Ist die Kollision beseitigt und das Werkzeug wieder in vertikale Lage gebracht, zentriert sich die ULS-Einheit über zwei eingebaute Zentrierstifte in Ausgangslage. Der Kollisonsschutz wirkt auf Druckkräfte in z-Richtung, auf Momente um die x- und y-Achse und auf Torsionsmomente um die z-Achse.

Weitere Informationen und Abbildungen zu Kollisions- und Überlastungsschutzeinrichtungen sowie technische Daten zu mechanischen und pneumatischen Einrichtungen sind auf der dem Buch beigefügten CD-ROM der Fa. *Schunk Spann- und Greiftechnik* zu finden.

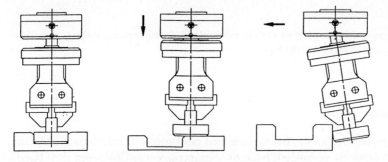

Bild 6-7 Kollisonsschutz (IPR)
    links   normale Arbeitsbedingungen – der Kollisonsschutz bildet eine starre Einheit
    mitte   Torsionsüberlastung – die beiden Adapterplatten werden gelöst und es wird ein Signal an die Robotersteuerung gesendet
    rechts Momentenüberlastung – die beiden Adapterplatten werden gelöst und es wird ein Signal an den Roboter gesendet

6.4 Einteilung der Greifer

6.4.1 Übersicht über mögliche Gliederungsprinzipien

Die vielfältigen Anwendungen von Industrierobotern und Handhabungsgeräten erfordern hinsichtlich Größe, Bauart, Funktion und Einsatzmöglichkeiten ein breites Spektrum an angebotenen Greifern. Eine Gliederung der Greifer kann nach den unterschiedlichsten Aspekten erfolgen. Hiervon sollen einige dargestellt werden.

Greifer können nach folgenden Gesichtspunkten gegliedert werden:
- nach dem Wirkprinzip
- nach der Anzahl der gegriffenen Werkstücke
- nach der Anzahl der Wirkelemente
- nach der Spannart: Außen- oder Innengreifer
- nach der Schließbewegung der Greiferfinger:
  - lineare Schließbewegung ⇨ Parallelgreifer
  - rotatorische Schließbewegung ⇨ Winkelgreifer

Bei der Gliederung nach den o.g. Gesichtspunkten können mehrere Kriterien gleichzeitig zutreffen. Ein Gesichtspunkt schließt den anderen nicht aus, sie können nebeneinander existieren und sind nicht abhängig voneinander.

Tabelle 6-2   Gliederungsprinzipien der Greifer

Wirkprinzip		Gliederungsprinzipien Anzahl gegriffener Werkstücke	Anzahl der Wirkelemente
Haften	Spannen		
Adhäsion (Adhäsionsgreifer)	mechanisch	1 - Einfachgreifer	1 - z.B. Magnetgreifer mit einem Magneten oder Einzelsauger
Saugen (Sauggreifer)	pneumatisch	2 - Zweifach- oder Doppelgreifer	2 - z.B. Zwei-Finger-Greifer
Magnetismus (Magnetgreifer)	Bauformen Fingergreifer, Mebrangreifer	n - Vielfach- oder Revolvergreifer	3 - z.B. Drei-Finger-Greifer
			n - z.B. Saugergreifer mit mehreren Sauggummis oder Vierpunktgreifer
Mechanische Zwei- und Drei-Fingergreifer: Gliederung nach			
Fingerbewegung	Fingeranzahl	Spannart	Antriebsenergie
rotatorisch (Winkelgreifer) linear (Parallelgreifer)	Zwei-Finger-Greifer Drei-Finger-Greifer	Außengreifer Innengreifer Außen- und Innengreifer	pneumatisch hydraulisch elektrisch

Greifereinrichtungen müssen für Werkstück- und Werkzeughandhabung geeignet sein. Die Form, die Oberfläche, die Abmessungen, die Steifigkeit und die Masse des Greifers müssen den Betriebsbedingungen (Schmutz, Schmiermittel, Schwingungen, Temperatur usw.) und den Eigenschaften des zu manipulierenden Werkstückes angepaßt werden. Es gibt Möglichkeiten, dies durch verschiedene Greifereinrichtungen zu realisieren.

Häufig ist es erforderlich, die Greifereinrichtung je nach Größe und Form des handzuhabenden Teiles zu manipulieren. Hierzu sind entsprechend komplexe Greiferbauformen notwendig.

6.4.2 Gliederung nach dem Wirkprinzip

Eine weitere Möglichkeit Greifer in einem Ordnungssystem zu gliedern, ist die Betrachtung des physikalischen Wirkprinzips. Die folgende Übersicht zeigt eine entsprechende Untergliederung.

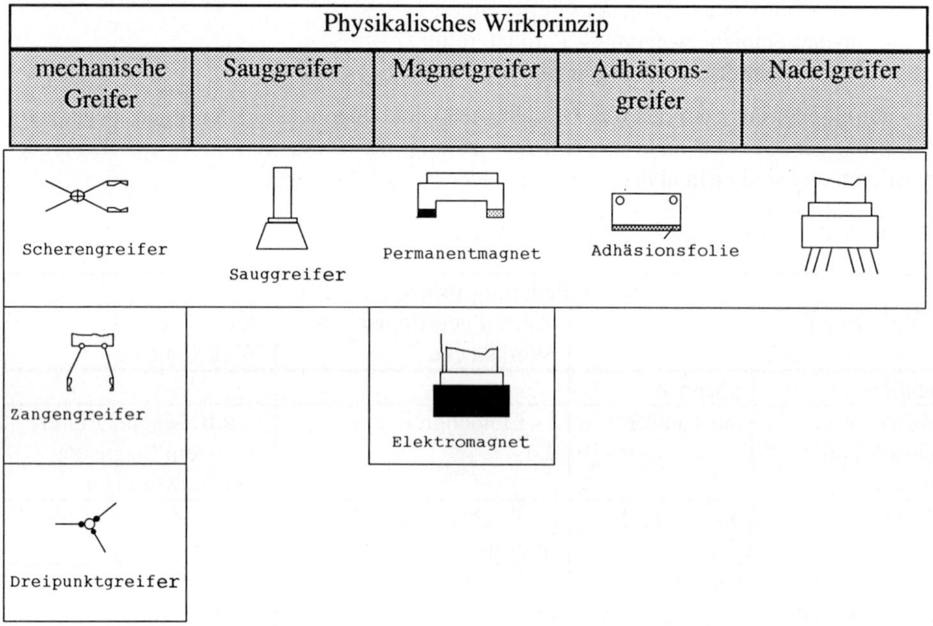

Physikalisches Wirkprinzip				
mechanische Greifer	Sauggreifer	Magnetgreifer	Adhäsionsgreifer	Nadelgreifer
Scherengreifer	Sauggreifer	Permanentmagnet	Adhäsionsfolie	
Zangengreifer		Elektromagnet		
Dreipunktgreifer				

Bild 6-8 Einteilung der Greifer nach dem physikalischen Wirkprinzip

6.4.3 Gliederung nach Anzahl der Greifobjekte

Hierbei läßt sich eine Ordnung nach zwei Gesichtspunkten vornehmen:
- Anzahl der gegriffenen Werkstücke
- die Greifer arbeiten unabhängig voneinander, oder sie können nur gemeinsam geöffnet oder geschlossen werden

6.4 Einteilung der Greifer

Tabelle 6-3 Übersicht Greiferarten – gegliedert nach der Anzahl der gehaltenen Werkstücke und der Art der Betätigung

Anzahl der gehaltenen Werkstücke	Art der Betätigung	
	gemeinsame Betätigung	separate Betätigung
1 Werkstück	*Einzelgreifer*	*Einzelgreifer*
2 Werkstücke	*Zweifachgreifer*	*Doppelgreifer*
n Werkstücke	*Mehrfachgreifer*	*Revolvergreifer*

Das Halten und Lösen von Werkstücken funktioniert bei *Einzel-*, *Zweifach-* und *Mehrfachgreifern* gleich. Ein Einzel- oder Einfachgreifer kann nur einen Körper halten. Ein Zweifachgreifer kann gleichzeitig zwei Körper halten; die beiden Einzelgreifer können aber nur gemeinsam öffnen oder schließen, d.h. er kann seine Wirkelemente nur gleichzeitig betätigen. Der Mehrfachgreifer arbeitet nach dem gleichen Prinzip, kann allerdings mehr als zwei Werkstücke gleichzeitig handhaben. Zwei- oder Mehrfachgreifer werden eingesetzt, wenn mehrere Werkstücke zeitgleich gehandhabt werden sollen. In der Regel besteht ein Mehrfachgreifer aus baugleichen Einzelgreifern, die von einer gemeinsamen Steuerung geschaltet werden. Ein großer Vorteil ist, daß sie bei geeigneten Aufgaben die Handhabungszeiten erheblich verkürzen. Die Bilder 6-9 bis 6-11 bis zeigen Anwendungsbeispiele für Mehrfachgreifer.

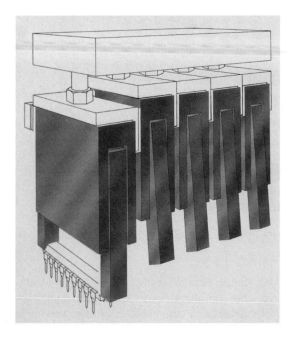

Bild 6-9
2-Finger-Winkelgreifer als einzeln betätigter Mehrfachgreifer (Schunk)

Bild 6-10
Drei 2-Finger-Parallelgreifer, mit denen der Roboter unter anderem eine Tieflochbohrmaschine be- und entlädt (Schunk)

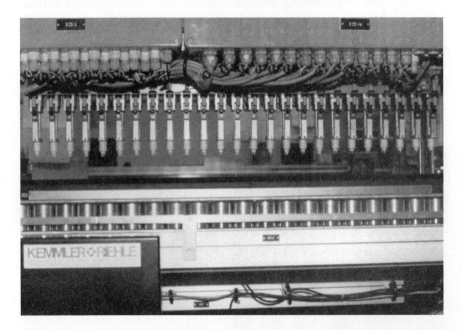

Bild 6-11 24 2-Finger-Greifer bestücken eine Prüfvorrichtung mit Lambdasonden (Schunk)

Charakteristisch für *Doppelgreifer* ist, daß sie die zwei Werkstücke unabhängig voneinander halten und lösen können. Ein typisches Einsatzgebiet ist die Beschickung von Werkzeugmaschinen. Der *Revolvergreifer* arbeitet nach dem gleichen Prinzip, kann aber mehr als zwei Objekte handhaben. Doppelgreifer bestehen im allgemeinen aus unabhängig voneinander arbeitenden, nicht immer baugleichen Einfachgreifern, die an einem gemeinsamen Dreh- oder Schwenkkopf befestigt sind. Sie werden häufig beim Be- und Entladen von Werkzeugmaschinen eingesetzt.

Revolvergreifer setzt man ein, wenn verschiedene Werkstückgruppen gehandhabt werden. Die meist kreisförmig in einer Grundbaugruppe angebrachten Einzelgreifer werden von einer Steuereinheit des Revolvers oder dem Roboter immer soweit gedreht, bis der nächste Greifer in Arbeitsposition steht. Da alle Greifer des Revolvers zunächst beladen werden können und dann in schneller Frequenz die aufgenommenen Werkstücke wieder abgeben können, entfallen Zeiten für Fahrten zu Teilemagazinen.

Technische Daten und verschiedene Bauformen von Dreheinheiten und Schwenkköpfen sind auf der dem Buch beigefügten CD-ROM der Fa. *Schunk Spann- und Greiftechnik* zu finden.

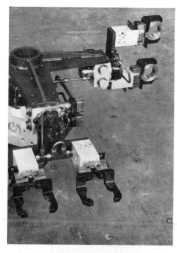

Bild 6-12
Drehschwenkkopf mit je 2 Greifern (Fibro)

Bild 6-13
Schwenkkopf mit zwei Innengreifern zum Umsetzen von Roh- und Fertigteilen von der horizontalen in die vertikale Lage (Schunk)

6.4.4 Gliederung nach der Anzahl der Wirkorgane

Hierbei wird zwischen Greifern mit einem, zwei oder mehr Wirkorganen unterschieden.

Zapfen- und Lochgreifer sowie Adhäsionsgreifer und Sauggreifer mit nur einer Saugglokke und Magnetgreifer mit nur einem Magneten gehören zu der Gruppe mit einem Wirkorgan.

Alle mechanischen Zwei-Finger-Greifer sowie die Saug- und Magnetgreifer mit zwei Wirkorganen gehören in die Gruppe mit zwei Wirkorganen.

Greifer mit drei Wirkorganen sind neben Saug-, Magnet- und Lochgreifer in der Hauptsache Drei-Finger-Greifer. Sie haben den Vorteil, harte Materialien, die dazu neigen, aus den Greiferbacken zu rutschen, sowie kreisrunde Werkstücke greifen zu können. Das Werkstück wird automatisch zentriert und durch hohe rotatorische und translatorische Spannkräfte gut gehalten.

Greifer mit mehr als drei Wirkorganen sind in der praktischen Anwendung sehr wenig vertreten.

6.5 Beschreibung des Greifprinzips wichtiger Greiferarten

6.5.1 Sauggreifer

In dem Luftraum, der zwischen Saugglocke und Werkstückoberfläche liegt, wird ein Vakuum gezogen, welches eine Kraftpaarung erzeugt. Das Werkstück wird gehalten. Es handelt sich hierbei um ein rein kraftschlüssiges Halten.

Folgende Arten werden nach dem Prinzip der Vakuumerzeugung unterschieden:
- *Vakuumsauger*: Unterdruck wird mittels Vakuumpumpe erzeugt
- *Luftstromsauger*: Unterdruck wird durch Venturidüsen und Druckluft erzeugt
- *Haftsauger*: die Luft zwischen Saugglocke und Werkstück wird durch Aufpressen des Saugers auf das Werkstück ausgepreßt. Um das Vakuum aufzuheben, wird ein Druckimpuls benötigt

Einsatzgebiete für Haftsauger sind nur weitgehend glatte und luftundurchlässige Werkstückoberflächen, beispielsweise Glasscheiben. Vakuum- und Luftstromsauger sind außerdem auch für Werkstücke mit weniger glatten bis rauhen und porösen Oberflächen geeignet. Für Sauggreifer wird am Werkstück nur eine Griffläche benötigt, ein Antrieb ist nicht erforderlich.

Nachteile sind
- die erforderliche Zeit, um einen Unterdruck im Sauger zu erzeugen,
- die Verformungsgefahr des Werkstückes im Dichtflächenbereich,
- unvorhergesehener Vakuumabfall, der das Werkstück fallen ließe,
- die schlechte Positionier- und Wiederholgenauigkeit und
- die begrenzte Temperaturbeständigkeit der Kunststoffmaterialien.

6.5 Beschreibung des Greifprinzips wichtiger Greiferarten

Die Haltekräfte der Sauggreifer sind abhängig von
- der Werkstückoberfläche,
- der Deformierung des Saugers,
- den Querkräften und
- dem Vakuumerzeuger bzw. dem Druckdurchfluß.

Die Bilder 6-14 und 6-15 zeigen Flach- und Balgensauger unterschiedlicher Größen.

Durch Zusatz eines doppeltwirkenden Zylinders entstehen Hubsauger, die gleichzeitig Saugen und Heben. Bild 6-16 zeigt, daß durch unterschiedliche Ansteuerung der Zylinder verschiedenste Teile angesaugt werden können. Eine weitere Nutzung von Sauggreifern wird in Bild 6-17 dargestellt.

Bild 6-14
Flachsauger (Schmalz)

Bild 6-15
Balgensauger (Schmalz)

Bild 6-16
Sauger mit Hub (Sommer)

Bild 6-17 Bestückung und Bedruckung von Tischtennisbällen (Sommer)

6.5.2 Magnetgreifer

Magnetgreifer gehören wie die Sauggreifer zu den kraftschlüssigen Greifern. Die magnetische Kraft von Permanent- oder Elektromagneten an ferromagnetischen Handhabungsobjekten ist hierfür maßgebend. Die zu handhabenden Objekte müssen nicht in genauer Lage bereit liegen, werden sofort angezogen und benötigen nur eine Griffläche, die allerdings ferromagnetisch sein muß. Es gibt wesentliche Unterschiede zwischen Elektro- und Dauermagneten.

Elektromagnetgreifer benötigen keine Antriebselemente, die Greifkraft versagt jedoch bei einer Energieunterbrechung.

Bei Dauermagnetgreifern ist eine Vorrichtung zum Lösen des Objektes erforderlich. Er ist für hohe Positioniergenauigkeiten nicht einsetzbar.

Um eine optimale Haltekraft zu erzielen, muß auf eine saubere, ebene, glatte und trockene Griffläche geachtet werden. Die Magnetkräfte nehmen stark ab, wenn sich zum Beispiel durch Späne, Zunder oder Rost der Spalt zwischen Werkstück und Magnetoberfläche vergrößert. Bohrungen und Durchbrüche mindern die Haltekräfte nur geringfügig, sollten aber nicht überwiegen.

Nachteile von Magnetgreifern:
- zu schwere Gegenstände können seitlich wegrutschen
- hohes Eigengewicht des Greifers verringert die Nutzlast des Roboters
- dünne übereinanderliegende Werkstücke, zum Beispiel dünne Bleche, werden oft gleichzeitig erfaßt, und es kann ein Restmagnetismus zurückbleiben, die Werkstücke bleiben aufeinander haften;
mit dem Einsatz von Elektromagneten, die mit Wechselspannung beaufschlagt werden, ist es möglich, den Restmagnetismus allmählich abzubauen

Eine Kombination aus Elektro- und Dauermagnet ist sinnvoll. Der Dauermagnet sorgt für die Haltekraft, und der Elektromagnet wird zum Lösen des Werkstückes eingesetzt. Dies garantiert auch bei Energieausfall eine gleichbleibende Haltekraft.

6.5.3 Adhäsionsgreifer

Der Adhäsionsgreifer beruht auf dem Prinzip der stoffschlüssigen Verbindung, die mittels Adhäsionskräften hergestellt wird.

Die Einsatzmöglichkeiten von Adhäsionsgreifern beginnen dort, wo ein Greifen mit Saug-, Magnet- oder Nadelgreifern nicht mehr möglich ist. Das Handhaben von Textilien und zerbrechlichen dünnen Scheiben sowie das Greifen und Positionieren bei Montagevorgängen von kleinen Teilen wie Schrauben und Muttern sind Einsatzgebiete von Adhäsionsgreifern.

Das Haften der Körper mit Hilfe einer klebrigen Masse, zum Beispiel Klebebänder, klebrige Materialien oder Klebstoffe, ist zeitlich begrenzt, so daß diese nach kurzer Nutzung erneuert werden müssen. Ein weiterer Nachteil ist die schlechte Lösbarkeit der Verbindung. Für das mechanische Lösen werden spezielle Einrichtungen benötigt, die den Körper wieder lösen, ihn aber nicht beschädigen dürfen.

6.5.4 Mechanische Greifer

Dieses Greiferprinzip wird am häufigsten eingesetzt. Beim mechanischen Greifer wird das Werkstück mit den Greiferbacken gefaßt. Das Halten des Werkstückes kann hierbei durch Kraft- oder Formschluß oder durch eine Kombination von beiden erfolgen. Je nach Bewegung der Backen wird zwischen Parallel- und Winkelgreifer unterschieden (Bild 6-18). Die Greifkörper können mit einem oder mehreren Fingern versehen sein (Bilder 6-19 bis 6-21). Parallel-, Winkel- und Zentrischgreifer verschiedener Bauformen und Größen mit Hinweisen zum Einsatz und technischen Daten sind auf der dem Buch beigefügten CD-ROM der Fa. *Schunk Spann- und Greiftechnik* zu finden.

Bild 6-18 2-Finger-Mini-Parallelgreifer (Sommer) und 2-Finger-Winkelgreifer (Schunk)

Häufig werden Greifer für spezielle Aufgaben entwickelt. Bild 6-21 zeigt einen Sechspunkt-Greifer für die Montage von O-Ringen. Der Greifer hat zwei Kolben, die getrennt voneinander mit 3/2-Wege-Ventilen angesteuert werden. Bei Druckluft in Anschluß A fährt der Kolben mit dem Konus nach vorne und drückt die sechs gefederten Bolzen nach außen. Dadurch dehnen die T-Nuten-Spannbacken den O-Ring soweit, daß er über den Durchmesser des Bolzens paßt. Jetzt wird der Anschluß B mit Druckluft beaufschlagt. Dadurch werden die Abstreifbacken nach vorne gedrückt und schieben den O-Ring von den Spannbacken auf das zu montierende Teil. Durch Entlüften der beiden Wegeventile fahren die beiden Kolben anschließend ein.

Bild 6-19
Dreibacken-Greifer (Sommer)

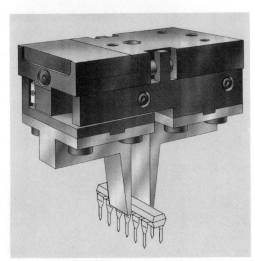

Bild 6-20
2-Finger-Parallelgreifer im Einsatz (Schunk)

6.5 Beschreibung des Greifprinzips wichtiger Greiferarten

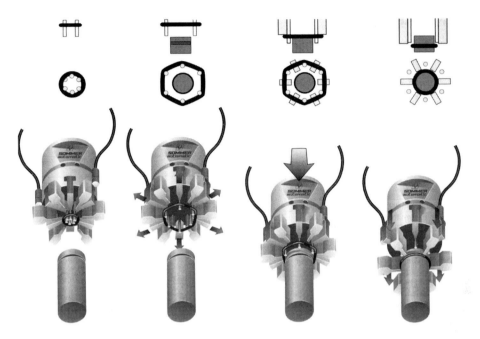

Bild 6-21 Sechspunktgreifer für die O-Ring-Montage im Einsatz (Sommer)

In den meisten Fällen werden die Greifer durch Druckluft in eine form- und kraftschlüssige Verbindung mit dem Werkstück gebracht. Neben dem pneumatischen Antrieb werden auch Greifer mit hydraulischem Antrieb eingesetzt oder mit einem elektrischen Antrieb versehen.

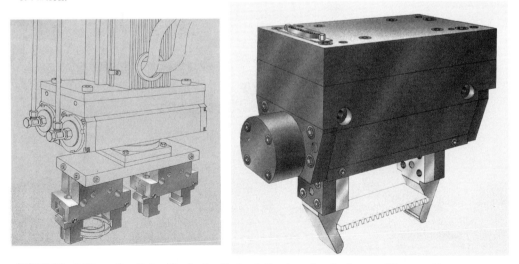

Bild 6-22 2-Finger-Parallelgreifer, hydraulisch mit Sonderaufsatzbacken, und Servogreifersystem, elektrisch, bestehend aus 2-Finger-Parallelgreifer und Greifersteuerung (Schunk)

6.5.5 Nadelgreifer

Nadelgreifer werden bei porösen, weichen Materialien eingesetzt, bei denen das Saugen nicht mehr möglich ist. Durch genaues Einstellen können sehr dünne Stoffe von einem Stapel gegriffen werden.

Der im Bild 6-23 dargestellte Stoffgreifer enthält 40 Nadeln, die in vier Segmente (4 · 90°) aufgeteilt sind. Über einen Kegel, der sich an der Zylinderstange befindet, werden die einzelnen Nadelplatten über Stifte schräg nach außen gefahren. Der Stoff wird somit in alle Richtungen gespannt. Durch einen Einstellring wird die Nadeleinstichtiefe auf Hundertstel genau eingestellt. Durch Wegnehmen der Druckluft fahren die Nadeln (Zylinder) über eine Rückstellfeder wieder ein.

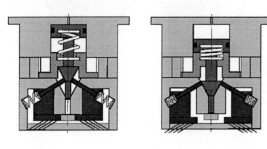

Bild 6-23
Schema eines Nadelgreifers (Sommer)

In Bild 6-24 werden ausgewählte Anwendungen für die Nutzung von Nadelgreifern schematisch dargestellt. Der Einsatz erfolgt, wie das Bild zeigt, bei weichen, porösen und durchlässigen Materialien. Durch genaues Einstellen der Nadeln können auch sehr dünne Stoffe präzise von einem Stapel gegriffen werden. Für das Greifen von dickeren Materialien, wie Teppich oder Schaumstoff, werden entsprechende Nadeln eingesetzt.

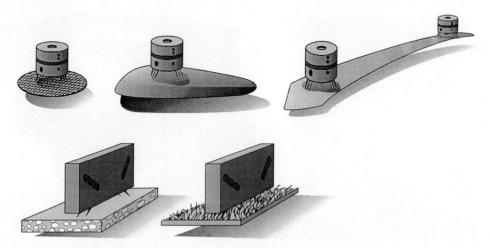

Bild 6-24 Nadelgreifer beim Greifen verschiedener Textilteile (oben) und beim Greifen von Schaumstoff und Teppich (unten) (Sommer)

6.5.6 Sonstige Greiferarten

Neben den bisher beschriebenen Greiferarten kommen noch weitere Greiferbauarten zum Einsatz, die sich nicht eindeutig in vorher beschriebene Greifprinzipien einordnen lassen. Hiervon sollen einige hinsichtlich ihrer Funktion sowie ihres Einsatzes beschrieben und dargestellt werden.

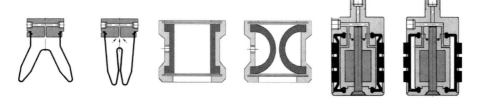

Bild 6-25 Schematic Spreizfingergreifer, Röhren-Greifer mit Lamellen-Membrane und Gummi-Lochgreifer mit Noppenmembrane (von links nach rechts) (Sommer)

In Bild 6-25 wird die Funktion unterschiedlicher Formen von Gummigreifern schematisch dargestellt. Greifer dieser Bauart dienen dazu formungleiche, empfindliche und ungenaue Teile zu greifen. Durch hohe Reibwerte des Gummis lassen sich auch schwere Teile bewegen.

Röhrengreifer können unterschiedliche Profile – rund, oval oder eckig – greifen. Die röhrenförmige Lamellenmembrane paßt sich jeder Form an und gewährleistet hohen Reibschluß.

Die in den Bildern 6-26 und 6-27 dargestellten Beispiele zeigen die vielfältigen Anwendungsmöglichkeiten dieser Greiferarten.

Bild 6-26
Anwendungsbeispiele Gummifinger-Greifer (Sommer)

Bild 6-27
Anwendungsbeispiele Röhren-Greifer (Sommer)

Bild 6-28
Gummi-Lochgreifer (Sommer)

Gummi-Lochgreifer werden meist für das Handhaben von Teilen mit Bohrungen eingesetzt. Die ausfahrenden Gummi-Noppen sorgen durch ihren hohen Reibungswert für große Greifkräfte. Durch die Noppenmembrane erhält man hohe Reibkräfte und spart sich die Backenfertigung.

Der Gummi-Lochgreifer kann nicht nur schwere Teile halten wie Motorblöcke, Kolben, Autofelgen, sondern auch empfindliche Teile wie Reagenzgläser, Porzellan, gesinterte Teile usw.

Nach Abschalten des Drucks geht die Gummimembran wieder in ihre Ursprungsform zurück – die Noppen fahren wieder ein.

Bild 6-29
Spreizfinger-Greifer (Sommer)

6.6 Flexibilität von Greifern

Der in Bild 6-29 abgebildete Spreizfinger-Greifer arbeitet vakuum-schließend und öffnet sich durch die Gummivorspannung.

Bei Druckluftzufuhr (2 - 8 bar) wird über einen integrierten Vakuumgeber Vakuum erzeugt; dadurch ziehen sich die Gummifinger zusammen und klemmen wie eine Pinzette.

Durch Wegnehmen der Luft spreizt sich der Greifer in seine Ursprungsstellung zurück. Aufgrund der Vorspannung der Gummifinger können sowohl Teile von außen nach innen als auch von innen nach außen gegriffen werden. Er eignet sich insbesondere für leichte Teile, wie Gläser, Plastikteile, Jogurtbecher, CD´s, Tuben und andere empfindliche Teile. Einige Anwendungsmöglichkeiten sind in Bild 6-26 dargestellt.

Bild 6-30
Gummifinger-Greifer (Sommer)

Bei einem Gummifinger-Greifer biegen sich die Gummifinger mit Druckluft von 2 bar und umgreifen das Werkstück formschlüssig. Dabei gibt die genoppte Oberfläche sicheren Halt in jeder Richtung. Ohne Luft entspannen sie sich in die gerade Lage. Die Andruckkraft ist sehr gut über den Luftdruck regelbar. Eine Auswahl von Anwendungsbeispielen ist in Bild 6-26 zu sehen.

6.6 Flexibilität von Greifern

6.6.1 Flexible Greifer und flexible Greiferbacken

Eine wesentliche Forderung ist der flexible und vielseitige Einsatz von Industrierobotern. Um hierbei viele wechselnde Serien unterschiedlicher Teile handhaben zu können, werden Teile zu Formfamilien zusammengefaßt, die dann über Greifereinrichtungen mit anpaßbaren Greiferbacken manipuliert werden können. Die Wirkflächenformen lassen sich in zwei Gruppen einteilen, nämlich starr und veränderlich. Die einfachste Lösung, um Greiferorgane flexibel zu gestalten, ist das manuelle Auswechseln der Greiferbacken oder der ganzen Greiferorgane. Greifer, die mit flexiblen Greiferbacken ausgerüstet sind, können ohne Wechsel der Backen verschiedene Werkstücke greifen.

Mögliche Anpassungen einer Greifereinrichtung und ihrer Baugruppen an unterschiedliche Form und Größe des Objektes zeigt Tabelle 6-4.

Bild 6-31 zeigt, daß mit steigender Flexibilität eines Greifers Aufwand und Komplexität zunehmen. An dieser Stelle wird deutlich, daß der Auswahl des Greifers schon bei der Planung des Roboter eine entscheidende Rolle zukommt.

Tabelle 6-4 Greiferart und mögliche Anpassungen an verschiedene Werkstückgeometrien

Greiferart	Anpassung an verschiedene Werkstückgeometrien
Einzelgreifer (für bestimmtes Werkstück)	Greiferwechsel manuell oder maschinell
Einzelgreifer mit Spannbereich	innerhalb des Spannbereichs automatisch
Einzelgreifer mit Austauschbacken für verschiedene Werkstücke	Austausch manuell oder maschinell (aus Magazin)
Mehrfachgreifer für verschiedene Werkstücke	automatisches Umgreifen
Mehrfachgreifer mit automatischen Spannbacken	automatisches Umgreifen
Greifer mit elastischen Greiferelementen	automatisch
Greifer mit beweglichen mehrgliedrigen Fingern	automatisch
Greifer mit steuerbaren Einzelfingern	Umprogrammierung

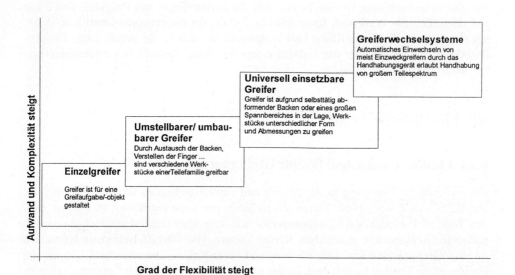

Bild 6-31 Zusammenhang zwischen Flexibilität und Komplexität von Greifern

6.6.2 Greiferwechselsysteme

Soll die große Flexibilität der Industrieroboter sinnvoll ausgenutzt werden, sind auch flexible Greifersysteme erforderlich. Greifer mit hoher Flexibilität sind in der Regel technisch aufwendig und somit häufig wirtschaftlich nicht vertretbar. Als Alternative zur Erhöhung der Greiferflexibilität können Wechselsysteme eingesetzt werden, die es ermöglichen, einfache, wenig flexible und somit kostengünstige Greifer in beliebiger Zahl einzusetzen. Der Einsatz von Greiferwechselsystemen ist dann sinnvoll, wenn in Roboterstationen mehrere Bearbeitungs- und Montagevorgänge zu bewältigen sind.

Ein Greiferwechselsystem ist eine Vorrichtung zum Austausch von Werkzeugen und Greifern am Flansch eines Industrieroboters. Das Wechselsystem besteht aus einem am Roboterflansch montierten Oberteil und mindestens zwei Unterteilen zur Aufnahme von Werkzeugen oder Greifern. Unterteil und Oberteil verriegeln beim Werkzeugwechsel miteinander. Die Bewegungen beim Verriegeln und Entriegeln werden manuell, vom Roboter selbst oder von einer zusätzlich angebrachten Leistungseinheit ausgeführt.

Vorteile von Greiferwechselsystemen:
- Erhöhung der Flexibilität der Industrieroboter und damit Erschließung neuer Einsatzgebiete
- Einbeziehung des Greifer- bzw. Werkzeugwechsels in den programmierten technischen Ablauf (bei automatisiertem Greiferwechsel)

Nachteile von Greiferwechselsystemen:
- Zeitanteile für Wechselvorgänge (erhöhte Nebenzeiten)
- technischer Aufwand für das Wechselsystem

Die wesentlichen Anforderungen an automatische Greiferwechseleinrichtungen sind:
- exakte, spielfreie und verdrehsichere Aufnahme der Greifer bzw. Werkzeuge
- Übertragung von Bewegungen zur Greifer- bzw. Werkzeugbetätigung
- Aufnahme bzw. schlupffreie Übertragung aller wirkenden Kräfte und Momente
- sicheres Halten auch bei Energieausfall
- kleine Kräfte zum Lösen der Greifer aus der Aufnahme im Wechselsystem bzw. Unterstützung der Ablage durch eine zusätzliche Kraft
- verlustfreie Leitung von pneumatischer, elektrischer und hydraulischer Energie für Greifer und Werkzeuge mit eigenem Antrieb
- störungssichere Übertragung von elektrischen oder optischen Signalen der Sensoren zur Greifersteuerung
- einfache, leichte robuste Konstruktion
- geringe Betätigungskräfte
- kurze Wechselzeit
- einfache Peripherie für Greifer und Werkzeuge
- Anwesenheitskontrolle für Greifer und Werkzeuge

Der Verriegelungsmechanismus von Greiferwechselsystemen kann nach verschiedenen Funktionsprinzipien erfolgen.

Bei dem in Bild 6-32 dargestellten Werkzeugwechsler handelt es sich um einen Verriegelungsvorgang mit mechanischer Selbsthemmung bei Druckluftabfall.

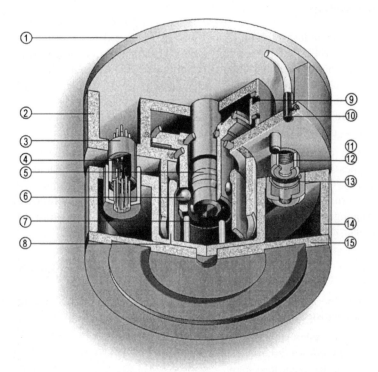

Bild 6-32 Schema eines Werkzeugwechsler (Sommer)
1 Flanschplatte zur Montage des Festteils an den Roboter, sie ist abnehmbar
2 Gehäuse des Festteils
3 Schutzhülsen für Stromübertrager mit gleichzeitiger Zentrierfunktion
4 Steckkontakt (Elektrostecker)
5 Feststehender Bolzen, mit dem Festteil verbunden
6 Kugeln
7 Verriegelungskolben, die die Kupplungskräfte des Roboters übernehmen, das Losteil wird vom Kolben herangezogen
8 Aufnahmehülse
9 Luftanschlüsse für doppelwirkenden Verriegelungszylinder am Festteil
10 Induktivschalter mit Schutzhülse für das Abfragen der Ver- und Entriegelungssituation
11 Sicherungsstift verhindert falsches Aufsetzen
12 Luftübertragungshülsen mit Anschlußgewinde und gleichzeitiger Zentrierfunktion beim Koppeln
13 O-Ring; dichtet nicht auf Sitz, sondern auf den Umfang ab – dadurch kaum Verschleiß
14 Gehäuse des Losteils
15 Flanschplatte abnehmbar, zur Montage von Greifern, Schweißzangen, Lackierpistolen etc.

6.6 Flexibilität von Greifern

Der Ablauf der Verriegelung erfolgt in 4 Stufen:
1. Das am Roboter befindliche Festteil fährt mit dem Kolben und der Einführungshülse in das Losteil.
2. Der Kolben stößt auf die Anschlagstifte. Jetzt wird Druckluft auf den Kolben gegeben.
3. Der Kolben fährt mit seinem Kugelkäfig über den Bund des feststehenden Bolzens. Dabei werden die Kugeln über den schrägen Bund nach außen gedrückt und nehmen das Losteil über die Schräge mit.
4. Das Festteil ist verriegelt. Die Kugel versperrt nun den Rückweg des Losteils. Selbst bei Druckluftabfall verändert sie nicht ihre Position, da dann die Kräfte senkrecht auf die Ebene wirken.

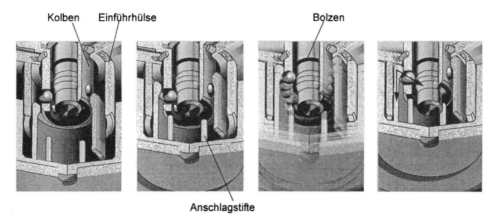

Bild 6-33 Verrieglungsvorgang Werkzeugwechsler (Sommer)

Der Tool-Connector (Bild 6-34) dient als Energieverteilerflansch. Er wird direkt am Anbauflansch eines „turboscara"-Roboters angeschlossen und stellt elektrische und pneumatische Energie bereit; aufwendige Installationen beim Anwender werden überflüssig. Weitere Informationen und technische Daten zu Greiferwechselsystemen sind auf der beiliegenden CD-ROM der Fa. *Schunk Spann- und Greiftechnik* zu finden.

Bild 6-34
Tool Connector (Bosch)

7 Roboter-Steuerung

Die Roboter-Steuerung ist vergleichbar mit den CNC-Steuerungen von Bearbeitungsmaschinen (Fräsen, Drehen etc.). Sie stellt also gewissermaßen das „Herz" bzw. das „Gehirn" des gesamten Roboters dar.

Die Hauptaufgaben der Roboter-Steuerung – bei manchen Firmen auch als RC (*Robot Control*) bezeichnet – sind:
- Kommunikation mit dem Bedienfeld
- Kommunikation mit dem Handprogrammiergerät
- Programmverwaltung (z.B. speichern und editieren)
- Achssteuerung (Geschwindigkeit und Lage)
- Bahninterpolation (z.B. linear oder kreisförmig)
- Koordinatentransformation (z.B. Raumkoordinaten in Gelenkkoordinaten)
- Kommunikation mit den Schnittstellen (z.B. Ein- u. Ausgänge)

Aufgrund der umfangreichen Anforderungen, die an die Steuerung gestellt werden, und dadurch, daß gerade die Koordinatentransformation und die Bahninterpolation sehr rechenintensive Vorgänge sind, die auch noch möglichst schnell durchgeführt werden müssen, gehen viele Hersteller dazu über, die Steuerung mit mehreren Prozessoren zu bestükken.

Die Hauptaufgaben jeder Robotersteuerung sind die Koordinatentransformation, die Bahninterpolation sowie die Lage- und Geschwindigkeitsregelung der einzelnen Achsen. Dies sind sehr rechenintensive Vorgänge, die auch mit entsprechender Genauigkeit (z.B. Berechnung der Sinus- oder Cosinus-Werte über Approximationspolynome) durchgeführt werden müssen. Auch müssen die Berechnungen in einer sehr schnellen Taktfolge durchgeführt werden, damit die Sollwerte an die entsprechende Regelung möglichst häufig weitergegeben und mit den Istwerten verglichen werden können. Nur so entsteht eine bahngenaue und zitterfreie Bewegung des Endeffektors. Zu dieser Problematik mehr in den folgenden Kapiteln.

7.1 Grundlagen

Häufig übernimmt ein Prozessor die Aufgaben der zentralen Informationsverarbeitung. Er führt die Programmverwaltung durch, d.h. er speichert, kopiert, löscht Programme und ermöglicht das Editieren eines Programmes in einem Arbeitsspeicher. Eventuell können aus einer Programmbibliothek auch vorhandene Unterprogramme an Hauptprogramme angebunden werden. Ferner muß das abzuarbeitende Programm in Maschinensprache konvertiert werden, dazu ist ein entsprechender Programminterpreter (*Compiler*) notwendig, damit eventuell vorhandene Syntax-Fehler dem Bediener gemeldet werden können. Für die Kommunikation mit der Steuerung hat der Bediener prinzipiell drei Möglichkeiten.

7.1 Grundlagen

- Mit dem *Bedienfeld* sind die grundlegenden Arbeiten der Programmverwaltung möglich, wobei die eingegebenen Befehle auf einem mehrzeiligen Display angezeigt werden. Darüber hinaus können vom Bedienfeld aus die Achsen verfahren werden, wobei meistens in allen drei Koordinatensystemen (Raum-, Gelenk- oder Greiferkoordinaten) gearbeitet werden kann. Ferner kann vom Bedienfeld der Roboter referiert werden, d.h. sein inkrementales Meßsystem wird nach einem Abschalten neu geeicht. Weiterhin findet sich auf fast allen Bedienfeldern ein Not-Aus-Schalter, der bei Betätigung den Roboter in seiner Bewegung sofort stoppt.

- Das *Programmierhandgerät* (*PGH*), bei manchen Herstellern auch als *Teachbox* bezeichnet, stellt eine Art tragbares Bedienfeld dar, wobei die Möglichkeiten des PGH bei weitem nicht so umfangreich sind wie die des Bedienfeldes. Normalerweise kann man mit Hilfe dieses PGH auch die Achsen des Roboters in allen drei Koordinatensystemen verfahren und daneben noch die Koordinaten von Punkten an die Steuerung weitergeben. Ferner lassen sich die Achsgeschwindigkeiten vom Gerät aus beeinflussen und die Schrittweite, die die Achse bei einmaligem Betätigen einer Taste fährt. Somit wird das PGH hauptsächlich während der Teachphase benutzt. Man hat die Möglichkeit, direkt am Endeffektor des Roboters stehen zu können, um die zu teachenden Punkte genau anzufahren. Dies ist vom Bedienfeld häufig nicht mit der geforderten Genauigkeit möglich. Die so geteachten Punkte werden dann an die Steuerung – meist mit einem Punktnamen versehen – weitergegeben und können dann in ein Programm eingebunden werden. Oft ist an dem Handgerät ein Display angebracht, das aber meistens nur eine ein- bis vierzeilige Programmanzeige besitzt. Auch am Programmierhandgerät sollte sich ein Not-Aus-Schalter befinden, da man sich gerade in der Teachphase im Gefahrenbereich des Roboters aufhält.

- Komfortable Steuerungen haben eine Schnittstelle, an der ein externer PC angeschlossen werden kann. Hier hat der Bediener dann Zugang zu einem wesentlich komfortableren Editor, mit dem problemlos größere Programme erstellt werden können. Die Programmverwaltung findet dann auch meistens nicht mehr in der Robotersteuerung statt, sondern auf DOS- bzw. WINDOWS-Ebene. Man speichert die notwendigen Programme im PC und lädt lediglich das im Moment abzuarbeitende Programm in den Speicher der Robotersteuerung

Alle drei Möglichkeiten finden in der Praxis ihre Anwendungen, da sie ihre Vor- und Nachteile haben. So wird kaum jemand eine Fügeaufgabe, bei der auf den Millimeter gefügt werden muß, vom PC bzw. vom Bedienfeld bei einer Entfernung von mehreren Metern aus teachen. Man wird vielmehr versuchen, mit Hilfe des PGH die Punkte zu finden. Genauso wird kaum jemand ein komplexes Programm mit dem PGH bzw. dem Bedienfeld eingeben, sondern dazu auf den PC mit dem komfortablen Editor zurückgreifen.

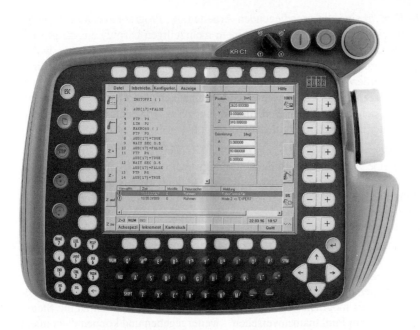

Bild 7-1 Programmierhandgerät (KUKA)

Eine weitere wichtige Aufgabe der Steuerung stellt die Kommunikation mit den Schnittstellen dar. Fast alle Roboterhersteller liefern heute ihre Steuerungen mit digitalen Ein- und Ausgängen. Hierüber ist es im Automatikbetrieb möglich, Informationen von Sensoren oder übergeordneten SPS zu bekommen, die dann im Programm ausgewertet werden können. Komfortable Steuerungen besitzen daneben auch noch analoge Ein- und Ausgänge, die man z.B. für Signale von Schweißnahtsensoren benötigt. Damit kann die Steuerung dann selbständig auf Veränderungen an der Naht reagieren, da spezielle Software-Interpretatoren diese Signale auswerten und entsprechende Veränderungen im Bahnverlauf, im Schweißstrom etc. vornehmen. Zunehmend werden auch Bildverarbeitungs-Systeme mit dem Roboter über Schnittstellen verbunden. Damit ist der Roboter in der Lage, regellos liegende Teile immer in der gleichen Art und Weise zu handhaben.

Bild 7-2 gibt ein Überblick über die Hauptfunktionen einer Steuerung.

7.1 Grundlagen

Bild 7-2 Prinzipieller Aufbau einer Robotersteuerung

Bei allen Anwendungen bewegt der Roboter seinen Endeffektor im Raum entweder nur von einem Anfangs- zu einem Endpunkt, wobei der Weg zwischen den Punkten relativ unwichtig ist (PTP-Steuerung), oder er bewegt sich auf einer mathematisch erfaßbaren, vorgeschriebenen Raumkurve von einem Anfangs- zu einem Endpunkt (Bahnsteuerung). Auf jeden Fall braucht der Roboter für diese Bewegungen ein System, das ihm seine Lage und Orientierung im Raum mitteilt (Meßsystem auf jeder Achse), und einen Regelmechanismus, der dies kontrolliert und bei eventuellen Abweichungen korrigiert. Es ergibt sich – ähnlich wie bei den CNC-Maschinen – ein Lage- und Geschwindigkeitsregelkreis.

Diese Problematik soll anhand eines sechsachsigen Roboters erklärt werden, der nur aus rotatorischen Achsen (Achse 1: Winkel α; Achse 2: Winkel β usw., siehe Bild 7-3) besteht.

Hat man nun einen Raumpunkt $P(x,y,z)$ gegeben, wobei die Orientierung um die Achsen A, B und C sei, so rechnet die Steuerung mittels der Software zur Koordinatentransformation diese Koordinatenwerte in Gelenkkoordinaten um, d.h. sie ermittelt die Winkeleinstellungen α bis ω des jeweiligen Gelenkes. Ist der Raumpunkt schon in den Gelenkkoordinaten gegeben, so entfällt diese Umrechnung.

Die so ermittelten Gelenkwerte werden als Winkelsollwerte an die Lageregelung weitergegeben. Diese Regelung verfährt die jeweiligen Achsen durch fortlaufenden Vergleich von Lagesollwerten (-winkel) mit den Lageistwerten (-winkel) und der Ausgabe von Stellsignalen an die Antriebsverstärker der Antriebsmotoren der Achsantriebe. Die Zeitspanne, die die Steuerung für den Vergleich von Ist- und Sollwert benötigt, hängt von der Qualität des „Rechners" ab. Die Taktfolge liegt im Bereich von Millisekunden.

Somit entsteht bei einer Bewegung einer Roboterachse – selbst bei schneller Taktfolge – stets eine Lageregeldifferenz; d.h., daß die tatsächliche Roboterposition (Istposition) der von der Steuerung berechneten Sollpositon „hinterherläuft". Diese Regeldifferenz (im physikalischen Sinn eine Strecke) ist um so größer, um so größer die Geschwindigkeit ist, mit der die Roboterachse verfährt. Man bezeichnet diese Nachlaufstrecke als *Schleppabstand* Δs und nennt das Verhältnis von Betrag der Bahngeschwindigkeit v_B zu Schleppabstand Δs

$$K_v = \frac{v_B}{\Delta s}$$

Geschwindigkeitsverstärkung K_v.

Ein mittlerer Wert für eine Achsenregelung bei einem Roboter liegt bei $K_v = 20$ 1/s. Somit ergibt sich für eine Bahngeschwindigkeit von $v_B = 1$ mm/s ein Schleppabstand $\Delta s = 0{,}05$ mm. Erhöht man die Bahngeschwindigkeit auf $v_B = 1$ m/s, so ergibt sich ein Schleppabstand $\Delta s = 50$ mm. Dies bedeutet, daß die Istposition der Sollposition im ersten Fall um 0,05 mm und im zweiten Fall um 50 mm „hinterherhinkt".

7.1 Grundlagen

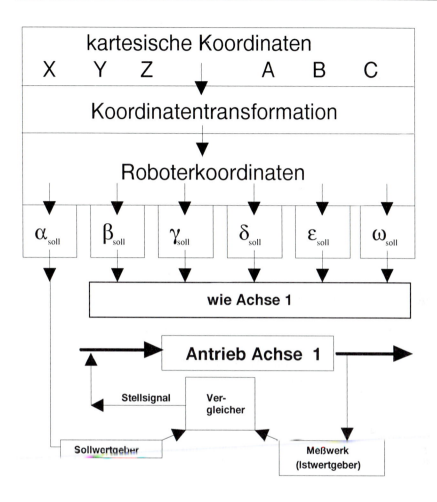

Bild 7-3 Lageregelung

Dieser Schleppabstand bringt Probleme bei Bahnrichtungsänderungen. Die Momentangeschwindigkeit des *Tool Center Points* (TCP) hat Vektorcharakter; d.h. sie ist durch Betrag *und* Richtung bestimmt. Soll nun aus einer Bewegung entlang einer Geraden heraus eine Kurve gefahren werden, wobei der Betrag der Geschwindigkeit gleich bleiben soll, so ändert sich lediglich die Richtung des Momentangeschwindigkeitsvektors. Dies muß dann nachgeregelt werden und führt zu Bahnabweichungen, sog. dynamischen Bahnfehlern.

Diese dynamischen Bahnfehler sind um so größer, je größer die Richtungsänderungen sind, d.h. beim Umfahren von engen Kurven mit kleinen Radien mit relativ großer Bahngeschwindigkeit. Es entstehen Verrundungsfehler und Überschwingfehler.

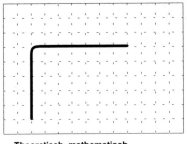
Theoretisch, mathematisch exakte Bahn

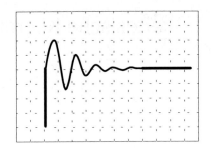
Tatsächliche Bahn mit dynamischen Abweichungen (übertriebene Darstellung)

Bild 7-4 Dynamische Abweichungen

Durch *Motografie* kann man gleichzeitig die Bahngeschwindigkeit und den räumlichen Verfahrweg des TCP darstellen. Hierzu bringt man als „Endeffektor" eine blinkende Lampe an die Roboterhand an. Bei abgedunkeltem Raum fotografiert man nun mit offenem Verschluß (Mehrfachbelichtungen), bis die Bahnkurve, die man vorher programmiert und geteacht hat, durch den Roboter beschrieben wurde.

Auf dem entstandenen Bild erkennt man sehr schön prinzipielle Probleme wie
- Verrundungsfehler bzw. -ungenauigkeiten an Ecken oder
- Bahnungenauigkeiten beim exakten Nachfahren von z.B. Kreisen

Desweiteren läßt sich durch dieses Verfahren sehr schön die Bahngeschwindigkeit in gewissen Bereichen der Raumkurve verdeutlichen. Da die Lampe immer mit der gleichen Frequenz blinkt, bildet sich eine große Bahngeschwindigkeit des TCP als großer Abstand zwischen den einzelnen „Punkten" ab, und bei kleiner Bahngeschwindigkeit entsteht entsprechend ein kleiner Abstand. Hierdurch sieht man sehr schön, wie die Steuerung die Bahngeschwindigkeit bei großen Richtungsänderungen reduzieren muß, um die geforderte Bahngenauigkeit einzuhalten.

7.2 Koordinatensysteme und -transformationen

Wie in Kapitel 3.2 schon kurz erwähnt, braucht man zur Beschreibung von Bewegungen im Raum ein System, auf das man sich beziehen kann, um die Bewegung vorausberechenbar zu machen. Da beim Roboter starre Körper und keine „Punkte" bewegt werden, muß man die *Lage* – auch als *Position* bezeichnet – und die *Orientierung* der starren Körper beachten.

Maßgeblich für die *Position*, d.h. die Lage des Roboters im Raum ist der *Tool-Center-Point*. Dieser Punkt liegt bei fast allen Roboterherstellern im Zentrum des Greifers oder der Werkzeugspitze. Zur Beschreibung der Lage dieses Punktes wird ein *Koordinatensystem* benutzt.

Die *Orientierungsbeschreibung* des Greifers bzw. des Werkzeuges ist von Hersteller zu Hersteller verschieden. Häufig legt man ein kartesisches Koordinatensystem in den Greifer (mit dem TCP als Nullpunkt) und definiert die Orientierungen entsprechend als Drehungen der jeweiligen Achsen um eine zu definierende Basisrichtung (vgl. Kapitel 7.2.2.1).

In Kapitel 7.2.1 soll vorab ein Überblick über die wichtigsten Koordinatensysteme zur Beschreibung der Lage eines Punktes gegeben werden. Ferner wird hierbei auf grundlegende mathematische Probleme eingegangen, die bei der Umrechnung von einem Koordinatensystem in ein anderes (Koordinatentransformation) entstehen.

7.2.1 Grundlagen

Die wohl am häufigsten vorkommenden Koordinatensysteme sind:
- kartesisches Koordinatensystem
- Zylinderkoordinatensystem (und ebene Polarkoordinaten)
- Kugelkoordinaten

Diese Koordinatensysteme dienen – wie schon erwähnt – der Lage- bzw. Positionsbeschreibung von Körpern – eigentlich Massenpunkten – im Raum. Dazu benötigt man einen Bezugspunkt im Raum, von wo aus alle Werteangaben gemessen werden. Bei all den oben genannten Koordinatensystemen ist dies der *Nullpunkt*. Lediglich die Wertangaben der Lage unterscheiden sich in den einzelnen Koordinatensystemen. So werden bei einigen Systemen nur Längenangaben, bei anderen nur Winkelangaben oder Längen- und Winkelangaben gemacht.

Prinzipiell ist aber all diesen Koordinatensystemen gemeinsam, daß jedes zur eindeutigen Festlegung der Lage eines Punktes im Raum *genau drei voneinander unabhängige Parameter* benötigt.

Bei der Koordinatentransformation geschieht also lediglich eine Umrechnung der jeweiligen „charakteristischen" Parameter in die Parameter eines anderen Systems mit Hilfe von Transformationsgleichungen.

7.2.1.1 Kartesisches Koordinatensystem

Das in der Technik wohl am häufigsten benutzte Koordinatensystem ist das kartesische. Es wird durch drei senkrecht aufeinander stehende Achsen gebildet (x-, y- und z-Achse) und eignet sich somit sehr gut für die Beschreibung von geradlinigen Bewegungen im Raum.

Die Lage eines Punktes im Raum wird durch die senkrechte Projektion des Abstandes auf die jeweilige Achse, d.h. die Koordinaten x, y und z angegeben. Der Nullpunkt des Koordinatensystems ist durch den gemeinsamen Schnittpunkt der drei Achsen bestimmt.

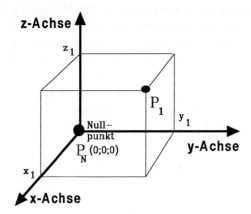

Bild 7-5
Kartesisches Koordinatensystem

Die Koordinaten des Punktes P_1 in obigem Bild werden folgendermaßen angegeben:

$P_1\ (x_1;y_1;z_1)$

In Anlehnung an die in der Mathematik übliche Konvention sollte man das *linksdrehende* bzw. *rechtshändige Koordinatensystem* benutzen.

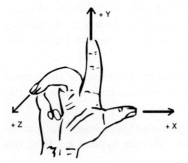

Bild 7-6
Rechte-Hand-Regel

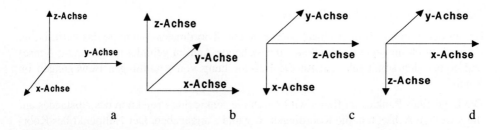

Bild 7-7 Beispiele für Koordinatensysteme (a-c linksdrehend, d rechtsdrehend)

7.2 Koordinatensysteme und -transformationen

Häufig treten in der Technik Probleme auf, die nur in einer Ebene liegen. Hierzu ist es arbeitserleichternd, das *ebene kartesische Koordinatensystem* zu benutzen. Charakteristisch für diese Koordinatensysteme ist, daß sie zur eindeutigen Beschreibung der Lage eines Punktes in der Ebene *zwei von einander unabhängige Parameter brauchen*.

Je nach Lage der Ebenen im Raum kann man drei Systeme unterscheiden.

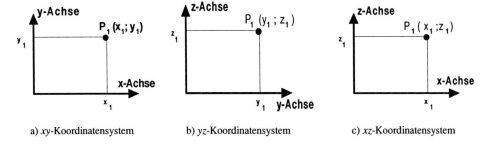

a) *xy*-Koordinatensystem   b) *yz*-Koordinatensystem   c) *xz*-Koordinatensystem

Bild 7-8   Ebene Kartesische Koordinatensysteme

7.2.1.2 Zylinderkoordinaten

Ein wichtiges Koordinatensystem, wenn es um die Beschreibung von rotationssymmetrischen Vorgängen geht, ist das Zylinderkoordinaten-System.

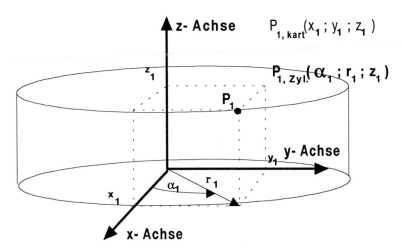

Bild 7-9   Zylinderkoordinatensystem
         r Projektion des Abstandes auf die *xy*-Ebene ($r \geq 0$)
         α Winkel, der die Lage von r in der *xy*-Ebene bezeichnet
         z Senkrechter Abstand in z-Richtung von der Ebene aus gemessen

In die Beschreibung des Zylinderkoordinatensystems (Bild 7-9) ist das kartesische System integriert. Dadurch können die Winkel zur Herleitung der Transformationsgleichungen eingezeichnet werden.

Der Nullpunkt des Zylinderkoordinatensystems stimmt mit dem des kartesischen überein: die Bezugsachse für den Wert des Winkels α ist die x-Achse (mathematisch positiv in Richtung y-Achse), die Messung des Radius r beginnt ebenfalls im Nullpunkt (r ist somit immer positiv).

gesucht	gegeben: r, α, z
x	$x = r \cos \alpha$
y	$y = r \sin \alpha$
z	$z = z$

Tabelle 7-1
Umrechnung von Zylinderkoordinaten in kartesische Koordinaten

gesucht	gegeben: x, y, z
r	$r = \sqrt{x^2 + y^2}$
α	für $x \neq 0$ $\alpha = \arctan \dfrac{y}{x}$ für $x = 0$ $\alpha = 0°$ oder $\alpha = 90°$ oder $\alpha = 270°$
z	$z = z$

Tabelle 7-2
Umrechnung von kartesischen Koordinaten in Zylinderkoordinaten

Zur Herleitung der Transformationsgleichungen sei auf Kapitel 7.2.1.3 verwiesen.

7.2.1.3 Polarkoordinaten

Einen Punkt in der Ebene kann man durch seinen Ortsvektor und den Winkel dieses Ortsvektors zu einer Nullinie darstellen. Dadurch erhält man die Polarkoordinaten.

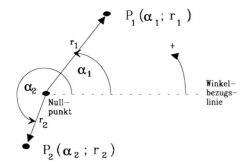

Bild 7-10
Polarkoordinaten

Polarkoordinaten lassen sich relativ leicht in kartesische Koordinaten umrechnen. Die Transformationsgleichungen ergeben sich durch einfache geometrische Herleitungen.

Da hier einige Fallunterschiedungen bezüglich der Sinus- und Kosinusfunktion auftreten, seien an dieser Stelle nochmals einige wichtige grundlegende Eigenschaften dieser beiden Funktionen zusammengestellt.

Tabelle 7-3 Eigenschaften der Sinus- und Kosinusfunktion

Eigenschaften	Sinusfunktion	Kosinusfunktion
Periodizität	$\sin(\alpha + k \cdot 360°) = \sin \alpha, k \in \mathbb{Z}$ $\sin(\beta + k \cdot 2\pi) = \sin \beta, k \in \mathbb{Z}$	$\cos(\alpha + k \cdot 360°) = \cos \alpha, k \in \mathbb{Z}$ $\cos(\beta + k \cdot 2\pi) = \cos \beta, k \in \mathbb{Z}$
Phasenverschiebung	$\sin \alpha = \cos(\alpha - 90°)$	$\cos(\alpha) = \sin(\alpha + 90°)$
2. Quadrant $90° < \alpha \leq 180°$	$\sin(\alpha) = \sin(180° - \alpha)$	$\cos(\alpha) = -\cos(180° - \alpha)$
3. Quadrant $180° < \alpha \leq 270°$	$\sin(\alpha) = -\sin(\alpha - 180°)$	$\cos(\alpha) = -\cos(\alpha - 180°)$
4. Quadrant $270° < \alpha \leq 360°$	$\sin(\alpha) = \sin(360° - \alpha)$	$\cos(\alpha) = -\cos(360° - \alpha)$

Hier zeigt sich, mathematisch gesehen, zum ersten Mal das Problem der Eineindeutigkeit von Funktionen:

Trigonometrische Funktionen sind keine eineindeutigen (bijektiven) Funktionen.

Bei den Koordinatentransformationen in der Robotersteuerung führt dies zu Problemen (Mehrdeutigkeiten) bei der Umrechnung von kartesischen Koordinaten in Achskoordinaten.

Um auf diese Problematik etwas näher einzugehen, seien die Transformationsgleichungen für die Transformation von kartesisches Koordinaten in Polarkoordinaten – und umgekehrt – hier sehr ausführlich hergeleitet.

Dazu werden die oben erwähnten Rückführungsgleichungen für die Sinus- und Kosinusfunktion benutzt. Damit erhält man einheitliche, für alle Quadranten des Koordinatensystems geltende Transformationsgleichungen.

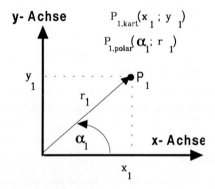

Bild 7-11
Herleitung der geometrischen Beziehungen im 1. Quadranten
$0° < \alpha_1 \leq 90°$
$x_1 \geq 0, y_1 \geq 0)$
$r \neq 0$

Es ergibt sich:
$$x_1 = r_1 \cdot \cos \alpha_1 \quad \text{und} \quad y_1 = r_1 \cdot \sin \alpha_1$$

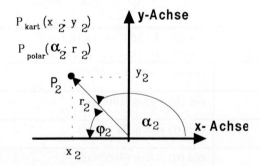

Bild 7-12
Herleitung der geometrischen Beziehungen im 2. Quadranten
$90° < \alpha_2 \leq 180°$
$x_2 < 0, y_2 \geq 0)$
$r \neq 0$

7.2 Koordinatensysteme und -transformationen

Es ergibt sich:
$$\varphi_2 = 180° - \alpha_2$$
$$\cos \varphi_2 = -x_2/r_2 \quad (x_2 < 0 \Rightarrow -x_2 > 0)$$
$$\sin \varphi_2 = y_2/r_2$$

$\sin \varphi_2$	$= y_2/r_2$	$\cos \varphi_2$	$=$	$-x_2/r_2$
$\sin (180° - \alpha_2)$	$= y_2/r_2$	$\cos (180° - \alpha_2)$	$=$	$-x_2/r_2$
$\sin \alpha_2$	$= y_2/r_2$	$-\cos \alpha_2$	$=$	$-x_2/r_2$
		$\cos \alpha_2$	$=$	x_2/r_2

Somit erhält man auch für den 2. Quadranten:
$$x_2 = r_2 \cdot \cos \alpha_2 \quad \text{und} \quad y_2 = r_2 \cdot \sin \alpha_2$$

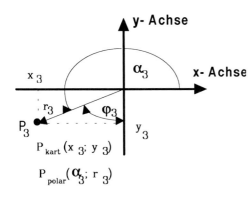

Bild 7-13
Herleitung der geometrischen Beziehungen im 3. Quadranten
$180° < \alpha_3 \leq 270°$
$x_3 < 0, y_3 \leq 0)$
$r \neq 0$

Es gilt:
$$\varphi_3 = \alpha_3 - 180°$$
$$\cos \varphi_3 = -x_3/r_3 \quad (x_3 < 0 \Rightarrow -x_3 > 0)$$
$$\sin \varphi_3 = y_3/r_3$$

$\sin \varphi_3$	$= y_3/r_3$	$\cos \varphi_3$	$=$	$-x_3/r_3$
$\sin (\alpha_3 - 180°)$	$= -y_3/r_3$	$\cos (\alpha_3 - 180°)$	$=$	$-x_3/r_3$
$-\sin \alpha_3$	$= -y_3/r_3$	$-\cos \alpha_3$	$=$	$-x_3/r_3$
$\sin \alpha_3$	$= y_3/r_3$	$\cos \alpha_3$	$=$	x_3/r_3

Somit erhält man auch für den 3. Quadranten:
$$x_3 = r_3 \cdot \cos \alpha_3 \quad \text{und} \quad y_3 = r_3 \cdot \sin \alpha_3$$

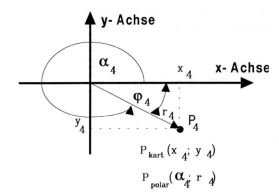

Bild 7-14
Herleitung der geometrischen Beziehungen im 4. Quadranten
$270° < \alpha_4 \leq 360°$
$x_4 > 0, y_4 \leq 0)$
$r \neq 0$

Es ergibt sich:
$$\varphi_4 = 360° - \alpha_4$$
$$\cos \varphi_4 = x_4/r_4 \quad (x_4 \geq 0)$$
$$\sin \varphi_4 = -y_4/r_4$$

$\sin \varphi_4$	$= -y_4/r_4$		$\cos \varphi_4$	$= x_4/r_4$
$\sin (360° - \alpha_4)$	$= -y_4/r_4$		$\cos (360° - \alpha_4)$	$= x_4/r_4$
$-\sin \alpha_4$	$= -y_4/r_4$		$\cos \alpha_4$	$= x_4/r_4$
$\sin \alpha_4$	$= y_4/r_4$			

Somit ergibt sich auch für den 4. Quadranten:
$$x_4 = r_4 \cdot \cos \alpha_4 \quad \text{und} \quad y_4 = r_4 \cdot \sin \alpha_4$$

Zusammengefaßt ergeben sich folgende allgemeine Transformationsgleichungen für die Transformation von Polarkoordinaten in kartesische Koordinaten:
$$x = r \cdot \cos \alpha \quad \text{und} \quad y = r \cdot \sin \alpha$$

Wichtig ist, daß der Winkel α immer von der *x*-Achse *positiv linksdrehend* gezählt wird und daß immer gilt: $r \geq 0$.

Hier zeigt sich, daß bei der Transformation von Polarkoordinaten in kartesische Koordinaten (gegeben: r und α, *gesucht*: x und y) keine Probleme auftreten, wenn der Winkel α und der Radius r ihrer Definition gemäß richtig in die Transformationsgleichungen eingesetzt werden.

Ganz anders, wenn man von kartesischen Koordinaten in Polarkoordinaten transformiert. Hierbei muß nämlich mit den Umkehrfunktionen der Winkelfunktionen gerechnet werden, was, wie schon erwähnt, zu Eindeutigkeitsproblemen führt.

Die geometrisch leicht herzuleitenden Transformationsformeln für die Transformation von kartesischen Koordinaten in Polarkoordinaten (gegeben: x und y, *gesucht:* r und α) ergeben sich zu:

$$r = \sqrt{x^2 + y^2}$$

$\alpha = \arctan (y/x)$ für $x \neq 0$
$\alpha = 90°$ für $x = 0$ und $y > 0$
$\alpha = 270°$ für $x = 0$ und $y < 0$
$\alpha = 0°$ für $x = 0$ und $y = 0$

7.2 Koordinatensysteme und -transformationen

Diese Gleichungen sind so einfach gar nicht zu benutzen. Es sind vielmehr einige weitere Fallunterscheidungen notwendig, um die entsprechende Umrechnung vorzunehmen. Dies sei an einem einfachen Beispiel verdeutlicht:
Mit der Formel
$$\alpha = \arctan(y/x)$$
ist der Winkel α nicht eindeutig bestimmt:

a) Es sei der Punkt P_1 mit seinen Koordinaten $x_1 = 1$ und $y_1 = 1$ gegeben.
 $\Rightarrow \quad \alpha = \arctan y_1/x_1 \quad \Rightarrow \quad \alpha = \arctan 1/1 \quad \Rightarrow \quad \alpha = \arctan 1$
 Berechnet man nun mit Hilfe des Taschenrechners diesen Wert, erhält man:
 $\alpha = 45°$

b) Es sei der Punkt P_2 mit seinen Koordinaten $x_2 = -1$ und $y_2 = -1$ gegeben.
 $\Rightarrow \quad \alpha = \arctan y_2/x_2 \quad \Rightarrow \quad \alpha = \arctan(-1)/(-1) \quad \Rightarrow \quad \alpha = \arctan 1$
 Berechnet man nun mit Hilfe des Taschenrechners diesen Wert, erhält man:
 $\alpha = 45°$
 Dies ist aber falsch, da laut Lageplan im *xy*-Koordinatensystem der Winkel
 $\alpha = 225°$
 sein muß.

Den exakten Wert von α kann man nur ermitteln, wenn man zusätzlich den Quadranten aus dem xy-Koordinatensystem angibt, in dem der Punkt liegt.

Sehr deutlich wird dies, wenn man ein Programm (BASIC, PASCAL, FORTRAN etc.) schreibt, mit dem eine Transformation von Polarkoordinaten in kartesische Koordinaten und umgekehrt durchgeführt werden soll.

a) Bei der Transformation von Polar- in kartesische Koordinaten brauchen lediglich die beiden Transformationsgleichungen programmiert werden. Unter der Voraussetzung, daß dann r und α, wie bereits oben erwähnt, definitionsgemäß eingesetzt werden, ist es ein leichtes, die Transformation durchzuführen.

b) Im Gegensatz dazu steht das Programmieren der Transformation von kartesischen in Polarkoordinaten. Hier sind einige Fallunterscheidungen wegen der Eindeutigkeit der Winkelfunktionen notwendig, um auf die Lage der *x*- und *y*-Werte im jeweiligen Quadranten zu schließen. Bild 7-15 zeigt einen Programmablaufplan (PAP) zur Lösung dieses Problems, der leicht in eine beliebige Programmiersprache übersetzt werden kann. Anhand der Skizze in Bild 7-16 und mit den Werten in Tabelle 7-4 kann das Programm leicht getestet werden.

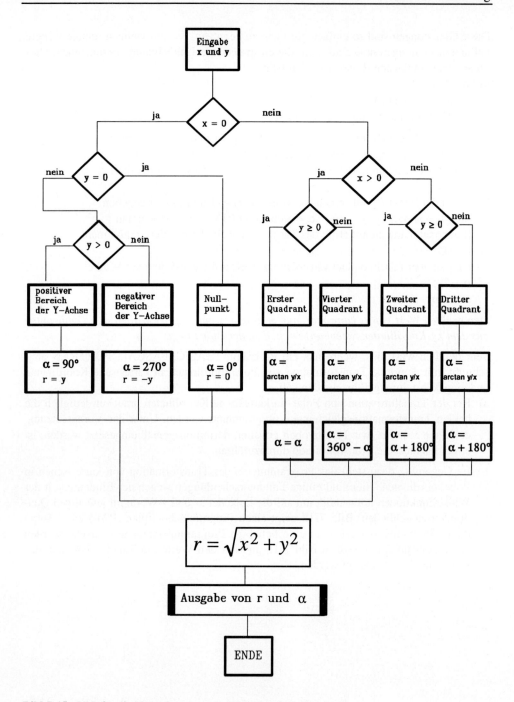

Bild 7-15 PAP für die Umrechnung von kartesischen in Polarkoordinaten

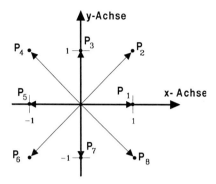

Bild 7-16
Punktbeispiele für die Transformationsgleichungen

kartesische Koordinaten		Polarkoordinaten	
$x_1 = 1$	$y_1 = 0$	$r_1 = 1$	$\alpha_1 = 0°$
$x_2 = 1$	$y_2 = 1$	$r_2 = \sqrt{2}$	$\alpha_2 = 45°$
$x_3 = 0$	$y_3 = 1$	$r_3 = 1$	$\alpha_3 = 90°$
$x_4 = -1$	$y_4 = 1$	$r_4 = \sqrt{2}$	$\alpha_4 = 135°$
$x_5 = -1$	$y_5 = 0$	$r_5 = 1$	$\alpha_5 = 180°$
$x_6 = -1$	$y_6 = -1$	$r_6 = \sqrt{2}$	$\alpha_6 = 225°$
$x_7 = 0$	$y_7 = -1$	$r_7 = 1$	$\alpha_7 = 270°$
$x_8 = 1$	$y_8 = -1$	$r_8 = \sqrt{2}$	$\alpha_8 = 315°$

Tabelle 7-4
Errechnete kartesische Koordinaten und Polarkoordinaten mittels PAP

7.2.1.4 Kugelkoordinaten

Für Probleme, bei denen Radialsymmetrie vorliegt, eignen sich Kugelkoordinaten. Um die Lage eines Punktes in Kugelkoordinaten zu bestimmen, werden drei Größen angegeben.

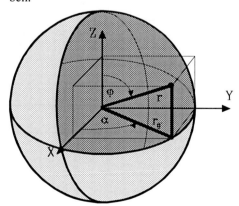

Bild 7-17
Kugelkoordinaten
r Länge des Ortsvektors ($r \geq 0$)
φ Winkel, den der Ortsvektor mit der z-Achse einschließt (Polwinkel)
α Winkel, den die Projektion des Ortsvektors auf die xy-Ebene mit der x-Achse einschließt (Meridian)

Zur Herleitung der Transformationsgleichungen betrachte man folgendes Dreieck:

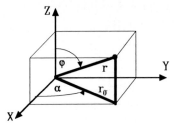

Bild 7-18
Geometrische Beziehungen

Zur Vereinfachung sei das markierte Dreieck nochmals in der Ebene dargestellt:

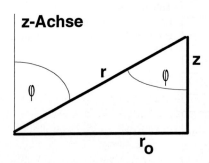

Bild 7-19
Geometrische Beziehungen (Ebene)
$r_0 = r \cdot \sin \varphi$
$z = r \cdot \cos \varphi$

Es ergeben sich somit nachfolgende Transformationsgleichungen.

Tabelle 7-5   Umrechnung von Kugelkoordinaten in kartesische Koordinaten

gesucht	gegeben: r, φ und α
x	$x = r_0 \cdot \cos \alpha$ bzw. $x = r \cdot \sin \varphi \cdot \cos \alpha$
y	$y = r_0 \cdot \sin \alpha$ bzw. $y = r \cdot \sin \varphi \cdot \sin \alpha$
z	$z = r \cdot \cos \varphi$

Tabelle 7-6   Umrechnung von kartesischen Koordinaten in Kugelkoordinaten

gesucht	gegeben: x, y und z
r	$r = \sqrt{x^2 + y^2 + z^2}$
φ	$\cos \varphi = \dfrac{z}{\sqrt{x^2 + y^2 + z^2}}$ bzw. $\varphi = \arccos \dfrac{z}{\sqrt{x^2 + y^2 + z^2}}$
α	$\tan \alpha = \dfrac{y}{x}$ bzw. $\alpha = \arctan \dfrac{y}{x}$; $x \neq 0$

Auch hier ergeben sich – ähnlich wie bei den Zylinderkoordinaten – wieder Eindeutigkeitsprobleme bei der Koordinatentransformation, weil auch hier wieder mit trigonometrischen Funktionen und deren Umkehrfunktionen gerechnet werden muß.

7.2.2 Roboter-Koordinatensysteme

Im letzten Kapitel wurde nur auf Koordinatensysteme zur Beschreibung der Lage eingegangen. Wie bereits erwähnt, reicht dies zur eindeutigen Beschreibung der Bewegung eines Roboters nicht aus. Es muß neben der Lage noch die Orientierung angegeben werden.

Je nach Anwendungsgebiet gibt es drei verschiedene Arten von Koordinatensystemen. Diese werden von Hersteller zu Hersteller unterschiedlich bezeichnet und in der Programmierung bzw. beim Teachen unterschiedlich gehandhabt. Prinzipiell sind sie jedoch vergleichbar.

7.2.2.1 Raumkoordinaten bzw. Weltkoordinaten

Ähnlich wie bei den CNC-Maschinen benutzt man auch beim Roboter häufig ein feststehendes Koordinatensystem, um die Lage und die Orientierung zu beschreiben. Das am häufigsten benutzte System zur Beschreibung der Lage ist das kartesische Koordinatensystem. Die Lage der drei Achsen im Raum ist beliebig und wird auch von Hersteller zu Hersteller unterschiedlich gebraucht. Der Nullpunkt des Koordinatensystems liegt bei Knickarm-Robotern meistens an der Basis der Achse 1 und bei Portalrobotern im Schnittpunkt der 3 Linearachsen. Als Angabe zur Lagebeschreibung dient fast ausnahmslos die Koordinatenbeschreibung des TCP.

Die Angabe der Orientierungen erfolgt bei fast allen Roboterherstellern durch Definition der Drehwinkel um die jeweilige Koordinatenachse.

Somit sind die Lage des TCP und die Orientierung des Greifes im Raum durch die Koordinatenangabe

$P(x, y, z, A, B, C)$

eindeutig beschrieben.

Diese feststehenden Koordinatensysteme haben den Vorteil, daß der Bediener sie meistens schon von anderen Anwendungen her kennt (z.B. CNC-Maschinen) und sich deswegen leichter damit zurecht findet. Die Steuerung muß diese Art von Koordinatenangabe, sollte es sich um einen Gelenkarmroboter handeln, dann allerdings noch in die Gelenkkoordinaten (Drehwinkel der jeweiligen rotatorischen Achse) umrechnen. Dies bedeutet einen erheblichen Programmieraufwand des Herstellers. Deshalb benötigt man für die dabei anfallenden Berechnungen einen leistungsfähigen Computer, damit die Bewegungen des Roboters in einer akzeptablen Zeit berechnet werden können. Weiterhin sind durch diese Art der Koordinatenangabe Mehrdeutigkeiten der Robotergelenkstellungen möglich, die ebenfalls durch die Software aufgefangen werden müssen. Dies geschieht meistens durch voreinzustellende zusätzliche Parameter.

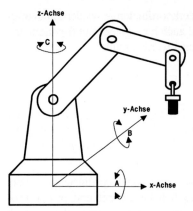

Bild 7-20
Roboter mit Raumkoordinaten (bzw. Weltkoordinaten)

So kann z.B. ein Roboter ein Werkstück in seinem Greifer halten, das die Raumkoordinaten P (x, y, z, A, B, C) – bezogen auf den Tool-Center-Point – hat. Die Stellung der Achsen ist damit aber nicht eindeutig definiert. Der Roboter kann das Werkstück einmal in der Armstellung Achse 2 und Achse 3 (sog. Ellbogenstellung) oben und einmal in der Armstellung Achse 2 und Achse 3 unten anfahren, ohne dabei andere Raumkoordinaten – bezogen auf den Tool-Center-Point – zu besitzen.

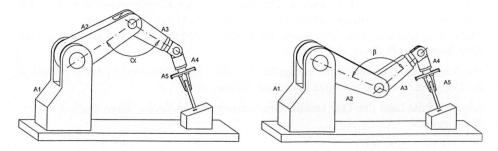

Bild 7-21 Mehrdeutigkeiten bei der Ellenbogenstellung (EUROBTEC)
      links   Ellenbogen oben
      rechts   Ellenbogen unten

Man kann hier beim Auftreten dieses Problems einen zusätzlichen Parameter für die Ellenbogenstellung einführen. Herstellerabhängig ist dies z.B. *Ellbow up* bzw. *Ellbow down*. Dadurch kann die Steuerung bei der Berechnung der Koordinatentransformation aus den sich ergebenden zwei Möglichkeiten der Achsstellung die gewünschte aussuchen.

Eine weitere Mehrdeutigkeit ergibt sich aus folgender Konstellation: Wenn ein Knickarmroboter in der Achse 1 (senkrechte Achse um die *z*-Richtung) mehr als 180° verfahren und zusätzlich „Überkopf" arbeiten kann, dann muß auch hier zur Einschränkung ein weitere Parameter angegeben werden. Der Roboter kann nämlich die Stellung in Raumkoordinaten P (x, y, z, A, B, C) in zwei verschiedenen Anordnungen einnehmen.

7.2 Koordinatensysteme und -transformationen

Auch hier kann man beim Auftreten dieses Problems einen zusätzlichen Parameter einführen. Herstellabhängig ist dies z.B. *Frontside* bzw. *Backside*.

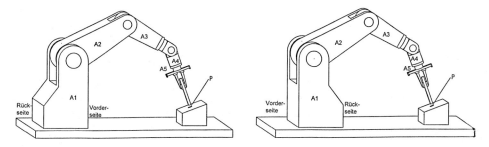

Bild 7-22 Mehrdeutigkeiten bei der Roboterstellung (EUROBTEC)
    links   Vorderseite
    rechts Rückseite

In diesem Zusammenhang sei auf ein weiteres Problem mit der Mehrdeutigkeit hingewiesen. Es tritt bei Robotern auf, deren Nebenachsen rotatorisch sind, wobei die Achse 4 und Achse 6 fluchtend und Achse 5 nicht fluchtend sind.

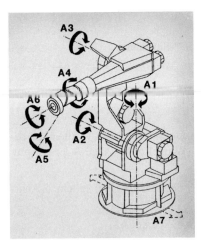

Bild 7-23
Sechsachsiger Knickarmroboter (KUKA)

Muß der Roboter eine Bahn fahren, bei der der Gelenkwinkel α_5 der Achse 5 von einem Wert $\alpha_5 > 0$ zu einem Wert $\alpha_5 < 0$ wechselt – oder umgekehrt –, so muß auf alle Fälle die Stellung $\alpha_5 = 0$ durchlaufen werden. In dieser Stellung können nun Achse 4 und Achse 6 – mathematisch gesehen – unendlich viele Stellungskombinationen einnehmen, ohne die Lage und Orientierung des Endeffektors zu ändern, da sie nun auf einer Fluchtlinie liegen. Man kann man sie gegensinnig um den gleichen Winkelbetrag verdrehen und erzielt damit keine Wirkung auf den Endeffektor. Praktisch ergeben sich nur endlich viele Achskombinationen der Achse 4 und Achse 6, da jede Achse ein kleinstes Verfahrinkrement besitzt und somit die gesamte zu verfahrende Wegstrecke in endlich viele Intervalle aufgeteilt wird; trotzdem ist – durch die sehr kleinen Weginkremente – die Anzahl der Kombinationsmöglichkeiten sehr groß.

Viele Roboterhersteller haben in ihrer Software implementiert, daß diese Situation wegen der dabei auftretenden Probleme mit geringer Bahngeschwindigkeit durchfahren wird.

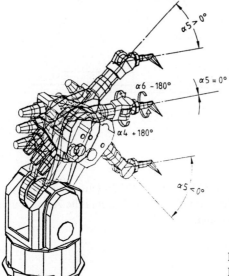

Bild 7-24
Die Alpha-5/0°-Situation

7.2.2.2 Maschinen- bzw. Gelenkkoordinaten

Eine andere Möglichkeit, die Lage des TCP und die Orientierung des Greifers zu beschreiben, ist die Angabe der jeweiligen Gelenkwerte – Winkel oder Länge – der entsprechenden Achse des Roboters.

Somit sind die Lage des TCP und die Orientierung des Greifers bei einem 5-Achs-Roboter durch die Koordinatenangabe

P (Winkel A1, Winkel A2, Winkel A3, Winkel A4, Winkel A5)

eindeutig bestimmt. Bei einem 6-Achs-Roboter werden dann analog sechs Achswinkel benötigt.

7.2 Koordinatensysteme und -transformationen

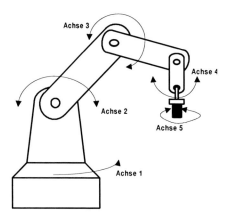

Bild 7-25
Fünfachsiger Knickarmroboter mit Maschinen- bzw. Gelenkkoordinaten

Diese Koordinatenangabe hat den Vorteil, daß die Steuerung keine Transformation mehr durchführen muß, da die Lageregelung ja die Gelenkwerte für jedes der Gelenke als Stellbefehl ausgibt. Weiterhin umgeht diese Art von Koordinatenangabe die Problematik von Mehrdeutigkeiten (vgl. Kapitel 7.2.2.1), da ja durch die Angabe der Gelenkstellungen keine Mehrdeutigkeiten mehr möglich sind.

Aus diesem Grund speichern viele Robotersteuerungen die beim Teachen erzeugten Punkte direkt in Gelenkkoordinaten und ersparen sich somit unnötigen Rechenaufwand.

7.2.2.3 Greiferkoordinaten

Wenn bei einigen Anwendungen Raumgeraden parallel oder rechtwinklig zur Werkzeug- bzw. Greiferorientierung realisiert werden müssen, z.B. ein Werkstück in eine schräg im Raum liegende Bohrung (d.h. die Mittelpunktsachse der Bohrung stimmt nicht mit einer Achse x, y oder z des Maschinenkoordinatensystems überein) einführen, dann ist es fast unmöglich, dieses Problem mit Maschinen- oder Gelenkkoordinaten zu lösen. Es müssen nämlich beim Teachen mehrere Achsen gleichzeitig bewegt werden.

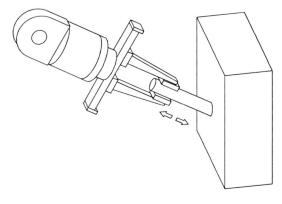

Bild 7-26
Einfügen eines Werkstückes in eine Bohrung (EUROBTEC)

Hier bieten *Greiferkoordinaten* Abhilfe. Man legt ein Koordinatensystem in den Greifer. Meistens benutzt man ein kartesisches Raumkoordinatensystem, bei dem der Koordinatennullpunkt mit dem TCP übereinstimmt und die drei senkrechten Koordinatenachsen so angeordnet sind, daß eine genau in verlängerter Greiferrichtung zeigt. Wie die einzelnen Achsen dann bezeichnet werden, ist herstellerspezifisch.

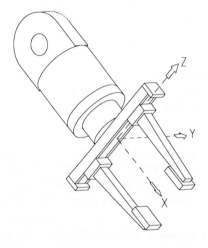

Bild 7-27
Definition des Werkzeugkoordinatensystems (EUROBTEC)

Der Anwender braucht beim Realisieren von schrägen Raumgeraden beim Teachen lediglich den Greifer in eine entsprechend ausgerichtete Grundstellung zur Bohrung bringen, dann auf die Greiferkoordinaten umzuschalten und ist danach in der Lage, den Punkt in der Bohrung problemlos zu teachen. Dies soll durch Bild 7-28 verdeutlicht werden. Hier muß in Greiferkoordinaten in *x*-Richtung bewegt werden, damit die Welle in die Bohrung gefügt werden kann.

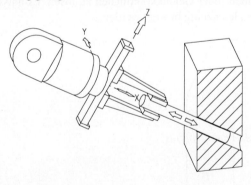

Bild 7-28
Einfügen eines Werkstückes in eine Bohrung (EUROBTEC)

7.2.2.4 Zusammenfassung

Im Gegensatz zu den CNC-Maschinen, die sehr häufig mit maximal 3D-Steuerungen auskommen, treten beim Roboter mehr als drei gleichzeitig zu verfahrende Achsen auf. Dies hat zur Folge, daß die Koordinatenangaben für Roboter schwieriger zu verstehen sind. Prinzipiell soll darauf hingewiesen werden, daß die Anwendung der unterschiedlichen Koordinatensysteme hauptsächlich beim Teachen der Arbeitspunkte wichtig ist. Die Steuerung gibt sowieso immer die Achsgelenkwinkel an die Lageregelung aus.

Jedes der drei beschriebenen Koordinatensysteme hat seine speziellen Anwendungsvorteile, auf die hier kurz eingegangen werden soll.

Wenn man z.B. eine Welle in eine Bohrung fügen muß, wobei die Bohrung schräg im Raum liegt, so ist es fast unmöglich, dieses Problem ohne Greiferkoordinatensystem zu lösen. Man muß nämlich einen Punkt in der Bohrung teachen, auf den man zuerst einmal von außen schräg zufahren muß. Dies kann nur in Greiferkoordinaten geschehen, da bei den beiden anderen Koordinatensystemen ein solches Verfahren beim Teachen nicht möglich ist. Man kann bei Raumkoordinaten immer nur entweder in x- oder in y- oder in z-Richtung verfahren; die Bohrung liegt aber, wie angenommen, nicht genau in einer dieser Richtungen, sondern schräg. Beim Teachen in Gelenkkoordinaten kann immer nur eine Achse verfahren werden. Beim schrägen Einfahren in die Bohrung müssen aber meistens mehr als eine Achse gleichzeitig bewegt werden. Eine – wenn auch sehr umständliche – Abhilfe wäre, den Punkt in der Bohrung zu berechnen und ihn dann im Programm manuell einzugeben.

Das kartesische Koordinatensystem ist von Vorteil, wenn Bewegungen in Richtung der drei Achsen durchgeführt werden müssen. Dies tritt sehr häufig bei „Pick&Place"-Anwendungen auf. Hier wird sehr häufig über das zu greifende Teil gefahren, dann der Greifer geöffnet, und dann muß genau senkrecht nach unten gefahren werden, um Beschädigungen am Werkstück bzw. Werkzeug zu vermeiden. Hier bieten sich natürlich globale Raumkoordinaten an. Beim Teachen verfährt man einfach je nach Robotertyp meist in z-Richtung im globalen System nach unten und kann den Greifpunkt bequem teachen.

Diese Anwendung wäre prinzipiell auch in Greiferkoordinaten zu lösen, aber nur dann, wenn eine der Greiferkoordinatenachsen genau in die zu verfahrende Richtung zeigt. Mit Gelenkkoordinaten ist dieses Problem nicht zu lösen, da für das genau senkrechte Absenken meistens mehr als eine Achse gleichzeitig bewegt werden müssen.

Muß man große Abstände zwischen den zu teachenden Punkten im Arbeitsraum überwinden, so bieten sich dazu Gelenkkoordinaten an. Die Bewegungen der einzelnen Achsen werden von der Steuerung am schnellsten ausgeführt. Prinzipiell sind solche Bewegungen auch mit den beiden anderen Koordinatensystemen möglich.

In der Praxis zeigt sich somit, daß alle drei verschiedenen Koordinatensysteme zur Lösung spezieller Probleme notwendig sind.

7.3 Steuerungsarten

Die unterschiedlichen Fertigungsmöglichkeiten mit Industrierobotern („Pick&Place", Fügen, Schweißen, Beschicken etc.) erfordern Bewegungsabläufe, die durch verschiedene Steuerungsprinzipien erfüllt werden.

Allen numerisch gesteuerten Maschinen ist gemeinsam, daß man, bezogen auf irgendein Koordinatensystem, Punkte und evtl. Orientierungen im Raum definiert. Diese Definition geschieht entweder durch direkte Angabe der exakten Koordinaten (z.B. beim Fräsen oder Drehen) oder durch Teachen, d.h. manuelles Anfahren der Raumpunkte, und Übernehmen der dadurch gewonnenen Koordinaten für das Programm.

Im Programm selbst wird dann vom Bediener durch die Eingabe der entsprechenden Anweisung festgelegt, wie, d.h. auf welchem Weg, zwischen den Punkten (meist ein Anfangs- und ein Endpunkt) zu verfahren ist. Hierzu gibt es einige grundlegende Möglichkeiten, die in fast allen numerischen Maschinen integriert sind. Hier sei nur soviel gesagt, daß bei CNC-Maschinen einige dieser Befehle durch die DIN 66025 eindeutig festgelegt sind und somit auch bei jedem Hersteller gleich sind. Dies gilt nicht für die Hersteller von Industrierobotern. Hier herrscht eine große Vielfalt an Programmiersprachen bzw. unterschiedlicher Syntax, so daß es für IR nicht möglich ist, wie beim Drehen oder Fräsen, einen einheitlichen Befehl anzugeben. Aus diesem Grund wird sich im Folgenden auf prinzipielle Befehle beschränkt.

- Verfahrweg zwischen den Punkten ist nicht beeinflußbar
  Lediglich der Anfangs- und der Zielpunkt sind eindeutig festgelegt, der Weg dahin hängt von dem Softwareprogramm ab, das der Hersteller mitliefert. Der Anwender hat keine Möglichkeit, den Weg durch unterschiedliche Parameter oder einen speziellen Befehl zu beeinflussen. Beispiel:
  – Drehen oder Fräsen: *G 00*
  – Roboter: *PTP*
- Verfahrweg zwischen den Punkten ist eine Gerade
  Zwischen dem Anfangs- und dem Endpunkt wird eine Gerade abgefahren, also die kürzest mögliche Verbindung. Beispiel:
  – Drehen oder Fräsen: *G 01*
  – Roboter: *Linear*
- Verfahrweg zwischen den Punkten ist ein Kreis bzw. Kreissegment
  Zwischen dem Anfangs- und dem Endpunkt wird ein Kreis bzw. ein Kreissegment abgefahren. Beispiel:
  – Drehen oder Fräsen: *G 02/G 03*
  – Roboter: *Circular*

Mit Hilfe einer Skizze (Bild 7-29) seien die unterschiedlichen Bewegungsmuster, die dabei entstehen können, erklärt.

7.3 Steuerungsarten

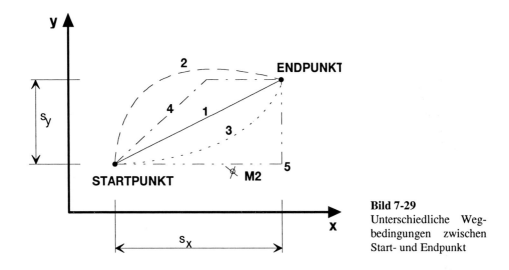

Bild 7-29
Unterschiedliche Wegbedingungen zwischen Start- und Endpunkt

Kurve 1: Bahnsteuerung: Bewegung auf einer Gerade; da $s_x \neq s_y$ und beide Achsen zum gleichen Zeitpunkt im Endpunkt ankommen sollen, müssen v_x und v_y ungleich sein ($v_x < v_y$). Läßt man die Beschleunigungsphase außer Acht, so gilt $v_x = const$ und $v_y = const$.

Kurve 2: Bahnsteuerung: Bewegung auf einem Kreisbogen um den Mittelpunkt $M2$; da beide Achsen zum gleichen Zeitpunkt im Endpunkt ankommen sollen, sind hier v_x und v_y ebenfalls ungleich, wobei hier zusätzlich $v_x \neq const$ und $v_y \neq const$ gilt. Wie man bei v_y sieht, erfolgt sogar eine Richtungsumkehr des Geschwindigkeitsvektors.

Kurve 3: Synchronisierte Punkt-zu-Punkt-Bewegung zweier rotatorischer Achsen; beide Achsen haben unterschiedlichen Weg zurückzulegen, fahren mit unterschiedlichen, aber konstanten Geschwindigkeiten (ohne Betrachtung der Beschleunigungsphase) und kommen zum gleichen Zeitpunkt im Zielpunkt an.

Kurve 4: Asynchrone Punkt-zu-Punkt-Bewegung; anfänglich beide Achsen gleichzeitig mit gleicher Geschwindigkeit (Steigung der Geraden 45°), dann nur noch Bewegung der x-Achse bis zum Erreichen des Zielpunktes; die beiden Achsen kommen nicht zum gleichen Zeitpunkt im Endpunkt an. Als Beispiel wäre hier eine typische Eilgangbewegung einer Fräsmaschine zu nennen.

Kurve 5: Asynchrone Punkt-zu-Punkt-Bewegung: zuerst x-Achse mit Maximalgeschwindigkeit und dann die y-Achse mit Maximalgeschwindigkeit. Auch hier kommen die beiden Achsen nicht zum gleichen Zeitpunkt im Endpunkt an.

Zu diesen drei genannten Steuerungsprinzipen folgen nun einige Erläuterungen.

7.3.1 Punktsteuerung

Beim Punktsteuerungsverhalten wird das Werkzeug bzw. der TCP im Eilgang vom Startpunkt zum Zielpunkt verfahren. Die Weginformation für das Verfahren ist in der Software des Herstellers abgelegt und kann vom Bediener nicht beeinflußt werden. Man unterscheidet prinzipiell zwei Punktsteuerungsverhalten:

- Asynchrones Punktsteuerungsverhalten
  Hierbei werden die zu verfahrenden Achsen gleichzeitig mit maximaler Geschwindigkeit verfahren. Sind die zu verfahrenden Wege der einzelnen Achsen unterschiedlich lang, so sind die Verfahrzeiten der einzelnen Achsen ebenfalls unterschiedlich lang. Dies hat zur Folge, daß die Achsen meist nicht gleichzeitig den Endpunkt erreichen, sondern daß eine Achse schon ihre Bewegung beendet hat während die andere(n) noch verfahren.
- Synchrones Punktsteuerungsverhalten
  Hier erreichen die einzelnen Achsen den Endpunkt gleichzeitig; auch bei unterschiedlich langen Verfahrwegen der einzelnen Achsen. Dies wird durch unterschiedliche Verfahrgeschwindigkeiten der einzelnen Achsen erreicht.

Bei der asynchronen Punktsteuerung ist die vom Roboter ausgeführte Bewegung sehr schwierig im Voraus abzuschätzen. Auf der anderen Seite erfordert die synchrone Steuerung mehr Rechenaufwand, da ja eine Geschwindigkeitsplanung erfolgen muß.

Die reine Punktsteuerung wird in der Fertigungstechnik nur beim Bohren, Punktschweißen, Stanzen etc. eingesetzt. Ansonsten haben alle anderen Verfahren neben der Punktsteuerung noch weitere Steuerungsarten, um verfahren zu können. Es gibt einige Hersteller, die kleinere Roboter nur mit Punktsteuerungsverhalten anbieten. Hierzu ist zu sagen, daß für bestimmte Anforderungen (z.B. genaues Fügen) eine Punktsteuerung nicht ausreicht, da auf exakten Bahnen gefahren werden muß, um eine Beschädigung des Werkstückes bzw. des Werkzeuges zu vermeiden. Hierzu ist eine Bahnsteuerung absolut notwendig. Man sollte sich deshalb bei einer Anschaffung eines Roboters überlegen, ob der Preisvorteil, den ein punktgesteuerter gegenüber einem bahngesteuerten Roboter hat, nicht durch die geringeren Fähigkeiten wieder kompensiert wird.

7.3.2 Streckensteuerung

Eine Steuerungsart, die vielen aus dem Bereich der CNC-Technik bekannt sein dürfte, ist die Streckensteuerung. Hierbei ist das eingesetzte Werkzeug beim Verfahren ständig im Eingriff, allerdings kann immer nur in einer Achse verfahren werden. Diese Art von Steuerung verliert im CNC-Bereich immer mehr an Bedeutung, da die Bahnsteuerungen nicht so viel teurer, aber wesentlich leistungsfähiger sind. Im Robotik-Bereich hat diese Steuerungsart keinerlei Bedeutung, weshalb sie hier auch nicht weiter behandelt wird.

7.3.3 Multipunktsteuerung

Eine Zwischenstufe zwischen einer PTP- und einer Bahnsteuerung nimmt diese Art von Steuerung ein. Dabei ist es möglich, zwischen dem Anfangs- und Endpunkt eines zu fahrenden Bewegungsablaufes eine bestimmte – meist in gewissen Grenzen frei wählbare –

Anzahl von Zwischenpunkten zu legen, die der Roboter dann allerdings in PTP-Fahrt abläuft.

Das grundlegende Prinzip dieser Steuerungsart soll hier gezeigt werden (Mitsubishi-Roboters RV-M1). Man kann hierbei nochmals zwei unterschiedliche Ausführungen unterscheiden.

7.3.3.1 Linearisierung einer Bahn

Es gibt in der Steuerungs-Software einen Befehl, der zwischen einem Anfangs- und Endpunkt eine Gerade berechnet
- und dann eine bestimmte softwaremäßig vorgegebene Anzahl von Zwischenpunkten auf dieser Geraden berechnet und diese Zwischenpunkte in PTP-Fahrt abfährt. Somit entsteht bei genügend kleinem Abstand zwischen dem Anfangs- und dem Endpunkt und bei genügend großer Anzahl der Zwischenpunkte eine näherungsweise Gerade

oder
- die Anzahl der zu berechnenden Zwischenpunkte ist vom Bediener – in gewissen Grenzen – frei programmierbar.

Am Beispiel des MITSUBISHI RV-M1 sieht der Befehl so aus (Voraussetzung: der TCP steht im Anfangspunkt P_{Anfang}):

Befehl: MS P_{ende}, n

(MS = <u>M</u>ove <u>S</u>traight, n ≡ Anzahl der Zwischenpunkte, $n_{max} \equiv 99$)

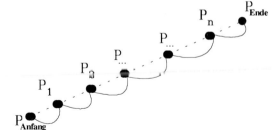

Bild 7-30
Linearisierung einer Bahn durch Zwischenpunkte (die PTP-Fahrt des Roboters ist zur Verdeutlichung des Arbeitsprinzips übermäßig deutlich gezeichnet)

Diese Art der Steuerung ist ein Schritt in Richtung der Bahnsteuerung, wobei allerdings immer noch keine Bahn – in diesem Fall eine Gerade – gefahren wird, sondern, wie man bei genauerem Hinsehen feststellt, eine Kurve aus sehr kleinen PTP-Bahnkurven. In der Praxis reicht diese Genauigkeit für viele Anwendungen aus. Problematisch wird es, wenn sehr genau positioniert werden muß, etwa beim Ablegen von Teilen in Führungen. In solchen Fällen kann es notwendig sein, daß der TCP absolut genau auf einer Geraden bewegt wird, da sonst entweder die Führung oder das Werkstück beschädigt werden könnte. Eine Lösung nach diesem Prinzip wäre nur dann möglich, wenn man eine große Anzahl von Punkten mit jeweils kleinem Abstand teacht und diese Punkte dann mit dem Befehl MS mit einer großen Anzahl von Zwischenpunkten abfährt. Dies ist jedoch sehr mühsam bzw. in gewissen Fällen, in denen es unmöglich ist, so genau zu Teachen, nicht durchführbar. Hier führt kein Weg an der Bahnsteuerung vorbei.

7.3.3.2 Abfahren einer beliebigen Raumkurve

Eine zweite Art der Multipunkt-Steuerung stellt das Abfahren von Zwischenpunkten zwischen dem Anfangs- und dem Endpunkt dar. Hierbei muß gewährleistet sein, daß die Punkte auf der zu fahrenden Kurve in numerisch richtiger Reihenfolge – d.h. zahlenmäßig auf- oder absteigend – vorhanden sind.

Befehl: MC 1, 100
           MC = $\underline{M}$ove $\underline{C}$ontinue

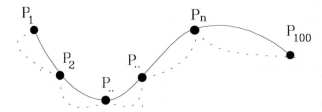

Bild 7-31
Anfahren von Zwischenpunkten mit einem Befehl (Bahnkurven der PTP-Fahrt wie in Bild 7-30 übertrieben dargestellt)

Durch den obigen Befehl werden alle Punkte, die numerisch zwischen dem Punkt P_1 und dem Endpunkt P_{100} liegen, abgefahren (allerdings in PTP-Fahrt), ohne daß alle Punkte im Programm angegeben werden müssen.

Dieser Befehl macht prinzipiell Sinn, da man häufig in der Praxis eine bestimmte Bahn abfahren muß, um etwa ein Hindernis zu umfahren. Er hat allerdings auch den Nachteil, daß die Punkte in einer numerischen Reihenfolge liegen müssen und somit schon beim Teachen der Punkte darauf geachtet werden muß, daß die Reihenfolge stimmt. Dies ist bei neuen Problemen oft schwierig, da man manchmal noch im Nachhinein einige zusätzliche Hilfspunkte teachen muß und diese dann in die numerische Reihenfolge einzubauen hat. Dies ist dann sehr häufig mit zusätzlichem Zeitaufwand durch Löschen alter Positionen etc. verbunden.

Einen ähnlichen Befehl wie bei dem MITSUBISHI RV-M1 existiert auch bei der Firma BOSCH mit ihrer BAPS-Programmiersprache. Hier besteht die Möglichkeit mit dem Befehl
FAHRE ÜBER P1, P2, P3; nach P4
eine bestimmte Anzahl von Punkte abzufahren. Allerdings müssen in diesem Falle Zwischenpunkte tatsächlich angegeben werden, was bei einer größeren Anzahl von Punkten doch sehr mühsam ist.

7.3.4 Bahnsteuerung

Allen numerisch gesteuerten Maschinen, also auch dem Roboter, ist gemeinsam, daß sie für die Bewegung zwischen zwei Punkten im Raum auf einer fest vorgeschriebenen Bahn – sei es dreidimensional oder aber zweidimensional – einen *Interpolator* zur Berechnung dieser Bahn benötigen. Dieser Interpolator berechnet alle auf einer mathematisch definierbaren Kurve liegenden Zwischenpunkte und führt dabei die einzelnen zu verfahrenden Achsen so, daß der Tool-Center-Point auf dieser Bahnkurve entlang läuft.

7.3 Steuerungsarten

Im Gegensatz zur „klassischen" 2½D- oder 3D-Bahnsteuerung auf CNC-Werkzeugmaschinen wird bei der Roboterbewegung auch die Werkzeugorientierung mit eingeschlossen. Die Werkzeugorientierung kann dabei konstant gehalten oder kontinuierlich von einer Anfangs- in eine Endorientierung überführt werden.

Je nach zu fahrender Kurve im Raum verfügen Bahnsteuerungen über verschiedene Interpolationsarten.

7.3.4.1 Linear- oder Geradeninterpolation

Bei der Linearinterpolation bewegt sich der Tool-Center-Point entlang einer Geraden im Raum zwischen einem Anfangs- und einem Endpunkt. Prinzipiell sind damit alle Raumkurven erzeugbar, indem man sie durch *Polygonzüge* annähert. Je dichter die einzelnen Stützpunkte beieinander liegen, desto genauer ist die Annäherung an das vorgegebene Profil. Mit der Anzahl der Punkte erhöht sich allerdings auch die pro Zeiteinheit zu verarbeitende Datenmenge; die Steuerung muß dementsprechend eine hohe Verarbeitungsgeschwindigkeit haben. Ferner verlangt das Programmieren einer solchen Bahnkurve, daß der Bediener die Zwischenpunkte zur Linearisierung entweder selbst ausrechnet und in sein Programm eingibt oder ein weiteres Softwareprogramm zur Verfügung hat, das ihm diese Punkte nach einem vorgegebenen Algorithmus berechnet. Eine andere Möglichkeit wäre, alle Zwischenpunkte zu teachen. Hierbei ist zu beachten, daß beim Teachen die Punkte sehr wahrscheinlich nie exakt „getroffen" werden und somit Ungenauigkeiten in der Bahn entstehen können.

Es bleibt anzumerken, daß die Polygonzugmethode nur in Ausnahmefällen angewandt wird.

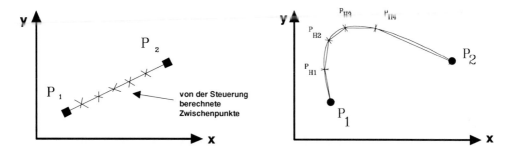

Bild 7-32 Geradeninterpolation (links) und Annäherung einer Kurve durch einen *Polygonzug* mittels *Linearisierung* (d.h. Einfügen von Hilfpunkten P_{H1} bis P_{H4}) (rechts)

Im Folgenden sollen die prinzipiellen mathematischen Überlegungen, die für einen Geradeninterpolator einer Bahnsteuerung notwendig sind, an ebenen, d.h. zweidimensionalen Problemen aufgezeigt werden, da hierfür elementare mathematische Grundkenntnisse ausreichen.

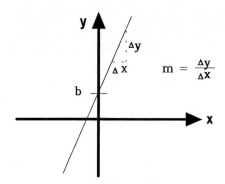

Bild 7-33
Kenngrößen einer Geraden in der Ebene

Eine reelle Funktion der Form

$$y(x) = m\,x + b; \quad m, b \in \mathbb{R}, m \neq 0$$

stellt eine *Gerade* mit dem *Steigungsfaktor m* und dem *Abschnitt b* auf der Ordinatenachse dar. Diese Funktion ist eine *lineare Funktion*. Die Schreibweise wird auch *Normalform* oder *Hauptform der Geradengleichung* genannt.

Beispiel: $y(x) = 2x - 1 \Rightarrow m = 2$ und $b = -1$

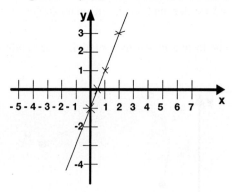

Bild 7-34
Graph der Funktion $y(x) = 2x - 1$

Eine Gerade, die durch den Punkt $P_1(x_1, y_1)$ geht und den Steigungsfaktor m hat, läßt sich mit der *Punkt-Steigungs-Form* beschreiben:

$$y - y_1 = m(x - x_1)$$
$$\Leftrightarrow y = mx - mx_1 + y_1 \tag{1}$$
$$\Leftrightarrow y = mx + b \quad \text{mit } b = y_1 - mx_1$$

Somit kann man bei bekannten Koordinaten x_1 und y_1 und bekanntem Steigungsfaktor m der Geraden immer mit Hilfe obiger Gleichung auf die allgemeine Geradengleichung kommen.

Bezogen auf das obige Beispiel (Bild 7-34) ergibt sich mit $m = 2$ und z.B. $P_1(x_1,y_1) = P_1(2,3)$ aus Gl. (1)

$$b = y_1 - m \cdot x_1 = 3 - 2 \cdot 2 \Leftrightarrow b = -1;$$

damit ergibt sich die *Normalform* der Geradengleichung.

Eine Gerade, die durch die Punkte $P_1(x_1,y_1)$ und $P_2(x_2,y_2)$ geht, läßt sich folgendermaßen beschreiben, sog. *Zweipunkte-Form*:

$$\frac{y - y_1}{x - x_1} = \frac{y_2 - y_1}{x_2 - x_1} \text{ mit } x_1 \neq x_2$$

$$\Leftrightarrow y - y_1 = \frac{y_2 - y_1}{x_2 - x_1}(x - x_1)$$

$$\Leftrightarrow y - y_1 = x\frac{y_2 - y_1}{x_2 - x_1} - x_1\frac{y_2 - y_1}{x_2 - x_1}$$

$$\Leftrightarrow y = x\frac{y_2 - y_1}{x_2 - x_1} + \left(y_1 - x_1\frac{y_2 - y_1}{x_2 - x_1}\right) \tag{2}$$

$$\Leftrightarrow y = mx + b \text{ mit } m = \frac{y_2 - y_1}{x_2 - x_1} \text{ und } b = y_1 - x_1\frac{y_2 - y_1}{x_2 - x_1} \tag{3}$$

Somit läßt sich auch bei bekanntem x_1, y_1 und x_2, y_2 auf die Normalform der Geradengleichung schließen.

Für unser Beispiel ergibt sich mit $P_1(x_1,y_1) = P_1(1,1)$ und $P_2(x_2,y_2) = P_2(-1,-3)$ nach Gl. (3) der Steigungsfaktor m und der y-Achsenabschnitt b zu:

$$m = \frac{y_2 - y_1}{x_2 - x_1} = \frac{-3 - 1}{-1 - (-1)} = 2 \text{ und } b = y_1 - x_1\frac{y_2 - y_1}{x_2 - x_1} = 1 - 1\frac{-3 - 1}{-1 - 1} = -1$$

Mit Hilfe von Gl. (2) kann von einem Linearinterpolator einer Bahnsteuerung bei bekanntem Anfangs- und Endpunkt die Geradengleichung ermittelt werden, um dann Zwischenpunkte auf dieser Geraden auszurechnen.

BEISPIELPROGRAMM ZUR GERADENINTERPOLATION

Es soll ein Programm für einen Geradeninterpolator in der *xy*-Ebene geschrieben werden, wobei die Längeneinheit jeder Achse 1 mm sein soll.

Als Eingabeparameter für dieses Programm sollen die Koordinaten des Startpunktes $P_a(x_a,y_a)$ und die Koordinaten des Endpunktes $P_e(x_e,y_e)$ eingegeben werden.

Weitere Angaben:
- maximale Ausdehnung der *x*-Achse: -100 mm bis 100 mm
- maximale Ausdehnung der *y*-Achse: -100 mm bis 100 mm

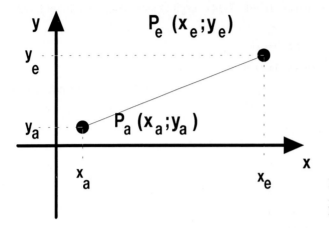

Bild 7-35
Allgemeine Lage zweier Punkte in der Ebene

Zwischen P_a und P_e sollen Stützpunkte berechnet werden, indem man auf der x-Achse des Koordinatensystems in 0,5 mm Schritten eine Aufteilung zur Stützpunktermittlung vornimmt. Dabei soll im Vorfeld die Anzahl der im Intervall entstehenden Stützpunkte berechnet und ausgegeben werden.

Ferner sollen die Koordinaten der berechneten Stützpunkte und die Koordinaten des Anfangs- und Endpunktes in ein zweidimensionales Feld (max. Feldgröße: 1000) geschrieben werden. Desweiteren soll eine Kontrolle erfolgen, ob der Start- bzw. der Endpunkt außerhalb des maximalen Koordinatenbereiches liegt, dann soll eine entsprechende Fehlermeldung ausgegeben werden. Hinzu kommt die Kontrolle, ob durch die Vorgabe des Start- und Zielpunktes eventuell ein Parallele zur y-Achse gegeben ist.

Die Lösung in Form eines FORTRAN-Programmes mit Programmablaufplan finden sie in Anhang D.

7.3.4.2 Kreisinterpolation

Theoretisch lassen sich alle Bahnen durch die Geradeninterpolation annähern. Dies bedeutet allerdings, wie oben bereits erwähnt, einen erhöhten Daten- und Programmieraufwand. Eine in der Fertigungstechnik häufig vorkommende Bahn ist der Kreis bzw. ein Teil eines Kreises. Zur mathematisch eindeutigen Festlegung eines Kreises im Raum benötigt man 3 Punkte des Kreises.

Die programmtechnische Ausführung der Kreisbewegung (d.h. welche Kreisparameter angegeben werden müssen [Radius/Durchmesser, Mittelpunkt/weitere Kreispunkte etc.]) hängt vom benutzten Roboterfabrikat ab – sprich der vorhandenen Interpolationssoftware. Mathematisch gesehen gibt es verschiedene Möglichkeiten, einen Kreis bzw. ein Kreissegment zu beschreiben. Es bleibt dem jeweiligen Hersteller überlassen, für welche Möglichkeit er sich entscheidet. Ferner ist es mathematisch aufwendiger, auch Vollkreise (d.h. Anfangs- gleich Endpunkt) in die Software zu implementieren, so daß einige Steuerungen prinzipiell nur Kreissegmente fahren können. Man muß dann als Anwender den Vollkreis durch mehrere Teilkreise annähern.

7.3 Steuerungsarten

Allgemein bleibt zu sagen, daß sich durch die Möglichkeit, einen Kreis mittels des Kreisinterpolators zu programmieren, die Eingabe im Programm vereinfacht und der Bediener somit keine Zwischenwerte zu berechnen braucht.

7.3.4.3 Verschleifen

Komfortable Roboter-Steuerungen bieten die Möglichkeit des *Verschleifens*. Hierbei sind je nach Anwendungsfall zwei prinzipielle „Verschleif-Arten" möglich.

- Bahnverschleifen
  Beim „normalen" Abfahren einer Folge von Punkten im Raum – sei es nun linear, circular oder PTP – wird jeder Punkt, der angegeben ist, exakt in seinen Koordinaten und Orientierungen angefahren. Dies bedeutet für die Lageregelung, daß die Bahngeschwindigkeit in den Punkten immer Null ist. Man hat allerdings oft Anwendungen, wo diese Zwischenpunkte nur Hilfspunkte sind (z.B. beim Umfahren eines Hindernisses) und man eigentlich nur möglichst schnell die vorgegebene Bahn abfahren möchte, ohne die Zwischenpunkte absolut exakt anzufahren. Man ist also durchaus bereit, zu Gunsten der Schnelligkeit Abstriche an der Genauigkeit zu akzeptieren.
  Die Verschleifanweisung ermöglicht bezüglich der Geschwindigkeit und der Orientierung einen stetigen Übergang von einem programmierten Bahnsegment in das andere. Damit wird die Roboterbewegung harmonischer und verliert den eckigen Bewegungsablauf. Ferner geht hiermit eine 10 - 15 %ige Zeitsparnis einher.
  Das Prinzip des Verschleifens soll hier am Beispiel der Programmiersprache BAPS (BOSCH) mit Hilfe des Befehls FAHRE (PTP-Befehl) verständlich gemacht werden. Voraussetzung: der Roboter steht auf einem in der Skizze nicht dargestellten Anfangspunkt P_a und soll über die Punkte P_1, P_2 zum Punkt P_3 (Endpunkt) fahren.

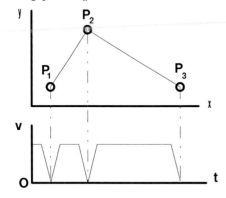

Bild 7-36
v-t-Diagramm einer Roboterbewegung ohne Verschleifen (BAPS-Befehl: FAHRE nach P1, P2, P3)

Anhand des v-t-Diagrammes (Bahngeschwindigkeit des Tool-Center-Points) sieht man sehr deutlich, daß die Roboter-Steuerung *ohne Verschleifen* jeden Punkt exakt anfährt, d.h. die Lageregelung bremst auf TCP-Geschwindigkeit Null herunter und beschleunigt immer wieder aus $v_{Bahn} = 0$ heraus auf den Maximalwert. Hieraus resultiert, wie bereits oben erwähnt, eine sehr „eckige" Bewegung des Roboters.

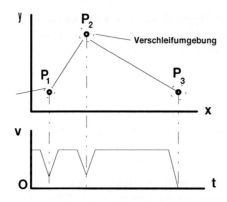

Bild 7-37
v-t-Diagramm einer Roboterbewegung mit Verschleifen (BAPS-Befehl: FAHRE über P1, P2, P3)

Durch das *Verschleifen* der Roboter-Bewegung braucht die Steuerung die Bewegung nicht bis zum Stillstand (Bahngeschwindigkeit des TCP $v = 0$ m/s) herabzubremsen, sondern kann, wenn der Verschleifradius erreicht ist, die Richtung für den nächsten Punkt harmonisch ändern. Je nach Steuerungsart ist der Verschleifradius von der Software vorgegeben oder frei (in technisch sinnvollen Grenzen) programmierbar.

- Geschwindigkeitsverschleifen

Das im vorigen Abschnitt beschriebene Verschleif-Verfahren ist nicht anwendbar, wenn bei einer Schweißkonstruktion eine Schweißnaht hergestellt werden soll, die nicht nur entlang einer Geraden liegt, sondern mehrere Knickpunkte hat. Die Konstruktion soll so ausgelegt sein, daß diese Naht in einem Schweißvorgang gezogen werden soll. Ein Verschleifen wie im vorigen Abschnitt hätte zwei Nachteile. Einmal würden die Zwischenpunkte nicht exakt, je nach Einstellung des Verschleifradius, getroffen werden, zum andern würde sich in der Nähe der Hilfspunkte die Bahngeschwindigkeit des TCP ändern, was einer Änderung der Schweißvorschubgeschwindigkeit entspricht. Somit kann das Bahnverschleifen hierfür nicht angewendet werden. Roboterhersteller, die einen Schwerpunkt in der Herstellung von Schweißrobotern haben, bieten hierfür ein *Geschwindigkeitsverschleifen* an, mit dem diese Problematik gelöst werden kann.

Hilfspunkte, d.h. Zwischenpunkte, können verschleift werden. Im Idealfall wird dann mit unverminderter Bahngeschwindigkeit des TCP im Überschleifpunkt durch den programmierten Punkt gefahren. Dies ist jedoch im allgemeinen Fall nicht möglich, so daß die Geschwindigkeit im Überschleifpunkt in Abhängigkeit vom Verfahrprofil und der programmierten Geschwindigkeit und Beschleunigung einen Wert zwischen Null (exaktes Positionieren, d.h. kein Überschleifen) und v_{soll} (ideales Überschleifen ohne Geschwindigkeitsänderung) annimmt.

Das Problem sei am Beispiel des Roboters der Firma REIS erklärt. Hier wird noch zusätzlich zwischen einem Überschleifen bei PTP-Fahrt und einem bei CP-Fahrt unterschieden.

UEBER_PTP < #EIN oder #AUS>
Hierbei handelt es sich um einen Schalter, der das Überschleifen bei der PTP-Fahrt ein- bzw. ausschaltet. Achsen mit Richtungsumkehr fahren, um Zeit zu sparen, nicht ihren gesamten Weg. Die Wegverkürzungen der Umkehrachsen sowie die Bahnabweichungen sind von der Geschwindigkeit, Beschleunigung und den programmierten

7.3 Steuerungsarten

Positionen abhängig. Die maximalen Weg- und Bahnfehler werden von der Steuerung opitimiert und brauchen vom Anwender daher nicht vorgegeben zu werden. Ist ein Überschleifen mit programmierten Geschwindigkeits- und Beschleunigungswerten nicht möglich, wird der Überschleifpunkt angefahren.

UEBER_CP < Wert in % >

Folgen mehrere Positionen unmittelbar hintereinander, die in der Bewegungsart CP angefahren werden müssen, und soll der TCP in diesen CP-Positionen nicht stehen bleiben, ist UEBER_CP zu programmieren. Als Parameter ist ein Wert zwischen 0% und 100% einzugeben. Ist die Überschleiffunktion nicht aktiv oder wurde als Parameter 0% programmiert, bleibt der TCP in allen programmierten CP-Postionen kurz stehen, bevor er zur nächsten Position weiterfährt. Wurde der Wert 100% eingegeben, durchfährt der TCP die programmierten Postionen, ohne die Geschwindigkeit zu reduzieren.

Voraussetzung: Wie im obigen Beispiel bei dem Bahnverschleifen steht der Roboter auch hier wieder auf einem in der Skizze nicht dargestellten Anfangspunkt P_a und soll über die Punkte P_1, P_2 zum Punkt P_3 (Endpunkt) fahren.

Wie bereits beim Bahnverschleifen erwähnt (s. Bild 7-36), bremst die Steuerung beim Erreichen der Zwischenpunkte P_1 und P_2 die TCP-Geschwindigkeit auf Null herab, da ja genau positioniert werden muß. Dies würde bei einem Schweißvorgang in den Punkte P_1 und P_2 zu Problemen führen, da die Schweißpistole dann ja keine Vorschubbewegung mehr ausführt und die Gefahr von Nahtfehlern sehr groß ist. Es wäre also für eine solche Anwendung wünschenswert, wenn man
- die anzufahrenden Punkte genau positionieren, aber
- mit konstanter Geschwindigkeit, nämlich mit Vorschubgeschwindigkeit, durchfahren könnte.

Genau dies bietet das Geschwindigkeitsverschleifen.

In Bild 7-38 sieht man den idealen Fall des Geschwindigkeitsverschleifens. Die Bahngeschwindigkeit des TCP wird in allen Zwischenpunkten konstant gehalten. Dies ist, wie bereits erwähnt, nicht immer möglich, vor allem, wenn extreme Richtungsänderungen in der zu fahrenden Bahn programmiert sind. Im Gegensatz zum Bahnverschleifen werden hier die Positionen der Zwischenpunkte exakt getroffen, was z.B. beim Schweißen unbedingt der Fall sein muß.

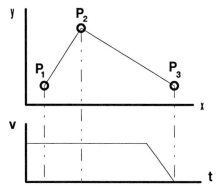

Bild 7-38
TCP-Fahrt mit Geschwindigkeitsverschleifen

7.3.4.4 Pendeln

Eine sehr wichtige Interpolationsart ist das Pendeln. Sie hat ihr hauptsächliches Einsatzgebiet beim Bahnschweißen. Unter gewissen schweißtechnischen Voraussetzungen ist es notwendig, daß man den Schweißbrenner um eine Mittelpunktsbahn „pendeln" läßt. Diese Vorgehensweise kennt man auch beim manuellen Schweißen, wenn überkopf, steigend, fallend etc. geschweißt werden muß.

Spezielle Interpolatoren vereinfachen durch Angabe
- des Pendelhubes,
- der Pendelfrequenz,
- der Pendelform (sinusförmig, rechteckig, dreieckig),
- des Pendelwinkels und
- der Pendelebene

das Durchführen einer solchen Pendelbewegung beim Schweißen.

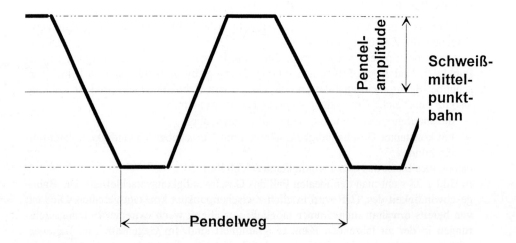

Bild 7-39 Pendelbewegung beim Schweißen

Viele Schweißroboter-Hersteller bieten neben dem normalen Schweißinterpolator eine Erweiterung an, die in der Lage ist, über analoge Ein- und Ausgänge an der Robotersteuerung verschiedene Schweißparameter (z. B. Spannung, Strom, Vorschubgeschwindigkeit, Vorschubrichtung etc.) je nach Erfordernis zu verändern. Dies ist dann notwendig, wenn dünne Bleche geschweißt werden müssen und die Bahn sehr schwierig zu programmieren ist. Hier kann man durch eine sensorgeführte Bewegung ein Pendeln ausführen.

7.3.4.5 Sonstige Interpolationen

Mit Sicherheit gibt es mehr als die hier erwähnten Interpolatoren. Dabei handelt es sich aber um Spezialfälle, die den Rahmen dieses Lehrbuches sprengen würden.

Abschließend bleibt zu sagen, daß für jeden Spezialfall ein Interpolator geschrieben werden kann. Ein Interpolator stellt im informationstechnischen Sinn lediglich ein Unterprogramm dar, das langwierige und komplizierte Berechnungen erspart. Für spezielle Anforderungen eines Betriebes, der eine häufig wiederkehrende Problematik mit dem Industrieroboter abarbeitet, ist es vielleicht interessant, einen Spezialinterpolator bei der Herstellerfirma zu bestellen. Im Normalfall ist dies mit Sicherheit zu teuer. Vielfach können spezielle Unterprogramme schon eine Abhilfe bringen. In diesem Zusammenhang soll darauf hingewiesen werden, daß die Programmiersprache des Roboters einer möglichst „hohen" Programmiersprache angelehnt sein sollte, um eben auch komplexere Problematiken abhandeln zu können. BASIC-orientierte Programme stoßen in solchen Fällen schnell an ihre Grenzen.

Es seien hier noch kurz zwei weitere Interpolatoren erwähnt:

Die *Parabelinterpolation* ist eine selten vorkommende Interpolationsart, die nur in Spezialfällen gebraucht wird. Eine allgemeine Parabel ist durch drei Punkte festgelegt. Sie bietet den Vorteil, daß sie mit weniger Anweisungen auskommt als die Polygonzugmethode.

Eine *Spline-Interpolation* ist das Annähern von komplizierten Raumkurven durch mathematische Funktionen höherer Ordnung (hauptsächlich Polynome), indem man die Gesamtkurve in Teilintervalle unterteilt und für diese Teilintervalle die Polynome bestimmt und an den Grenzstellen der Intervalle Übergangsbedingungen der einzelnen Polynome definiert. Mit dieser Interpolationsart lassen sich komplexe Kurvenformen mit weniger Sätzen darstellen als mit der Annäherung durch Polygonzüge mittels Linearinterpolation.

8 Sensoren

8.1 Allgemeines

Sensoren sind Elemente zur Informationsgewinnung in Produktionsprozessen, wie z.B. in Kraftwerken, in der chemischen Industrie, im Fahrzeugbau, in der Robotertechnik, in Umwelt und Medizin usw. Ohne Sensoren kommen heutzutage die Bereiche Meß-, Steuer-, Regelungs- und Automatisierungstechnik nicht mehr aus. Sie eröffnen vielfältige Möglichkeiten der informationsverarbeitenden Mikroelektronik und erschließen damit neue Anwendungsgebiete (z.B. den Airbag in der Autoindustrie).

Sensoren basieren auf unterschiedlichen Meßprinzipien. Sie werden aus verschiedenen Materialien und mit Hilfe bestimmter Technologien hergestellt. Aufgrund der Mikrosystemtechnik gelingt heute die Miniaturisierung von Sensoren, die es ermöglicht, Kleinstsensoren herzustellen.

8.1.1 Begriffsdefinition

In der DIN/VDE-Richtlinie 2600 Blatt 3 wird der Sensor als englische Übersetzung für Fühler bezeichnet; aber Fühler als Bestandteil von Aufnehmern zu definieren ist zu oberflächlich. Ein Vergleich mit den von Biologen als Rezeptoren bezeichneten Einrichtungen, durch die der Mensch z.B. äußere Reize aufnehmen kann, soll dies belegen.

Würde man z.B. beim Hören das Trommelfell als Fühler von den Gehörnerven trennen, so wird die Funktionsfähigkeit des Ohres gestört. Der Sensor ist ein Schaltungsgebilde, bei dem das eigentliche Sensorelement und ein nicht geringer Teil der erforderlichen Meßwerterfassung monolitisch (in einem Block) integriert sind.

8.1.2 Sensorordnung (nach Grabnitzki)

Hier soll verdeutlicht werden, wie die „Gesamtsensorik" eingeteilt werden kann.

SENSORIK
I)   Sensoren der Robot-und Maschinenautomation
II) Sensoren der Prozeßautomation
III) Sensoren der hochfrequenten Objekterfassung und Nachrichtenübertragung
IV) Humansensoren
V)   Sensorsysteme

8.1 Allgemeines

SENSORZUBEHÖR
VI) Elementarsensoren
VII) Sensor-Auswerteeinheiten
VIII) Sensor-Prüf- und -Kalibriereinrichtungen

Die Hauptsensorgruppen I bis V können ferner in Applikationsgruppen entsprechend ihrer Erfassungs- und Meßaufgaben unterteilt werden.

HAUPTAPPLIKATIONEN
1) Sensoren für Chemie
2) Sensoren für Dynamik
3) Sensoren für Gase und Flüssigkeiten
4) Sensoren für Geometrie
5) Sensoren der HF- Erfassung
6) Sensoren der Infrarot-Erfassung
7) Sensoren der Klimatik
8) Sensoren der Mechanik
9) Sensoren der Nukleartechnik
10) Sensoren der Optik
11) Sensoren der Roentgenerfassung
12) Sensoren der Thermik
13) Sensoren für Humantechnik

Im Vergleich zu den 13 Applikationsgruppen kann alternativ eine andere Einteilung der Hauptgruppen I bis VIII vorgenommen werden. Entsprechend ihrer physikalischen und chemischen Definition gliedern sie sich auf in:
1) Sensoren der Robot- und Maschinenautomation
2) Sensoren der Prozeßautomation
3) Hochfrequenzsensoren
4) Humansensoren
5) Elementarsensoren
6) Sensor-Auswerteinheiten
7) Prüf- und Kalibriereinrichtungen für Sensoren

Für die Robotik sind diejenigen Sensoren von Bedeutung, die unter „1) Sensoren der Robot- und Maschinenautomation" zu finden sind.

Die folgende Aufstellung erhebt keinen Anspruch auf Vollständigkeit, da sich die Sensortechnologie im Fluß befindet und neue Techniken laufend eingegliedert werden.

SENSOREN DER ROBOT- UND MASCHINENAUTOMATION
- Beschleunigungsaufnehmer
- DMS-Sensoren
- Drehmomentsensoren
- Drehschwingungssensoren
- Dynamische Sensoren
- Elektrische Sensoren allgemein
- Gewichtserfassungssensoren, Waagen- und Dosiersensoren
- Halleffektsensoren
- Impulssensoren
- Induktivtastsensoren
- Kapazitivtastsensoren
- Lasersensoren
- Magnetschalter-Sensoren
- Mechanische Schalter
- Mikrobiologische Sensoren (z.B. Enzyme)
- Schallsensoren
- Schutz- und Prüfsensoren
- Sensoren der Optoelektronik und Bildverarbeitungssysteme
- Tachosensor
- Ultraschallsensoren
- Vibrationsaufnehmer
- Widerstandssensoren
- Winkelcodesensor
- Winkelschrittsensor

Weiterhin lassen sich Sensoren entsprechend ihres technischen Grundaufbaus und dem Grad ihrer Erfassungsfähigkeit einteilen in
- messende Sensoren (arbeiten mit 2 bit und mehr) und
- erfassende Sensoren (arbeiten mit 1 bit).

Während messende Sensoren in der Robot-Technik mehr oder weniger eine untergeordnete Rolle spielen, hat das maschinelle Schalten rein quantitativ eine hohe Application von taktilen (berührenden) und berührungslos binär erfassenden Sensoren. Hierbei handelt es sich hauptsächlich um optoelektrische, kapazitive, induktive und Ultraschallsensorik, während für taktiles Schalten mechanische Sensoren immer noch im Vordergrund stehen.

Angesichts des Ursprungs des Sensorbegriffes (Empfindungsvermögen) ist es naheliegend, einen Vergleich zwischen technischem Sensor und menschlichem Sinnesorgan anzustellen.

8.1 Allgemeines

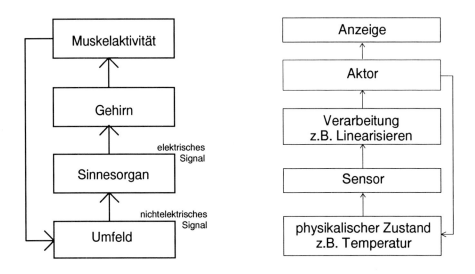

Bild 8-1 Menschliches Sinnesorgan (links) und technischer Sensor (rechts)

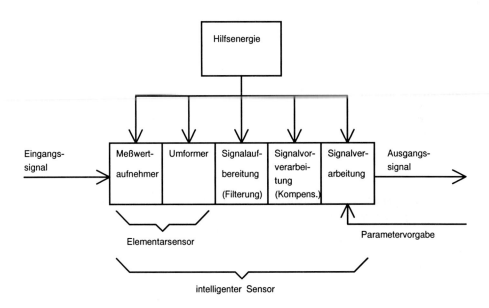

Bild 8-2 Struktur eines Sensors (ifm)

Der Sensor wandelt zu messende physikalische Größen und deren Änderungen in elektrische Größen um, die elektronisch weiterverarbeitet und/oder übertragen werden können.

Der Elementarsensor nimmt z.B. Druck auf, der Umformer (Dehnungsmeßstreifen mit Meßbrücke) wandelt den gemessenen Druck in ein elektrisches Signal um. Ein Sensor kann aber auch nur aus einem Umformer (Wandlerelement) bestehen, wie z.B. bei Piezosensoren.

Der eigentliche Unterschied zwischen dem klassischen Meßwertaufnehmer und dem Sensor liegt in der elektrischen Signalaufarbeitung und -verarbeitung. Die Signalaufarbeitung kann Verstärkung, Filterung, Analog-Digital-Wandlung, Pegelanpassung o.ä. sein. Schließt die Signalverarbeitung an, so daß Korrekturalgorithmen, Diagnoseschritte, Tests, gezielte Abfrage unterschiedlicher Sensoren möglich sind, spricht man von intelligenten Sensoren; dazu ist eine entsprechende Software notwendig.

Folgende Eigenschaften sollten Sensoren aufweisen:
- ausreichende Empfindlichkeit
- gute Stabilität und hohe Zuverlässigkeit
- guter Dynamikbereich
- hohe Genauigkeit und gute Reproduzierbarkeit
- hohe Linearität
- lange Lebensdauer und problemlose Austauschbarkeit
- störsicheres Ausgangssignal
- Unempfindlichkeit gegenüber Stör- und Umwelteinflüssen
- geringer Leistungsbedarf; bei Busfähigkeit buskompatibles Ausgangssignal
- Verpolungssicherheit

Im Folgenden wird die Sensorik auf die berührungslos binär erfassenden Sensoren
- induktive Sensoren,
- kapazitive Sensoren und
- optoelektronische Sensoren

eingeschränkt.

Übersicht Sensoren und Eigenschaften

Umgebung	Sensor		
	induktiv	kapazitiv	optoelektronisch
Temperatur	+	+	O
Feuchtigkeit	+	O	−
Staub	+	O	O
HF-Felder	O	−	+
Entfernung [mm]	0,8 - 75	5 - 60	- 20000
Materialerkennung	Metall	leit- und nichtleitfähiges Material	durch Reflexion oder Unterbrechung des Lichtstrahls

8.1 Allgemeines

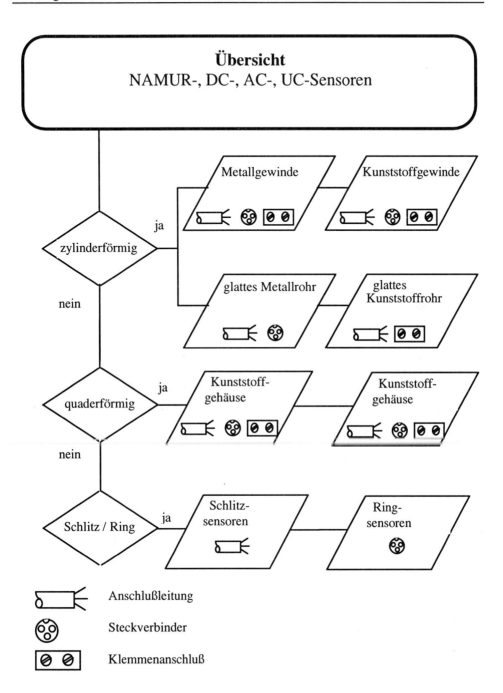

Bild 8-3 Übersicht Sensoren

8.2 Induktive Sensoren

Zur Abgrenzung muß erwähnt werden, daß nur eine bestimmte Art von induktiven Näherungsschaltern vorgestellt wird. Nicht berücksichtigt werden solche Schalter, deren Funktionsprinzipien unter Magnetfeld-Positionssensoren zusammengefaßt werden können, wie z.B. Hallsensoren oder Sensoren nach dem elektro-dynamischen Prinzip, die ebenfalls als induktive Sensoren bezeichnet werden.

8.2.1 Grundlagen

Induktive Näherungsschalter arbeiten berührungslos und rückwirkungsfrei. Durch ihre geschlossene Bauform sind sie resistent gegen Umwelteinflüsse und zeichnen sich durch hohe Zuverlässigkeit aus. Sie arbeiten kontaktlos und ermöglichen daher hohe Schaltfrequenzen (bis 5 kHz) bei hoher Lebensdauer.

8.2.1.1 Funktionsprinzip

Der induktive Näherungsschalter nutzt den physikalischen Effekt der Güteänderung – des Verstimmens – eines Resonanzschwingkreises, der durch Wirbelstromverluste in leitfähigen Gegenständen hervorgerufen wird.

8.2.1.2 Grundsätzlicher Aufbau

Aktives Element ist ein System aus Spule und Ferritkern. Die von Wechselstrom durchflossene Spule erzeugt ein Magnetfeld, das durch einen Schalenkern geführt und so gerichtet ist, daß es nur an einer Seite aus dem Kern austritt. Dies ist die aktive Fläche des Näherungsschalters. Als aktive Schaltzone wird der Raum über der aktiven Fläche bezeichnet, in dem der Näherungsschalter auf die Näherung von bedämpfendem Material reagiert, d. h. schaltet.

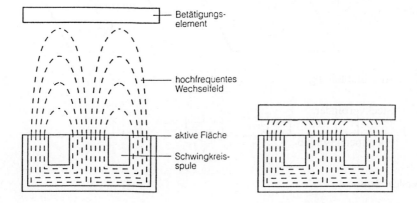

Bild 8-4 Feldlinienverlauf bei unbedämpftem und bedämpftem Oszillator (Turck)

8.2 Induktive Sensoren

Der induktive Sensor besteht aus den Stufen Oszillator, Triggerstufe und Ausgangsverstärker. Der Oszillator erzeugt mit seiner Schwingkreisspule ein elektromagnetisches Wechselfeld, daß aus der aktiven Fläche des Sensors austritt. In jedem sich nähernden elektrisch leitenden Metall (Bedämpfungsstück) werden Wirbelströme induziert, die dem Oszillator Energie entziehen. Dadurch resultiert am Oszillatorausgang eine Pegeländerung, die ein Kippen des Schmitt-Triggers bewirkt, wodurch die Ausgangsstufe schaltet.

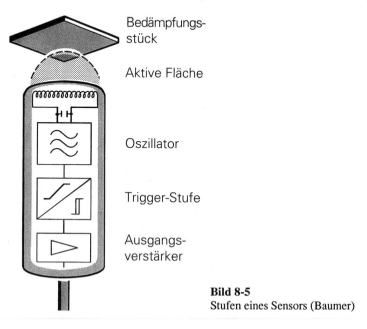

Bild 8-5
Stufen eines Sensors (Baumer)

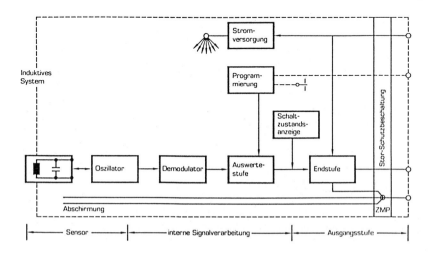

Bild 8-6 Blockschaltbild induktiver Sensor (ifm)

Die Veränderung des Magnetfeldes durch die Bedämpfungsfahne wirkt auf die Spule dergestalt zurück, daß sich deren elektrische Impedanz ändert. Diese Impedanzänderung wird durch die im Sensor befindliche Auswertelektronik in ein Schaltsignal umgesetzt. Die Bedämpfungsfahne kann als Kurzschlußring aufgefaßt werden, so daß für den bedämpften Sensor folgendes Transformatorersatzschaltbild angegeben werden kann.

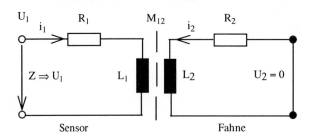

Bild 8-7
Transformatorersatzschaltbild des bedämpften Sensors

Über die Gegeninduktivität M_{12} wird der Primärkreis durch den Sekundärkreis beeinflußt, was sich in einer Impedanzänderung von Z äußert. Die Gleichungen des idealen Transformators zugrundelegend folgt:

Primärseite: $u_1 = i_1(R_1 + j\omega L_1) + j\omega M_{12} i_2$

Sekundärseite: $u_2 = i_2(R_2 + j\omega L_2) + j\omega M_{12} i_1 = 0 \quad \Rightarrow \quad i_2$

$$i_2 = \frac{-j\omega M_{12} i_1}{R_2 + j\omega L_2}$$

$$u_1 = i_1(R_1 + j\omega L_1) + j\omega M_{12} \frac{-j\omega M_{12} i_1}{R_2 + j\omega L_2}$$

$$u_1 = i_1(R_1 + j\omega L_1) + j\omega M_{12} \frac{-j\omega M_{12} i_1}{R_2 + j\omega L_2}$$

$$= i_1(R_1 + j\omega L_1) + \frac{\omega^2 M_{12}^2}{R_2 + j\omega L_2} i_1$$

$$= i_1(R_1 + j\omega L_1) + \frac{(R_2 + j\omega L_2)(\omega^2 M_{12}^2)}{R_2^2 + (j\omega L_2)^2} i_1$$

$$= i_1(R_1 + j\omega L_1) + \frac{R_2 \omega^2 M_{12}^2 i_1}{R_2 + (\omega L_2)^2} - \frac{j\omega L_2(\omega^2 M_{12}^2)}{R_2 + (\omega L_2)^2}$$

$$\frac{u_1}{i_1} = Z = R_1 + \frac{R_2 \omega^2 M_{12}^2}{R_2 + (\omega L_2)^2} + j\omega \left(L_1 - \frac{L_2 \omega^2 M_{12}^2}{R_2 + (\omega L_2)^2} \right)$$

Die Auswertelogik des Sensors reagiert im allgemeinen auf die Änderung des Realteils von Z, der sich gegenüber dem unbedämpften Sensor um den Anteil

$$\frac{R_2 \omega^2 M_{12}^2}{R_2 + (\omega L_2)^2}$$ erhöht hat.

8.2 Induktive Sensoren

Je nach Aufbau der Sensorauswerteeinheit reagiert diese auf die Induktivitätsänderung oder auf die Güteänderung des Schwingkreises. Letzteres soll anhand der in Bild 8-8 dargestellten Schaltung gezeigt werden.

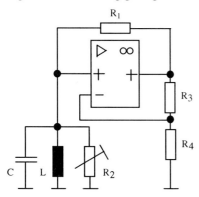

Bild 8-8
Oszillatorschaltung eines induktiven Sensors (ifm)

Bei geeigneter Dimensionierung schwingt der Oszillator mit einer Frequenz zwischen 100 kHz und 1 MHz; Schwingungsbedingung:

$$\frac{R_1}{R_2} \leq \frac{R_3}{R_4}$$

Die Bedämpfungsfahne bewirkt eine Änderung des Widerstands R_2. Dadurch verringert sich die Energie, die der Operationsverstärker dem Schwingkreis zur Verfügung stellt, die Oszillation bricht zusammen.

Durch den Zusammenbruch der Oszillation entstehen für die Auswertelektronik zwei physikalische Zustände:
- Gegenstand außerhalb der kritischen Entfernung $\Rightarrow$ der Oszillator schwingt mit hoher Amplitude
- Gegenstand innerhalb der kritischen Entfernung $\Rightarrow$ der Oszillator schwingt nicht

Die Größe der Impedanzänderung des Sensors ist abhängig von
- den Abmessungen und der Lage des Gegenstandes vor dem Sensor,
- den Abmessungen des Gegenstandes und seiner Ebenheit sowie
- der Leitfähigkeit (Fähigkeit eines Stoffes den elektrischen Strom zu leiten) und der Permeabilität (Maß für die Fähigkeit eines Stoffes, magnetische Feldlinien zu leiten) des Gegenstandes.

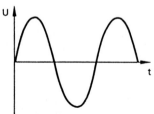
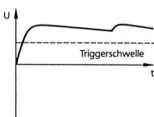

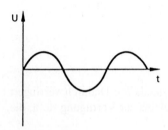
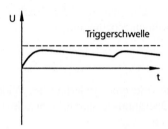

Bild 8-9 Einbruch der Schwingungsamplitude durch Bedämpfung (ifm)

8.2.2 Technische Begriffe, Definitionen (DIN EN 50010, 50032, VDE 0660)

SCHALTABSTAND s

s ist der Abstand, bei dem eine sich der aktiven Fläche des Näherungsschalters nähernde Meßplatte einen Signalwechsel bewirkt.

NENNSCHALTABSTAND s_n

s_n ist eine Gerätekenngröße, bei der Exemplarstreuungen oder äußere Einflüsse wie Temperatur und Betriebsspannung nicht berücksichtigt werden.

REALSCHALTABSTAND s_r

s_r ist der Abstand, der bei Nenntemperatur 20 °C und Nennspannung bei einer Normmeßplatte gemessen wird. Hierbei werden Bauteile- und Fertigungstoleranzen berücksichtigt. Er darf maximal ±10 % von s_n abweichen ($0{,}9\,s_n < s_r < 1{,}1\,s_n$). Hiermit werden die typischen Exemplarstreuungen erfaßt.

8.2 Induktive Sensoren

NUTZSCHALTABSTAND s_u

s_u ist der nutzbare Schaltabstand, der bei Änderungen von Spannung und der Temperatur über den gesamten im Datenblatt garantierten Spannungs- und Temperaturbereich maximal um ±10 % vom Realschaltabstand streuen darf.

$$s_u = (0{,}81 \ldots 1{,}21) \cdot s_n$$

ARBEITSSCHALTABSTAND s_a

s_a ist der Abstand, bei dem der Näherungsschalter innerhalb der spezifizierten Bedingungen sicher arbeitet. Die obere Grenze, das 1,21fache des Nennschaltabstandes, ist auch von Bedeutung, um z.B. Störungen durch entfernte Gegenstände zu vermeiden.

REPRODUZIERBARKEIT

Hierunter versteht man die Wiederholgenauigkeit des Schaltpunktes eines Sensors bei zwei aufeinanderfolgenden Messungen unter festgelegten Bedingungen (EN Norm 50010). Dabei wird festgestellt, wie der Schaltpunkt streut, wenn der Sensor mehrfach vom gleichen Objekt in der gleichen Weise angefahren wird. Die in der Norm festgeschriebenen möglichen Toleranzen stehen damit nur indirekt in Zusammenhang. Die angegebene Schwankungsbreite vom 0,81- bis zum 1,21fachen des Nennschaltabstandes sollte nicht damit verwechselt werden. Denn unter idealen Laborbedingungen können sehr hohe Wiederholgenauigkeiten bis hin zum μm-Bereich erzielt werden. So ist bei Temperaturänderungen im angegebenen Bereich mit einer Veränderung des Schaltpunktes um die in der Norm festgelegten 10 % zu rechnen. Erst wenn der Sensor durch ein anderes Exemplar des gleichen Typs ersetzt wird, ist die Exemplarstreuung zu beachten. In der Praxis wird die Wiederholgenauigkeit jedoch durch andere Einflüsse, wie z.B. mechanische Verformungen, Vibrationen und dergleichen, mehr beschränkt.

SCHALTPUNKTDRIFT

Schaltpunktdrift wird die Verlagerung des Schaltpunktes infolge Veränderung der Umgebungstemperatur genannt.

SCHALTHYSTERESE

Darunter versteht man die Wegdifferenz zwischen Ein- und Ausschaltpunkt eines Näherungsschalters bei axialer Annäherung bzw. Entfernung der Meßplatte. Sie wird in Prozent vom Realschaltabstand angegeben. Durch sie ergibt sich ein Bereich von mehreren Millimeter Hub, um den sich das zu detektierende Objekt bewegen muß, damit der Näherungsschalter sicher ein- und ausschaltet. Die Hysteresekurve, auch Anfahrkurve genannt, läßt Rückschlüsse auf die Wiederholgenauigkeit zu. So ist in solchen Bereichen, in denen die Einschaltkurve weiter von der Ausschaltkurve entfernt ist, d.h. im Grenzbereich, in dem das Objekt gerade noch erkannt wird, die Genauigkeit geringer. Ebenso spielt die Bauform eine erhebliche Rolle, denn je geringer die Reichweite des Sensors ist (kleinere Bauformen), desto größer ist die erzielbare Wiederholgenauigkeit.

Folgendes Beispiel soll dies verdeutlichen:

Es möge ein Sensorexemplar eines bestimmten Typs mit einem Nennschaltabstand von 10 mm vorliegen. Durch Messung wurde festgestellt, daß der Realschaltabstand s_r 9 mm beträgt. Durch äußere Einflüsse, wie z.B. Temperaturänderungen oder Schwankungen der Betriebsspannung im zulässigen Bereich, darf der Schaltpunkt des Sensors im Bereich von 8 - 10 mm schwanken. Wenn dieser Sensor wegen eines Defekts gegen einen anderen desselben Typs ausgetauscht wird, dessen s_r jedoch 11 mm beträgt, dann kann der Schaltpunkt zwischen 10 mm und 12 mm driften. Befindet sich jedoch das zu detektierende Objekt in Normabmessungen in einem Abstand von 5 mm, dann sind sowohl durch äußere als auch durch Exemplarsteuungen keine Probleme zu erwarten.

Eine Faustregel sagt:

Der Abstand eines zu detektierenden Objektes mit ausreichender Fahnenausdehnung sollte etwa die Hälfte des Nennschaltabstandes betragen.

Die Hysterese H ist die Differenz zwischen Einschalt- und Ausschaltpunkt bei Annäherung und nachheriger Entfernung der Meßplatte vom Sensor. Bei zylindrischen Bauformen und Gleichspannung gilt:

$$0{,}01 \cdot s_r \leq H \leq 0{,}15 \cdot s_r$$

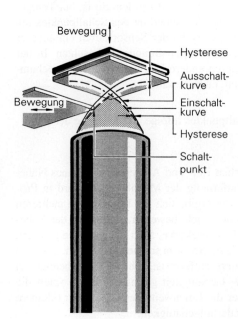

Bild 8-10
Schalthysterese (Baumer)

8.2 Induktive Sensoren

Um vergleichbare Meßergebnisse bezüglich des Schaltabstandes zu erreichen, ist für induktive Näherungsschalter ein Normmeßverfahren vorgeschrieben. Bei kapazitiven Sensoren kann die Empfindlichkeit eingestellt werden, daher ist eine Norm in diesem Fall nicht sinnvoll.

Diese Norm (EN 50010) definiert eine Normmeßplatte mit quadratischer Abmessung und einer Dicke von 1 mm. Für die Kantenlänge der Meßplatte gilt, daß sie mindestens dem Durchmesser der aktiven Fläche des Sensors entspricht oder dem Dreifachen des Nennschaltabstandes des Sensors, falls dieser Wert größer ist. Als Material für die Meßplatte ist Stahl (St 37) vorgeschrieben.

Mit dieser Messung erhält man aber nur den Schaltabstand eines typischen Einzelexemplares unter festgelegten Umgebungsbedingungen. Die Norm schreibt daher dem Hersteller feste Grenzwerte vor, die alle induktiven Sensoren unter Änderung der Umgebungsbedingungen und bei Exemplarstreuungen einhalten müssen. Dies sind die oben angeführten verschiedenen Schaltabstände.

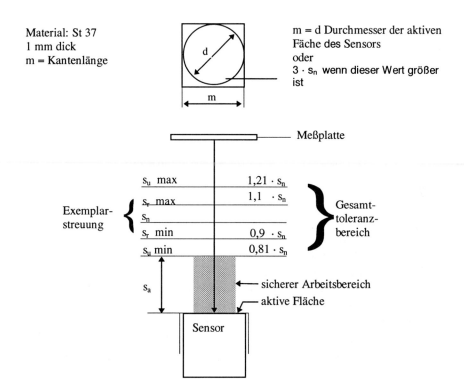

Bild 8-11 Messung des Schaltabstandes nach Norm EN 50010

KORREKTURFAKTOREN

Wird anstelle der in der Norm EN 50010 angegebenen Meßplatte mit Normabmessungen eine kleinere oder nicht quadratische Platte eingesetzt, so muß der Schaltabstand mit einem Faktor korrigiert werden.

- Korrekturfaktor Kantenlänge
  Für quadratische Meßplatten, die nicht den Normabmessungen entsprechen, ist dieser Faktor in Bild 8-12 aufgetragen. Daraus ist zu erkennen, daß der Schaltabstand für wesentlich kleinere Platten geringer wird und für größere Platten praktisch konstant bleibt.

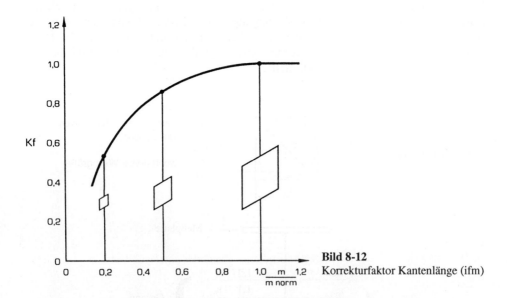

Bild 8-12
Korrekturfaktor Kantenlänge (ifm)

- Korrekturfaktor Material
  Wird für die Meßplatte statt des Normwerkstoffs St 37 ein anderer Werkstoff verwendet, so muß auch der Schaltabstand korrigiert werden. Bei induktiven Sensoren ist dieser Korrekturfaktor direkt abhängig von der elektrischen Leitfähigkeit χ des Materials, da diese die Höhe der Wirbelstromverluste bestimmt.
  Bei sehr gut elektrisch leitfähigem Material wie Kupfer oder Aluminium ergibt sich ein Korrekturfaktor, der einen geringeren Schaltabstand zur Folge hat. Dagegen bewirken die elektrische Leitfähigkeit von Graphit und der Ferromagnetismus im Eisen, daß die Verluste im Schwingkreis höher sind, folglich auch die zu erzielenden Schaltabstände dementsprechend größer sind. Überraschend ist, daß das Material um so schlechter erkannt bzw. erfaßt wird, je besser seine elektrische Leitfähigkeit ist.

8.2 Induktive Sensoren

Die in Bild 8-13 wiedergegebene durchgezogene Kurve stellt die theoretisch zu erwartenden Werte für verschiedene dia-* und paramagnetische** Werkstoffe dar. Bei einer Leitfähigkeit von ca. 10^5 1/Ωm hat der Korrekturfaktor ein Maximum. Bei noch geringerer Leitfähigkeit ergeben sich wieder geringere Schaltabstände. Somit können Stoffe wie Wasser mit einer Leitfähigkeit von ca. 10^0 1/Ωm bis 10^{-2} 1/Ωm oder andere schwach leitfähige Stoffe nicht detektiert werden.

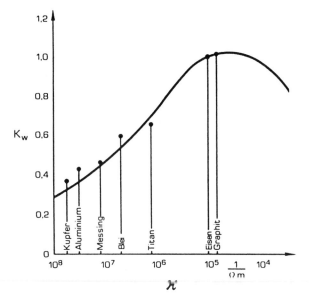

Bild 8-13
Abhängigkeit des Schaltabstandes vom Bedämpfungsmaterial (ifm)

- Korrekturfaktor für Materialdicke
In der EN 50010 ist die Dicke der Normbedämpfungsplatte für induktive Sensoren mit 1 mm festgelegt. Werden jedoch Bedämpfungsmaterialien, wie z.B. dünne Metallfolien, verwendet, so ergeben sich zum Teil größere Schaltabstände, als nach Berücksichtigung der Werkstoffkorrekturen zu erwarten wäre. Dies hängt zusammen mit der jeweils unterschiedlichen Eindringtiefe des Sensormagnetfeldes in das Material (Skin-Effekt).

---

* diamagnetische Stoffe haben eine Permeabilitätszahl kleiner 1
** paramagnetische Stoffe haben eine Permeabilitätszahl kleiner oder gleich 1

Werkstoff	Eindringtiefe δ [mm]
Eisen (Dynamoblech)	ca. 0,02
Silber	0,2
Kupfer	0,2
Aluminium	0,3
Zink	0,4
Messing	0,4
Blei	0,5

Tabelle 8-1
Eindringtiefe δ des induktiven Sensormagnetfeldes bei einer Oszillatorfrequenz von 100 kHz.

8.2.3 Schaltzeiten des Sensors

Die Schaltzeit des Sensors ist die Zeit zwischen dem Eintreten des zu detektierenden Objektes in den Bereich des Streufeldes und dem Schalten des Ausgangssignals. Bei Sensoren werden Schaltzeiten im allgemeinen in der Größenordnung von wenigen Millisekunden angegeben. Damit sind sie wesentlich kürzer als die von mechanisch betätigten Kontakten.

Diese Schaltzeiten sind von folgenden Faktoren abhängig:
- von der im Oszillatorschwingkreis gespeicherten Energie und damit von der Größe der Induktivität und der Kapazität und von der Schwingkreisgüte bzw. von der Oszillatorfrequenz sowie
- von der Höhe der Wirbelstromverluste im Schwingkreis, die vom Material und den geometrischen Gegebenheiten abhängen. Damit ergeben sich für Sensoren in der Regel Werte für die Bedämpfungszeit zwischen 0,2 ms und 1 ms und für die Entdämpfungszeit 1 ms bis 15 ms.

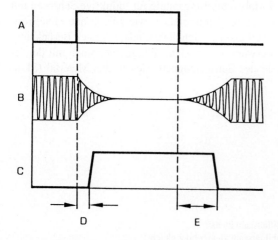

Bild 8-14
Schematische Form des Ausgangs eines Sensors (ifm)
A idealisierter Bedämpfungszustand
B Oszillatorspannung
C Schaltzustand der Ausgangsstufe
D Einschaltverzögerungszeit = Bedämpfungszeit
E Ausschaltverzögerungszeit = Entdämpfungszeit

8.2 Induktive Sensoren

Wie Bild 8-15 zeigt, bricht die Schwingung des Oszillators nach der Bedämpfung des Sensors völlig zusammen, was für das Verhalten der früheren Generationen der induktiven Näherungsschalter galt.

Bei der neueren Generation wird dafür gesorgt, daß die Schwingung nicht völlig zusammenbricht. Dadurch wird erreicht, daß die Entdämpfungszeit nicht mehr deutlich größer als die Bedämpfungszeit ist; meist stehen beide Zeiten im Verhältnis 1:1. Denn Be- und Entdämpfungszeit stehen im Zusammenhang zur Schaltfrequenz und zur „Vorbeifahrgeschwindigkeit".

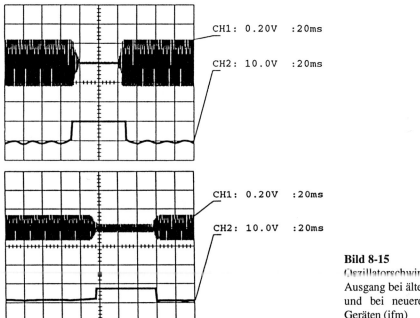

Bild 8-15
Oszillatorschwingung und Ausgang bei älteren (oben) und bei neueren (unten) Geräten (ifm)

In vielen Applikationen ist die Kenntnis der Geschwindigkeit, mit der ein Objekt an einem Sensor vorbeigefahren werden kann um sicher erkannt zu werden, wichtig. Die *Schaltfrequenz* gibt hierüber Auskunft, denn sie gibt die maximale Anzahl der Wechsel vom bedämpften zum nicht bedämpften Zustand je Sekunde [Hz] an. Die *Meßmethode* zur Ermittlung der Schaltfrequenz ist in DIN 50010 festgelegt. Bild 8-16 zeigt diese Methode; die Schaltfrequenz wird in den Datenblättern für Sensoren angegeben.

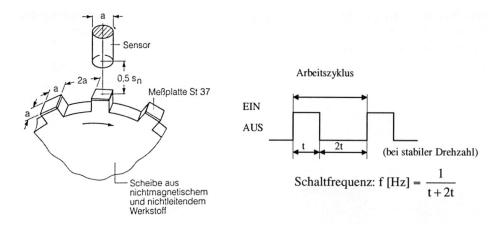

Bild 8-16 Ermittlung der Schaltfrequenz (Turck)

8.2.4 Bauformen

Das Standardprogramm vieler Sensorhersteller umfaßt die in der Industrie gängigen quaderförmigen und zylindrischen Bauformen. Neben dieser Grundpalette bieten Firmen eine Vielzahl weiterer Bauformen an, die nach internationalen Normen der CENELEC standardisiert sind, sowie eine Vielzahl von anwendungsorientierten und firmenspezifischen Sonderbauformen. Zu den anwendungsorientierten Bauformen zählen u.a. Schlitz- und Ringsensoren. Wegen des besonderen Sensorfeldverlaufes werden Schlitzsensoren bevorzugt dort eingesetzt, wo eine hohe Wiederholgenauigkeit gefordert wird. Ringsensoren sind in der Lage, kleine Gegenstände wie Kugeln, Nägel, Muttern usw. gut zu erkennen.

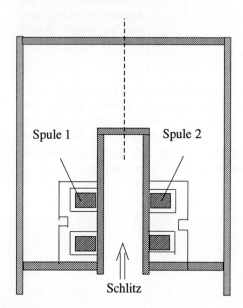

Bild 8-17 Schematischer Aufbau eines Schlitzsensors

8.2.5 Elektrische Daten

Näherungsschalter und Sensoren werden in 2-Leiter-, 3-Leiter- und (für besondere Fälle) in 4-Leiter-Technik angeboten (s. Kapitel 8.2.7). Bei der 3- und 4-Leiter-Technik wird die Betriebsspannung zwischen $+U_B$ und 0 V angelegt, das Schaltsignal wird über eine „Extraleitung" zur Last geführt. Bei 2-Leiter-Schaltern ist die Betriebsspannung diejenige, die bei Reihenschaltung von Sensor und Last gemeinsam zur Verfügung steht. Dabei liegt an den Anschlüssen der Last in diesem Falle eine etwas geringere Spannung an, weil je nach Innenwiderstand des Sensors ein Teil der Spannung bereits dort abfällt. Im nicht durchgeschalteten Zustand fließt ein Reststrom über die Last, den die elektronische Schaltung des Sensors für ihren eigenen Betrieb benötigt. Je nachdem, wie empfindlich die Last ist, z.B. ein SPS-Eingang, kann das zu Problemen führen (bei etwas älteren Sensoren kann der Reststrom einige mA betragen).

Bei neueren Geräten, speziell den quadronom-Geräten (ifm electronic), ist es gelungen, den Reststrom auf typischerweise 0,4 - 0,6 mA zu reduzieren. Ebenfalls konnte der Spannungsabfall im durchgeschalteten Zustand reduziert werden. Durch diese Maßnahmen zeigt sich heute ein Trend zur Ablösung der 3-Leiter-Technik durch die 2-Leiter-Technik. Denn durch diese werden beträchtliche Einsparungen bei der Verkabelung ermöglicht. Man muß sich aber vor Augen halten, daß die 2-Leiter-Technik nicht ohne weiteres mit mechanischen Schaltern gleichzusetzen ist.

Die in industriellen Anlagen gängige Betriebsspannung beträgt 24 V, 110 V oder 230 V Wechselspannung (AC). Es gibt aber auch Anlagen, die mit Gleichspannung (DC) betrieben werden. Auch Nennbetriebsspannungen von 12 V, 48 V oder 60 V sind nicht ungewöhnlich.

Da die Nennbetriebsspannungen in Produktionsanlagen mehr oder weniger schwanken, wird für Sensoren ein möglichst großer Betriebsspannungsbereich angestrebt, innerhalb dessen Grenzen der Sensor einwandfrei funktioniert. Viele Hersteller bieten Sensoren für 10 - 50 V DC oder 20 - 230 V AC an. In der Regel sind Spannungsschwankungen und Restströme beliebiger Form bei einer DC-Versorgung zulässig, sofern die maximale oder die minimale Spannung des angegebenen Betriebsspannungsbereichs nicht über- bzw. unterschritten wird.

Der Oberschwingungsgehalt (Störungen im Bereich 50 Hz aufwärts) sollte bei Wechselspannungsgeräten etwa 10 % nicht übersteigen. Periodische höherfrequente Wechselspannungsanteile werden bei Gleichspannung Restwelligkeit genannt, bei Wechselspannung Oberschwingungsgehalt.

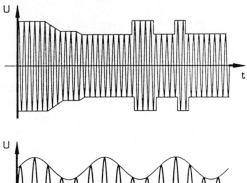

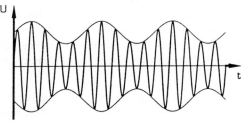

Bild 8-18
Spannungsschwankungen (ifm)

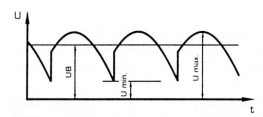

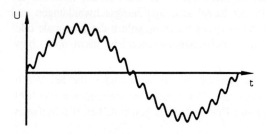

Bild 8-19
Gleichspannung mit Restwelligkeit (oben); Wechselspannung, Oberschwingungsgehalt 10 % (unten) (ifm)

Die Leistungsaufnahme, die heutige Sensoren für die Aufrechterhaltung ihrer Sensorfunktion benötigen, ist äußerst gering. Bei 3-Leiter-Sensoren beträgt sie etwa 0,1 - 0,5 W; 2-Leiter-Sensoren gibt es mit Leistungsaufnahmen bis unter 0,003 W. Innerhalb seiner Nenndaten können an einen Näherungsschalter beliebige Widerstandslasten angeschlossen werden. Bei den heute üblichen technischen Daten ist der Einsatz an speicherprogrammierbaren Steuerungen ohne Einschränkung möglich. Auch induktive Lasten bis zu einem Leistungsfaktor cos φ von 0,3 – z.B. Magnetventile – sind problemlos, solange die Grenzströme nicht überschritten werden. Im allgemeinen stellen der geringe Rest- oder

Leckstrom, der im nichtgeschalteten Zustand über die Last fließt, sowie der Spannungsabfall über dem geschlossenen Schalter für die einwandfreie Funktion keine Beeinträchtigung dar. Bei Wechselstromrelais oder -hilfsschützen muß der hohe Einschaltstrom berücksichtigt werden; daher sind einige Schaltertypen, besonders Wechselspannungsschalter, so ausgelegt, daß sie kurzzeitig den sechsfachen Nennstrom führen können.

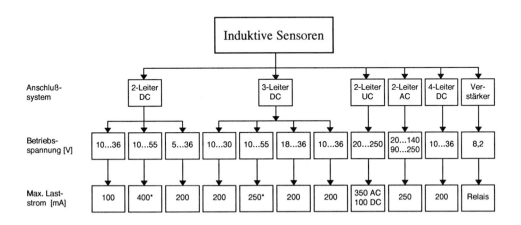

Bild 8-20 Übersicht über Strom- und Spannungsbereiche von Näherungsschaltern (ifm)
    *   Geräte mit Kurzschlußschutz
    UC   Abkürzung für *universal current* – Allstromgeräte

8.2.6 Elektrische Schutzmaßnahmen

8.2.6.1 Überlastungs- und Kurzschlußschutz

Geschützte Sensoren können weder durch Überlastung noch durch einen Kurzschluß zerstört werden. Der Kurzschlußschutz bei Näherungsschaltern wird prinzipiell durch zwei Arten von Schutzeinrichtungen realisiert: Während der „einrastende" Kurzschlußschutz ausschließlich bei 2-Draht-AC-Schaltern Verwendung findet, verfügen alle kurzschlußfesten 3-und 4-Draht-Näherungsschalter über den „getakteten" Kurzschlußschutz.

Beide Schutzarten arbeiten nach dem gleichen Prinzip:
Im Lastkreis des Näherungsschalters liegt ein Meßwiderstand, an dem der Spannungsabfall überwacht wird. Übersteigt der Laststrom einen festgelegten Grenzwert, so sperrt eine Auswertstufe den Sensor.

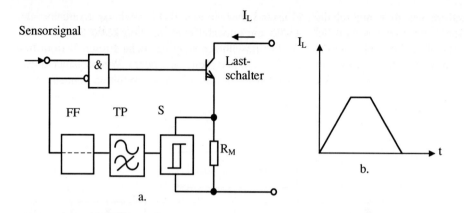

Bild 8-21 Einrastender Kurzschlußschutz
    a. Funktionsbild
    b. Impulsdiagramm

Beim einrastenden Kurzschlußschutz erzeugt der Laststrom I_L bei geschlossenem Lastschalter am niederohmigen Meßwiderstand R_M einen Spannungsfall. Dieser wird vom Schwellwertschalter S ausgewertet. Bei Überschreitung des eingestellten Schwellwertes schaltet dessen Ausgang über einen Tiefpaß TP ein Flipflop FF, das den Lastschalter mittels des UND-Gliedes dauerhaft sperrt. Ein erhöhter Laststrom kann somit nur für die Dauer der Tiefpaß-Filterzeit fließen. Ein Aufheben des Kurzschlußschutzes erfolgt erst durch das Rücksetzen des Flipflops, und zwar durch Abschalten der Betriebsspannung.

Nach DIN 57160 sind Schalter, die nach diesem Prinzip arbeiten, nur als bedingt kurzschlußfest zu bezeichnen, da zur Wiederherstellung der Betriebsbereitschaft eine Schalthandlung erforderlich ist.

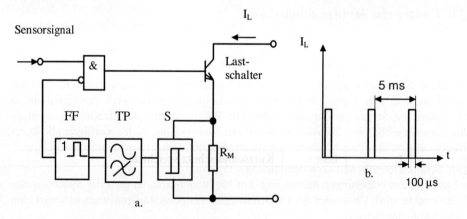

Bild 8-22 Getakteter Kurzschlußschutz
    a. Funktionsbild
    b. Impulsdiagramm

8.2 Induktive Sensoren

Beim getakteten Kurzschlußschutz wird der Laststrom I_L mit Hilfe von R_M gemessen. Bei Überschreitung des vorgegebenen Schwellwertes wird über das Tiefpaßfilter eine monostabile Kippstufe getriggert, deren Ausgang für die eingestellte Zeitkonstante (z.B. 5 ms) den Lastschalter sperrt und damit den Laststrom unterbricht. Nach Ablauf der Zeitkonstanten schaltet der Lastschalter durch das UND-Glied erneut selbständig ein. Dieser Vorgang wiederholt sich so lange, bis der Kurzschluß beseitigt ist. Das Tiefpaßfilter zwischen Schwellwertschalter und Monoflop stellt sicher, daß kurzzeitig erhöhte Lastströme geschaltet werden können, z.B. beim Schalten kapazitiver Lasten.

Näherungsschalter, die nach diesem Prinzip arbeiten, entsprechen voll den Anforderungen der DIN 57160 für kurzschlußfeste elektrische Betriebsmittel.

Ungeschützte Sensoren, Sensoren ohne Kurzschlußschutz, können durch kurzzeitige Spannungsspitzen auf der Versorgungsseite zerstört werden.

Auf drei Nachteile des Kurzschlußschutzes soll eingegangen werden.
- Bedingt durch den Meßwiderstand erhöht sich der Spannungsabfall im durchgeschalteten Zustand gegenüber einem vergleichbaren Sensor ohne Kurzschlußschutz.
- Der Kurzschlußschutz kann auch dann ungewollt ansprechen, wenn kurzzeitig ein höherer Einschaltstrom fließt (Schütze) oder auch bei eingekoppelten Störstromspitzen.
- Treten z.B. sporadisch Überspannungen in der Versorgung der Sensoren auf, so daß der Kurzschlußschutz anspricht, dann ergeben sich Störungen im Ablauf von Anlagen, die hinterher nicht zu reproduzieren sind. Ein Sensor mit Kurzschlußschutz kann also auch die Fehlersuche erschweren. So gibt es Anwender, die Sensoren ohne Kurzschlußschutz bevorzugen, weil diese in solch einem Fehlerfall zerstört werden und somit die Fehlerursache besser bestimmt werden kann.

8.2.6.2 Verpolungssicherheit

Ist ein Sensor verpolungssicher, dann können seine Anschlußleitungen ohne Beachtung der Polung mit der vorgesehenen Spannungsquelle verbunden werden, ohne daß der Sensor Schaden nimmt. Doch kann man nicht erwarten, daß er in allen diesen Fällen funktioniert.

Tabelle 8-2 Verpolungssicherheit (ifm)

Anschluß des Kabels			Reaktion des Sensors
braun	*schwarz*	*blau*	
L+	Last	L	Normale Funktion
L+	L	Last	Kurzschlußschutz spricht an
Last	L+	L	Schalter sperrt, keine Funktion
Last	L	L+	Schalter sperrt, keine Funktion
L	Last	L+	Schalter sperrt, keine Funktion
L	L+	Last	Schalter sperrt, keine Funktion

Verpolungssichere Schalter müssen bei 3-Leiter-Systemen kurzschlußfest sein, da sonst eine Vertauschung des Ausgangs und der 0 V-Leitung zur Zerstörung des Sensors führen würde.

8.2.6.3 Überlastfestigkeit

Bedingt durch Bauelement-Toleranzen besteht zwischen dem Strom, der für einen bestimmten Sensortyp maximal nach Datenblatt zugelassen ist, und dem Strom, bei dem der Kurzschlußschutz einsetzt, eine mehr oder weniger große Differenz, die Überlastbereich genannt wird. Im normalen Einsatz sollte der Sensor nicht in diesem Bereich eingesetzt werden, weil der Hersteller die im Datenblatt angegebenen Grenzdaten nur bis zum Nennstrom garantiert. Zudem ist der Überlastbereich von der Umgebungstemperatur abhängig.

Ein Sensor ist überlastfest, wenn er auch in diesem Strombereich für beliebig lange Zeit über den gesamten Temperaturbereich betrieben werden darf. Damit kann der Sensor an jedem beliebigen Widerstand zwischen 0 Ω und ∞ Ω betrieben werden.

Sofern als Kurzschlußschutz die „Guckschaltung" (Bild 8-22) zur Anwendung kommt, besteht allerdings die Einschränkung, daß der Überlastschutz bei hohen induktiven Lasten ohne externe Freilaufdiode in der Regel nicht sichergestellt werden kann. Die Kurzschlußschutzschaltung ist dergestalt ausgelegt, daß kurze Störstromspitzen, wie sie in Industrienetzen häufig vorkommen, nicht zum Ansprechen des Kurzschlußschutzes führen.

8.2.7 Reihen- und Parallelschaltung

Wenn mit speicherprogrammierbaren Steuerungen gearbeitet wird, sollte in der Regel vermieden werden, logische Verknüpfungen durch Reihen- oder Parallelschaltung von Sensoren extern zu realisieren; dies erschwert die Fehlersuche im Störfall erheblich. Dennoch wird von diesen Möglichkeiten Gebrauch gemacht, denn der Verkabelungsaufwand in großen Anlagen kann reduziert werden, wenn man Sensoren bereits vor Ort logisch verknüpft. Auch bei nachträglicher Anlagenänderung kann es der Fall sein, daß mehrere Sensoren zusammengeschaltet werden müssen.

8.2.7.1 Parallelschaltung von 3-Leiter-Sensoren

Je nach Sensortyp lassen sich 20 - 30 Sensoren problemlos parallel schalten. Zu beachten ist, daß sich die geringen Restströme im nichtgeschalteten Zustand addieren.

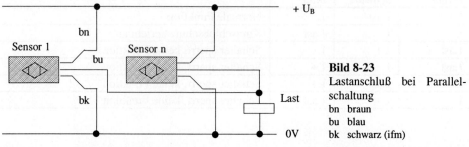

Bild 8-23
Lastanschluß bei Parallelschaltung
bn braun
bu blau
bk schwarz (ifm)

8.2.7.2 Reihenschaltung von 3-Leiter-Sensoren

In dieser Schaltungsanordnung addieren sich die Spannungsabfälle von je 1 - 2,5 V. Daher muß darauf geachtet werden, daß die Last mit der verbleibenden Spannung noch einwandfrei arbeitet. Ferner muß der erste Sensor zusätzlich zum Laststrom die Stromaufnahme aller nachgeschalteten Sensoren schalten können. Deshalb können maximal 5 - 10 Sensoren in Reihe geschaltet werden.

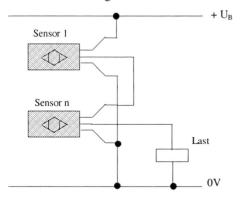

Bild 8-24
Lastanschluß bei Reihenschaltung

8.2.7.3 Parallelschaltung von 2-Leiter-Sensoren

Hier ist zu beachten, daß sich die Restströme addieren. Ihre Summe muß deutlich unterhalb des Haltestromes der Last liegen; dies ist wichtig beim Anschluß an eine SPS. Ferner ist zu beachten, daß beim Durchschalten eines Sensors den anderen parallel liegenden die Betriebsspannung entzogen wird, so daß diese nicht mehr ihren tatsächlichen Bedämpfungszustand anzeigen können. Berücksichtigt man diese Punkte, können je nach Sensortyp maximal 5 - 10 Sensoren parallel geschaltet werden.

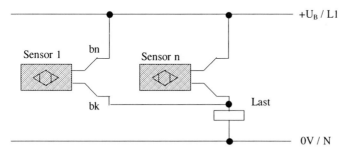

Bild 8-25
Lastanschluß bei Parallelschaltung

8.2.7.4 Reihenschaltung von 2-Leiter-Sensoren

Diese Schaltvariante ist nicht zu empfehlen, da sich die Spannungsabfälle der Sensoren addieren, so daß der Last weniger Spannung zur Verfügung steht. Je nach Sensortyp können maximal 2 - 3 Sensoren derart geschaltet werden.

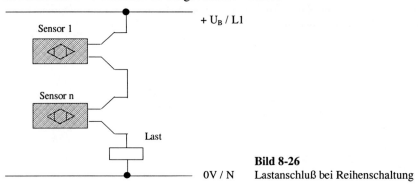

Bild 8-26 Lastanschluß bei Reihenschaltung

8.2.8 Merkmale des induktiven Sensors

Der induktive Sensor detektiert alle elektrisch gut leitende Materialien. Seine Funktion ist weder auf magnetisierbare Werkstoffe noch auf Metalle beschränkt, er erkennt z.B. auch Graphit. Da er ein hochfrequentes elektromagnetisches Wechselfeld erzeugt, erkennt er Gegenstände unabhängig davon, ob sie sich bewegen oder nicht. Der induktive Sensor erkennt flächenhafte Gegenstände am besten, denn nur dort können sich Wirbelströme ausreichender Größe bilden. Einzelne, im Verhältnis zur Sensoroberfläche kleine Gegenstände, wie z.B. Späne und Grate, beeinflussen die Funktion erst dann, wenn sie in großer Zahl auftreten. Die Abstandsmessung ist keine Punktmessung, sondern integriert über ein bestimmtes Flächenstück.

Der induktive Sensor kann mit wenigen Mikrowatt elektrischer Energie betrieben werden. Das hat den Vorteil, daß sein Hochfrequenzfeld keine Funkstörungen verursacht und im zu detektierenden Gegenstand keine Wärme erzeugt. Da der Sensor auch keine magnetische Wirkung ausübt, ist er praktisch vollkommen rückwirkungsfrei.

8.2.9 Kriterien für den praktischen Einsatz

8.2.9.1 Erreichbare Schaltabstände

Wie bereits erwähnt, hängt der Schaltabstand induktiver Sensoren von der Größe, der Dicke und dem Werkstoff des zu erfassenden Gegenstandes ab. Außerdem unterliegt der Schaltabstand gewissen Streuungen (Exemplar- und Temperaturstreuungen). Bild 8-29 zeigt die Verhältnisse, die sich beim Einsatz eines Normschalters und axialer Annäherung der Norm-Meßplatte ergeben.

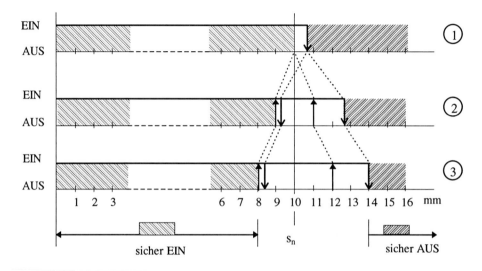

Bild 8-27 Zulässige Steuerbereiche bei einem Sensor (ifm)

Wird ein ausgewählter Sensor mit einem Nennschaltabstand von 10 mm bei Nennbedingungen betrieben, kann man die in Bild 8-27 unter ① gezeichneten Ein- und Ausschaltverhältnisse beobachten. Wiederholt man die Messungen nach einiger Zeit, ergibt sich unter Umständen ein geringfügig anderes Ergebnis. Diese Abweichung wird, wie bereits erwähnt, Reproduzierbarkeit genannt und beträgt 1 - 2 % vom Nennschaltabstand. Wird ein beliebiger Sensor desselben Typs eingesetzt, dann muß die Exemplarstreuung, die 10 % des Nennschaltabstandes betragen darf, berücksichtigt werden. Ebenso muß der zulässigen Hysteresestreuung Rechnung getragen werden. Dies wird in ② berücksichtigt. Soll nun der Sensor im gesamten Betriebsspannungs- und Umgebungstemperaturbereich betrieben werden, dann sind die Grenzwerte aus ③ zu berücksichtigen. Dies bedeutet, daß sich die Meßplatte zwischen 0 mm und 8,1 mm befinden muß, damit der Sensor sicher einschaltet, und einen Mindestabstand von 13,9 mm aufzuweisen hat, damit er sicher ausschaltet. Die mechanische Hubbewegung muß demnach bei axialer Annäherung in diesem Beispiel mindestens 5,8 mm betragen. Die aufgezeigten Verhältnisse gelten für Sensoren, die die entsprechenden Normen erfüllen, unter Verwendung von Normmeßplatten.

Wird die Normmeßplatte nicht axial, sondern radial, also dem Sensor von der Seite angenähert, dann hängt der genaue Ein- und Ausschaltpunkt von der Form des Streufeldes des Sensors ab. Die Hersteller geben dafür Einschaltkurven an, die üblicherweise folgendes Aussehen haben.

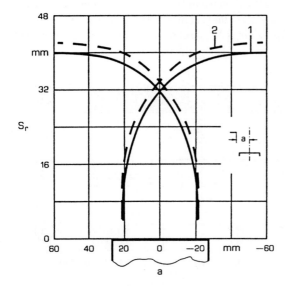

Bild 8-28
Anfahrkurven für induktive Sensoren, seitliche Anfahrrichtung (ifm)
1 Einschaltkurve
2 Ausschaltkurve
a Hinweis auf seitliches Anfahren

8.2.9.2 Montagehinweise

Da induktive Sensoren auf Metalle bzw. Metallflächen reagieren, ist ihr Einbau in metallische Körper, z.B. in ein Maschinenbett, nicht unkritisch. Deswegen gibt es Sensoren für bündigen und solche für nichtbündigen Einbau in Metalle. Bei Sensoren, die für bündigen Einbau geeignet sind, ist das Sensorstreufeld soweit abgeschirmt, daß es keine nennenswerte Komponente mehr neben der aktiven Fläche gibt. Bündig einbaubare Sensoren haben bei gleichen Abmessungen kleinere Schaltabstände als nichtbündig einbaubare. Die Schaltabstandsreduktion beträgt je nach Typ 25 - 50 %.

8.2 Induktive Sensoren

bündiger Einbau (b)

Die aktive Schaltfläche der Näherungsschalter kann bündig abschließend in Metall eingebaut werden.

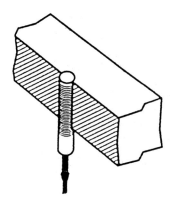

Bild 8-29 Bündiger Einbau (ifm)

nicht bündiger Einbau (nb)

d = Durchmesser Näherungsschalter
s = Nennschaltabstand

Die aktive Schaltfläche der Näherungsschalter muß mindestens den eingezeichneten Freiraum haben.

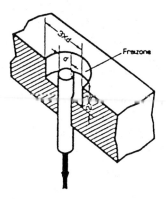

Bild 8-30 Nicht bündiger Einbau (ifm)

8.2.10 Gegenseitige Beeinflussung von induktiven Sensoren

Sollen an einer Anlage mehrere Sensoren gleichen Typs nahe beieinander betrieben werden, so sind ebenfalls bestimmte Mindestabstände zwischen den Sensoren einzuhalten.

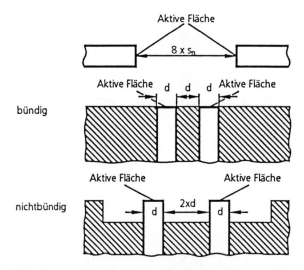

Bild 8-31 Mindestschaltabstände bei sich gegenseitig beeinflussenden Sensoren (ifm)

Sind die in Bild 8-31 angegebenen Mindestabstände nicht einzuhalten, dann können spezielle Sensoren mit unterschiedlichen Schwingfrequenzen eingesetzt werden. Solche Sensoren müssen dann entsprechend markiert werden, damit der Anwender die Möglichkeit hat, auch wirklich Geräte mit unterschiedlichen Frequenzen dicht nebeneinander zu montieren.

8.2.11 Schnittstellen induktiver Sensoren

Grundsätzlich gibt es induktive Sensoren für Gleichspannung und für Wechselspannung. Dabei unterscheidet man Sensoren für 2-Draht-, 3-Draht- und 4-Draht-Technik. Sie können Öffner-, Schließer- oder antivalente Funktionen haben. Die Schnittstelle des Sensors wird durch seine Endstufe realisiert. Die Schnittstelle ist die Nahtstelle zwischen Sensor und Kundenapplikation.

8.2 Induktive Sensoren

Aufgaben der Schnittstelle:
- Energieversorgung des Sensors
- Auswertung des Sensorssignals
- Pegelanpassung (z.B. TTL-Pegel an 24 V) und Verstärkung
- Störunterdrückung (Filterung)
- Schutz gegen falsches Anschließen (Verpolungsschutz)
- Verhinderung von Fehlsignalen (z.B. Einschaltimpuls beim Einschalten der Versorgungsspannung)
- Treiben unterschiedlicher Lasten an unterschiedlichen Leitungen

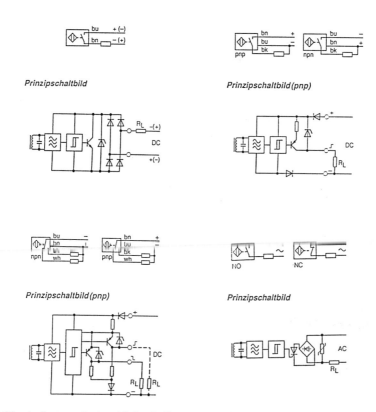

Bild 8-32 Aufbau und Anschlußtechniken von DC- und AC-Sensoren in 2-, 3- und 4-Leitertechnik (Prinzip) (Turck)
oben links   2-Draht-DC
oben rechts   3-Draht-DC
unten links   4-Draht-DC
unten rechts 2-Draht-AC

8.2.12 NAMUR-Sensoren (DIN 19234)

NAMUR-Sensoren sind 2-Draht-Gleichspannungs-Sensoren, die aufgrund ihrer geringen Anzahl elektronischer Bauteile eine hohe Betriebssicherheit garantieren. So besitzen diese Sensoren einen Oszillator, jedoch keine Endstufe. Als Ausgangssignal dient die Veränderung der Stromaufnahme infolge der Veränderung der Bedämpfung bzw. die Änderung des Innenwiderstandes, so daß sich eine stetige Weg-Stromkennlinie angeben läßt (Bild 8-35). Durch den niederohmigen Abschluß sind NAMUR-Sensoren unempfindlich gegenüber induktiven und kapazitiven Einstreuungen auf den Zuleitungen. Zusammen mit entsprechend geprüften Geräten, die Spannungsversorgung und die Auswertung der Stromaufnahme und deren Umwandlung in ein Schaltsignal vornehmen, ist der Einsatz in explosionsgefährdeter Umgebung realisierbar.

Um ein sicheres Zusammenarbeiten von Sensor und Schaltverstärker zu gewährleisten, ist durch die **N**ormengemeinschaft für **M**eß- **u**nd **R**egeltechnik der chemischen Industrie die Schnittstelle der NAMUR-Sensoren genau definiert.

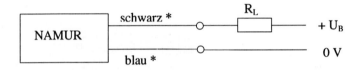

NAMUR Betriebsdaten nach DIN 19234:

$+ U_B = 8{,}2$ V $\quad R_L = 1$ kΩ

$T = 20\,°C \quad s_n$ bei 1,8 mA

$I_{\text{betätigt}} \leq 1{,}2$ mA $\quad I_{\text{nicht betätigt}} \geq 2{,}1$ mA

Bild 8-33 Namur-Sensor mit Last und Betriebsdaten
* Die Farbkennzeichnung der Zuleitungen ist je nach Herstellerfirma verschieden

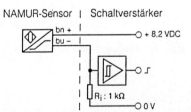

Bild 8-34
Namur-Sensor mit externem Schaltverstärker (Turck)

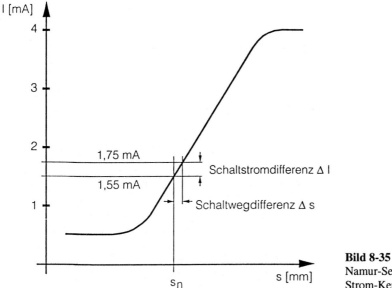

Bild 8-35
Namur-Sensor – Weg-Strom-Kennlinie (Turck)

8.3 Kapazitive Sensoren

Kapazitive Sensoren arbeiten, ebenso wie induktive Sensoren, berührungslos, kontaktlos und rückwirkungsfrei. Bei ihnen wird die Kapazitätsänderung ausgewertet, die durch das Eindringen eines Gegenstandes in das elektrische Feld eines Kondensators hervorgerufen wird. Diese sehr geringe Kapazitätsänderung (Größenordnung ca. 0,1 pF) wird elektrisch ausgewertet und in ein digitales Signal umgewandelt.

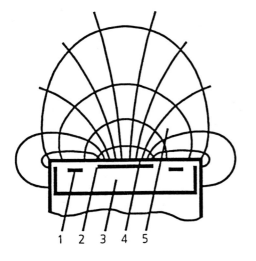

Bild 8-36
Elektrisches Streufeld eines kapazitiven Sensors (ifm)
1 Kompensationselektrode
2 aktive Elektrode
3 Masse-Elektrode
4 Gehäuse
5 Streufeld

8.3.1 Sensoraufbau

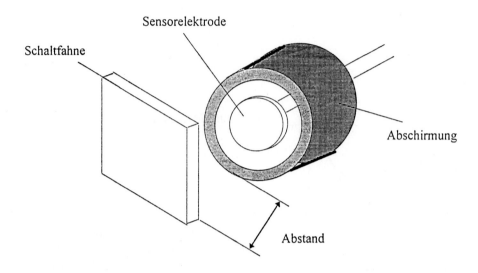

Bild 8-37 Sensorelement mit Schaltfahne

Aktives Element des Sensors sind eine scheibenförmige Sensorelektrode und eine becherförmige Abschirmung. Diese beiden Elektroden bilden einen Kondensator mit einer Grundkapazität C_0. Durch Annäherung einer Schaltfahne an die aktive Fläche ändert sich die Grundkapazität C_0 um ΔC.

Nimmt man vereinfachend einen Plattenkondensator an, gilt unter Vernachlässigung der Randeffekte für dessen Kapazität

$$C = \varepsilon_0 \varepsilon_r \frac{A}{d}$$

mit A der Fläche und d dem Abstand der Platten. ε_0 ist die Feldkonstante (FK) des elektrischen Feldes in Vakuum oder Luft mit $\varepsilon_0 = 8{,}854 \cdot 10^{-12}$ As/Vm, und ε_r ist die Permittivitätszahl (Dielektrizitätszahl). ε_r ist eine dimensionslose Zahl und gibt an, um wieviel das elektrische Feld durch einen Isolierstoff gegenüber Luft bzw. Vakuum verstärkt wird. Diese Permittivitätszahl bestimmt den Sensoreffekt. Er ist um so ausgeprägter, je kleiner die FK der Sensorelektrode ist.

Das den kapazitiven Sensoren zugrunde liegende Wirkungsprinzip nutzt eine der Abhängigkeiten der Kapazität aus. Tabelle 8-3 zeigt mögliche Konfigurationen.

8.3 Kapazitive Sensoren

Tabelle 8-3
Varianten kapazitiver Sensoren (Hanser Verlag)

Betrachtet man das elektrische Feld eines Plattenkondensators, so erkennt man, daß der Bereich höchster Feldstärke zwischen beiden Platten verläuft. Hier ist der Bereich, in dem die größte Kapazitätsänderung durch Einbringen eines Gegenstandes erreicht werden kann. Sollte dieser Bereich bei einem Sensor zur Erkennung eines Gegenstandes ausgenutzt werden, so müßten zwei sich gegenüberstehende Geräte konstruiert werden. Um dies zu vermeiden, werden die Platten des Kondensators abgewandelt und so ausgeführt, daß das elektrische Feld praktisch nur nach vorn aus dem Sensorkopf austritt. Es erfaßt damit die dem Sensor gegenüberliegende Fläche des Objekts.

Die aktive Fläche eines kapazitiven Sensors wird von zwei metallischen Elektroden gebildet, die man sich als aufgeklappte Platten eines Plattenkondensators vorzustellen hat.

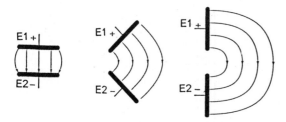

Bild 8-38 Bildung der aktiven Fläche des kapazitiven Sensors (Turck)

Jeder Gegenstand, der in das Streufeld eindringt, vergrößert die Kapazität C geringfügig. Die Größe der Kapazitätsänderung hängt dabei von folgenden Faktoren ab:
- Abstand und Lage des Gegenstandes vor dem Sensor,
- Größe des Gegenstandes und seiner äußeren Form und
- seiner Permittivitätszahl ε_r.

Da kapazitive Sensoren sowohl elektrisch leitende als auch nichtleitende Stoffe detektieren, ergeben sich Kapazitätsänderungen die prinzipiell auf zwei unterschiedlichen Gegebenheiten beruhen.

Leitfähige Stoffe, wie z.B. Metall, die in das Streufeld der aktiven Sensorfläche eintreten, bilden eine Gegenelektrode, die mit den Elektrodenflächen E1 und E2 zwei Kapazitäten C_{E1} und C_{E2} bilden, die als Reihenschaltung aufzufassen sind. Die Gesamtkapazität, gebildet aus C_{E1} und C_{E2} ist stets größer als die Kapazität des unbedämpften Sensors (siehe auch Kap. 8.3.3).

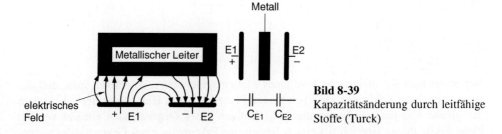

Bild 8-39 Kapazitätsänderung durch leitfähige Stoffe (Turck)

8.3 Kapazitive Sensoren

Dringt in das Streufeld der aktiven Fläche des Sensors ein nichtleitender Stoff – ein Isolator – so erhöht sich die Kapazität des Kondensators in Abhängigkeit der Permittivitätszahl ε_r. Dabei ergibt sich jedoch eine andere Gesamtkapazitätsanordnung als in Bild 8-39 und damit eine geringere Kapazitätsänderung.

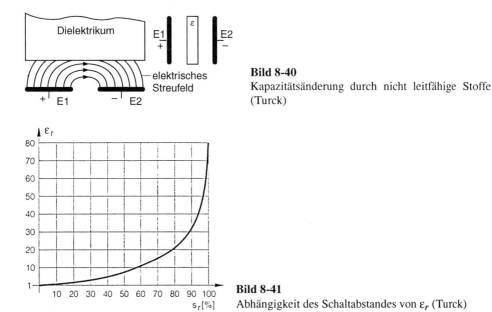

Bild 8-40
Kapazitätsänderung durch nicht leitfähige Stoffe (Turck)

Bild 8-41
Abhängigkeit des Schaltabstandes von ε_r (Turck)

Tabelle 8-4 Permittivitätszahlen verschiedener Stoffe (Turck)

Stoffe	ε_r	Stoffe	ε_r
Alkohol	25,8	Polyamid	5
Araldit	3,6	Polyäthylen	2,3
Bakelit	3,6	Polypropylen	2,3
Glas	5	Polystyrol	3
Glimmer	6	Polyvinylchlorid	2,9
Hartgummi	4	Porzellan	4,4
Hartpapier	4,5	Preßspan	4
Holz	2...7	Quarzglas	3,7
Kabelvergußmasse	2,5	Quarzsand	4,5
Luft, Vakuum	1	Silikongummi	2,8
Marmor	8	Teflon	2
Ölpapier	4	Terpentinöl	2,2
Papier	2,3	Trafoöl	2,2
Paraffin	2,2	Wasser	80
Petroleum	2,2	Weichgummi	2,5
Plexiglas	3,2	Zelluloid	3

Der Kondensator ist Bestandteil der Oszillatorschaltung, wobei die Größe seiner Kapazität so ausgewählt ist, daß im unbeeinflußten Zustand die Resonanzbedingung für den Schwingkreis gerade noch nicht erfüllt ist. Beim Eindringen eines Gegenstandes in das elektrische Streufeld des Kondensators vergrößert sich dessen Kapazität geringfügig, wodurch die Schwingungsbedingung erfüllt ist. Der Oszillator beginnt mit großer Amplitude zu schwingen. Der Unterschied zwischen kleiner und großer Schwingungsamplitude wird ausgewertet und in ein binäres elektrisches Ausgangssignal übersetzt.

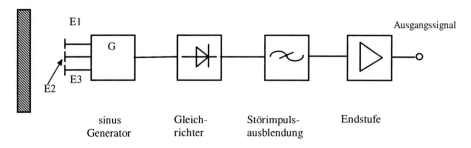

E3 Hilfselektrode (Kompensation)

Bild 8-42 Blockschaltbild eines kapazitiven Sensors

Der Kondensator ist Bestandteil eines Oszillators, z.B. eines Wien-Robinson-Oszillators, der aus einem als ideal angenommenen Operationsverstärker mit einem am Ausgang angeschlossenen Netzwerk besteht. Bei geeigneter Dimensionierung der Bauelemente ergibt sich eine Oszillation mit einer Frequenz im Bereich von 100 kHz - 1 MHz. Die Schwingung kann erst zustande kommen, wenn folgende Bedingung erfüllt wird:

$$\frac{R_4}{R_3 + R_4} \leq \frac{R_1 C_1 + R_2 C_2}{(R_1 + R_2)C_1 + R_2 C_2} \qquad \text{(s. Bild 8-43)}$$

8.3 Kapazitive Sensoren

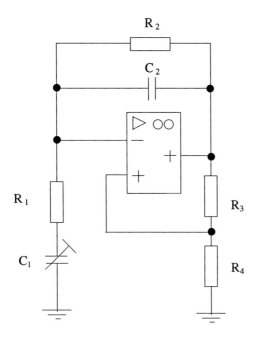

Bild 8-43
Oszillatorschaltung des kapazitiven Sensors (ifm)

Beim kapazitiven Sensor ist der Zusammenhang zwischen der Entfernung eines Objekts und der Änderung der Größe, die den Schwingkreis beeinflußt (hier der Kapazität des Kondensators C_1), nicht linear. Daher ist der kapazitive Sensor für Abstandsmessungen kaum geeignet; sein Haupteinsatzgebiet ist die Funktion als binärer Schalter, also zum Detektieren von Materialien, ähnlich wie der induktive Sensor.

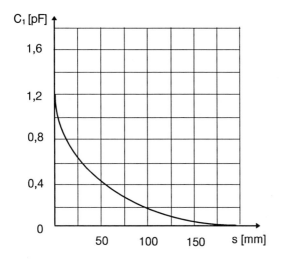

Bild 8-44
Kennlinie der Kondensatorkapazität (ifm)

Das Blockschaltbild kapazitiver Sensoren läßt erkennen ist, daß weitere Stufen das vom Sensorelement herrührende Signal auswerten.

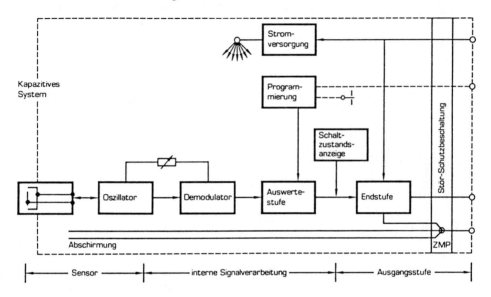

Bild 8-45 Detailliertes Blockschaltbild des kapazitiven Sensors (ifm)

So wird die vom kapazitiven Sensorelement kommende Schwingungsamplitude in ein Schaltsignal übersetzt. Dies erfolgt durch die Gleichrichtung und Glättung der Schwingung im Demodulator. Das demodulierte Signal wird einem Schmitt-Trigger (Auswertestufe) zugeführt und verläßt diesen als binäres Signal. Die Programmiereinrichtung der Auswertestufe ermöglicht, die Schaltfunktion als Schließer oder Öffner vorzuwählen.

Damit die Auswertestufe, der Schmitt-Trigger, nicht dauernd zwischen den binären Zuständen EIN und AUS pendelt, (was auch als Ausgangsflattern bezeichnet wird, wenn sich ein zu detektierendes Objekt exakt im Schaltzustand befindet), wird eine eindeutig definierte Hysterese elektronisch erzeugt, die dies verhindert.

Damit beim Anlegen der Betriebsspannung kein fehlerhaftes Schaltsignal ausgegeben wird, ist sowohl bei kapazitiven als auch bei induktiven Sensoren eine Einschaltunterdrückung eingebaut.

Sowohl induktive als auch kapazitive Sensoren bieten hinsichtlich der Lebensdauer, der Zahl der zuverlässigen Schaltspiele, der Schaltfrequenz und des prellfreien Schaltverhaltens eindeutige Vorteile gegenüber mechanischen Schaltern. Nachteile wie Leckströme im ausgeschalteten Zustand, Spannungsabfall im durchgeschalteten Zustand und höhere Empfindlichkeit gegenüber Überspannungen und Überströme können in Kauf genommen werden oder sind durch geeignete Schutzmaßnahmen weitgehend vermeidbar.

8.3.2 Schaltabstand bei kapazitiven Sensoren

Bei kapazitiven Sensoren kann die Empfindlichkeit des Schaltabstandes vom Anwender eingestellt werden. Dadurch können Exemplarstreuungen oder äußere Einflüsse wie Temperaturschwankungen oder Schwankungen der Betriebsspannung eliminiert werden. Daher gibt es kein Norm-Meßverfahren zur Festlegung des Schaltabstandes wie bei den induktiven Sensoren.

In Herstellerunterlagen für kapazitive Sensoren sind Angaben über
- Nennschaltabstand s_n,
- Realschaltabstand s_r,
- Schalthysterese und
- Schaltpunktdrift zu finden.

Der Nennschaltabstand s_n wird in der Regel auf eine quadratische geerdete Metallmeßplatte mit Maßangabe (in mm) bezogen (z.B. s_n = 20 mm nicht bündig einbaubar, bezogen auf eine geerdete Metallplatte 60 · 60 mm).

Für den Realschaltabstand s_r wird ein Bereich in Millimeter angegeben, in dem er einstellbar ist (z.B. s_r von 4 - 20 mm einstellbar).

Die Schalthysterese wird in Prozent des jeweiligen Schaltabstands angegeben (z.B. 3 - 15 % von jeweiligen Schaltabstand).

Die Schaltpunktdrift wird in Prozent, bezogen auf den Realschaltabstand, angegeben (z.B. Schaltpunktdrift < ±15 % von s_r).

Ebenso wie bei induktiven Sensoren liefern die Herstellerfirmen Anfahrkurven bzw. typische Ein- und Ausschaltkurven in Abhängigkeit vom Bedeckungsgrad der geerdeten Metallplatte (meist St 37) bei z.B. nicht bündig einbaubarem Sensor.

8.3.3 Material-Korrekturfaktor

Bei kapazitiven Sensoren hängt der Korrekturfaktor von der Kapazitätsänderung des Kondensators an der Sensorspitze ab. Je stärker diese Änderung ist, desto eher wird ein Objekt erkannt. Damit ist der Korrekturfaktor direkt abhängig von der Dielektrizitätszahl des jeweiligen Stoffes.

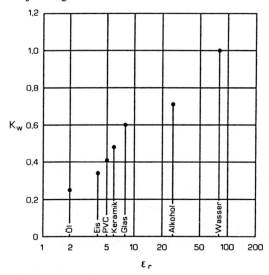

Bild 8-46
Material-Korrekturfaktoren bei kapazitiven Sensoren (ifm)

In Bild 8-46 sind elektrisch leitfähige Stoffe, wie z.B. alle Metalle, nicht berücksichtigt. Für sie gilt als Korrekturfaktor immer der Wert 1, d.h. man erreicht bei diesen Materialien den höchstmöglichen Schaltabstand. Am Beispiel eines Plattenkondensators soll dies erläutert werden.

Bild 8-47 Kapazitätsänderung durch den Einfluß eines Dielektrikums

Der Plattenkondensator mit dem Metall-Dielektrikum kann durch zwei in Reihe geschaltete Kondensatoren ersetzt werden. Die Gesamtkapazität einer Reihenschaltung von Kondensatoren ist kleiner ist als die Einzelkapazität. Diese Gesetzmäßigkeit trifft hier nicht zu, denn durch das Einbringen des Metalls in den Kondensator verringert sich der Plattenabstand beträchtlich ($C = \varepsilon_0 \cdot \varepsilon_r \cdot [A/d]$). Der Kondensator mit dem Dielektrikum Me-

8.3 Kapazitive Sensoren

tall hat somit eine viel höhere Kapazität als derjenige mit dem Dielektrikum Luft. Dies ist der Grund dafür, daß elektrisch leitfähige Materialien gut von kapazitiven Sensoren erfaßt werden.

8.3.4 Merkmale kapazitiver Sensoren

Kapazitive Sensoren detektieren alle elektrisch leitfähigen Gegenstände, seien sie geerdet oder nicht geerdet. Weiterhin sind sie in der Lage, auch elektrisch nicht oder schlecht leitfähige Stoffe wie Kunststoff, Glas, Keramik oder Flüssigkeiten wie Wasser oder Öl zu erkennen. Durch die Einstellbarkeit der Empfindlichkeit an einem präzisen Potentiometer ist die Anpassung auf das Erkennen bestimmter Materialien möglich.

8.3.5 Anwendung

Eine häufige Anwendung ist die Kontrolle eines Füllstands. Besteht z.B. die Wand eines Gefäßes aus Glas oder PVC (nicht jedoch Metall), und soll der Wasserstand erfaßt werden, dann läßt sich der Sensor hierfür außerhalb des Gefäßes anbringen.

Durch die Einstellung der Empfindlichkeit läßt sich erreichen, daß nicht die Wand, sondern das dahinter befindliche Medium erfaßt wird, daß der Sensor quasi durch die Wand hindurchsehen kann. Das ist immer dann möglich, wenn die Permittivitätszahl des zu erfassenden Materials erheblich größer als die des Wandmaterials ist.

Ähnlich wie beim induktiven Sensor muß sich genügend Material in der Nähe des Sensorelementes befinden, um erkannt zu werden. Dagegen ist es unerheblich, ob es sich um kompakte, flächenhafte Gegenstände handelt oder z.B. um geschlitzte, wie bei einem Kamm. Bei unregelmäßig geformten Gegenständen ist die Messung integrierend, kann aber kaum zur Bestimmung der Entfernung herangezogen werden.

Da an den Kondensatorplatten eine sehr kleine Spannung anliegt und die Elektronik mit einigen Mikrowatt Energie auskommt, lädt sich der Kondensator nicht statisch auf und verursacht keine Hochfrequenzstörungen im Umgebungsbereich; er arbeitet deshalb praktisch vollkommen rückwirkungsfrei.

Übersicht Eigenschaften und Anwendungen kapazitiver Sensoren

Materialerkennung	berührungslos, rückwirkungsfrei
Lebensdauer	keine Beschränkung durch Schaltspiele
Ansprech- und Schaltzeit	kurz, daher geeignet für hohe Schaltfrequenzen
Empfindlichkeit	einstellbar durch Präzisionspotentiometer

8.3.6 Elektrische Daten

Ebenso wie induktiven Sensoren werden auch kapazitive Sensoren in sogenannter 2-Leiter-, 3-Leiter- und für besondere Fälle in 4-Leiter-Technik angeboten. Für die Stromversorgung und Last gilt das Gleiche wie für induktive Sensoren.

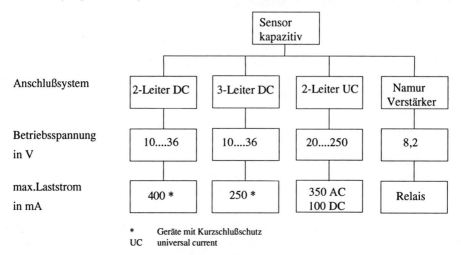

Bild 8-48 Überblick kapazitiver Sensoren (ifm)

8.3.7 Elektrische Schutzmaßnahmen

Was in Kapitel 8.2.6 über elektrische Schutzmaßnahmen (Kurzschlußschutz, Verpolungssicherheit und Überlastfestigkeit) für induktive Sensoren ausgeführt wurde, gilt ebenso für kapazitive Sensoren.

8.3.8 Schaltungsarten

2-Leiter- und 3-Leiter-Sensoren kapazitiver Art können ebenso wie induktive Sensoren in Reihen- und Parallelschaltung zusammengeschaltet werden (s. S. 176 ff).

8.3.9 Montagehinweise

Bei kapazitiven Sensoren muß der Bereich der aktiven Zone frei sein von Metallen und zusätzlich von allen Stoffen mit hoher Permittivitätszahl. Daher gibt es nur den nichtbündigen Einbau.

8.3.10 Gegenseitige Beeinflussung

Sollen an einer Anlage mehrere Näherungsschalter gleichen Typs nahe beieinander betrieben werden, so sind bestimmte Mindestabstände zwischen den Geräten einzuhalten.

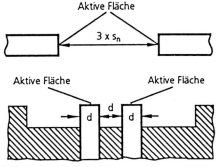

d = Durchmesser des Näherungsschalters
S_n = Nennschaltabstand

Bild 8-49
Mindestabstände bei sich gegenseitig beeinflussenden Sensoren (ifm)

8.4 Applikationsbeispiele für induktive und kapazitive Sensoren

Haupteinsatzgebiet für diese Sensoren ist die Verwendung als Positionsschalter, denn diese Sensoren sind als Alternative zu mechanisch arbeitenden Schaltern, wie z.B. Endschalter, zu sehen.

Zur Drehzahlmessung (Meßmethode EN 50010) und Drehzahlüberwachung kommen induktive Sensoren zum Einsatz. Hierbei können ihre Vorteile wie berührungsloses und verschleißfreies Arbeiten, exakt definiertes Ausgangssignal und nicht zuletzt Schnelligkeit voll ausgeschöpft werden. Denn zur Drehzahlmessung müssen hohe Schaltfrequenzen erreicht werden, und eine große Anzahl von Schaltspielen ist Voraussetzung für das einwandfreie Funktionieren. Einerseits können bei Zählungen und Überwachungen von Produkten diese direkt erfaßt werden, andererseits auch schwierig erfaßbare Güter, wie Glas, Lebensmittel, Papier, erkannt werden.

Kapazitive Sensoren werden häufig in der Füllstandsmeßtechnik oder in der Füllstandskontrolle in der Verpackungsindustrie eingesetzt. Mit ihnen lassen sich Füllstände in Tanks oder Silos überwachen, aber auch Staubüberwachungen in Rohrleitungen, wie z.B. in Mühlen, realisieren. Bei entsprechender Einstellung ihrer Empfindlichkeit und geeigneter Montage gestatten kapazitive Sensoren, auch bei undurchsichtigen Verpackungen die exakte Füllmenge festzustellen (z.B. Waschpulver in Pappkartons).

Für Anwendungen, bei denen der Ausfall von Sensoren (durch Beschädigung) zu erheblichen Produktionsverzögerungen führen würde (im geringsten Falle), bieten Sensorhersteller sogenannte selbstüberwachende Systeme an. Dies sind Sensoren, die sich selbst auf Funktion überwachen und im Störfall sofort eine Fehlermeldung ausgeben. Denn laut statistischen Untersuchungen liegen 90 % aller in einer Anlage auftretenden Fehler in der Peripherie, d.h. bei den Sensoren und Aktoren. Dies wird verständlich, wenn man berücksichtigt, daß diese Baugruppen und deren Zuleitungen oft extremen Umgebungsbedingungen ausgesetzt sind.

Hinweis: Diese Systeme sind nicht für den Einsatz im Bereich Personenschutz zugelassen, sie stellen aber eine einfache und preisgünstige Ergänzung dar.

8.4.1 Umgebungsbedingungen

Sensoren werden in Fertigungsprozessen an Stellen eingesetzt, wo sie extremen Umweltbelastungen wie Wärme, Kälte, Stoß, Vibration, Staub, Feuchtigkeit, chemisch aggressiven Stoffen, Flüssigkeiten u.a. ausgesetzt sind. In den Herstellerdatenblätter sind daher Angaben über die Einsatzmöglichkeiten und die Umweltbedingungen gemacht, unter denen die Sensoren problemlos arbeiten.

8.4.2 Umgebungstemperatur

Der zulässige Temperaturbereich für induktive und kapazitive Sensoren beträgt bei vielen namhaften Herstellern vielfach schon -25 °C bis +80 °C. Innerhalb dieses Temperaturintervalls dürfen Sensoren beliebig lange betrieben werden. Geringfügiges kurzzeitiges Unter- bzw. Überschreiten dieser Temperaturgrenzen zerstören den Sensor nicht.

8.4.3 Schock- und Schwingbeanspruchung

Sensoren besitzen keine beweglichen Teile und sind in der Regel vollständig mit einer Vergußmasse ausgefüllt. Daher sind sie äußerst unempfindlich gegen Schock- und Schwingbeanspruchung. Richtwert für die maximal zulässige Schockbeanspruchung ist die 30fache Erdbeschleunigung, für die maximale Schwingungsbeanspruchung eine Frequenz von 55 Hz bei einer Amplitude von einem Millimeter.

8.4.4 Fremdkörper und Staub

Induktive Sensoren werden durch Staubablagerungen von elektrisch nicht leitfähigen Materialien in keiner Weise beeinflußt. Auch kleinere leitfähige Partikel wie Metallspäne erzeugen nicht so hohe Wirbelstromverluste, daß der Sensor davon beeinflußt würde.

Bei kapazitiven Sensoren können jedoch schon leichte Staubablagerungen zu Fehlfunktionen führen. Aus diesem Grunde werden von Herstellerfirmen Geräte mit einer sogenannten Kompensationselektrode angeboten. Bei ihnen wird die Beeinflussung durch Staub oder Feuchtigkeitsniederschlag durch eine spezielle Schaltung kompensiert. Damit sind kapazitive Sensoren auch in Anlagen einsetzbar, in denen der Verschmutzungsgrad hoch ist.

8.4.5 Dichtigkeit

Zur Kennzeichnung der Dichtigkeit (des Schutzgrades) von elektrischen Betriebsmitteln wird eine international genormte Zahlenkombination verwendet, nach der die Sensoren-Hersteller die Dichtigkeit ihrer Geräte angeben, z.B. IP67; IP steht für „international protection". Die erste Ziffer gibt den Schutzgrad gegen Berührungen und Eindringen von Fremdkörpern an. Dabei bedeutet die 6 Schutz gegen Eindringen von feinstem Staub und vollständigen Berührungsschutz. Die zweite Ziffer gibt an, bis zu welcher Beeinflussung ein Sensor in feuchter, nasser Umgebung betrieben werden darf. Die Kennziffer 7 bedeutet: Schutz gegen Wasser, wenn das Betriebsmittel (Gehäuse) unter festgelegten Druck- und Zeitbedingungen in Wasser getaucht wird. Wasser darf nicht in schädlichen Mengen eindringen.

8.4.6 Feuchte und Wasser

Induktive Sensoren werden von Wasser, Feuchtigkeit, Nebel und Dämpfen in ihrer Funktionsweise nicht beeinflußt, dagegen reagieren kapazitive Sensoren auf Wasser und wasserhaltige Gegenstände wegen der hohen Permittivitätszahl von Wasser. Nur Geräte mit einer Kompensationselektrode können einen Feuchtefilm durch Betauung an ihrer Oberfläche ohne Beeinträchtigung der Funktion kompensieren. Wie bereits erwähnt, gibt die zweite Ziffer der IP-Schutzartenkennzeichnung den Schutzgrad gegen Eindringen von Feuchtigkeit in das Bauteil ein. In der Regel werden Sensoren mit den Schutzartenklassifizierungen IP 65 und IP 67 angeboten. Geräte mit eingeschlossenem Kabel haben normalerweise die Schutzart IP 67. Bei Geräten mit Klemmenraum oder Steckern wird IP 65 angegeben, sie können aber häufig auch unter Bedingungen eingesetzt werden, unter denen IP 67 erforderlich ist. Die niedrigere Schutzart wird angegeben, weil sich durch Montagefehler, z.B. falsches Einlegen der Dichtung, ein verminderter Schutz ergeben kann.

8.4.7 Chemische Einflüsse

Liegen Umgebungsbedingungen vor, in denen chemische Substanzen in fester, flüssiger oder gasförmiger Form den Sensor beeinflussen, muß sorgfältig geprüft werden, ob das Gehäuse und die Anschlußleitungen gegen diese Substanz ausreichend beständig sind. Hersteller geben Tabellen für die chemische Beständigkeit ihrer Sensoren heraus.

8.4.8 Elektromagnetische Einflüsse

In der rauhen Umgebung der Fertigungsindustrie, in der die Sensoren eingesetzt werden, treten elektromagnetische Störungen von sehr vielfältigem Aussehen und hohen Energiepegeln auf, wie z.B. durch Schaltvorgänge im Netz oder das Schalten induktiver Lasten (Motoren). Diese stoßartigen Störungen können schaltungstechnisch durch Filterschaltungen behoben werden, so daß sich eine insgesamt hohe Störfestigkeit für Sensoren ergibt.

8.4.9 Sonstige Einflüsse

Induktive und kapazitive Sensoren sind gegenüber intensiver Röntgenstrahlung oder Radioaktivität nicht immun. Bei starken Magnetfeldern in der unmittelbaren Umgebung des Sensors, wie z.B. bei Elektroschweißanlagen, kann die Funktion von induktiven Sensoren beeinträchtigt werden. Für diesen Einsatzfall bietet der Herstellermarkt sogenannte schweißstromfeste Ausführungen als Sonderbauform an.

8.5 Optoelektronische Sensoren

8.5.1 Einleitung

Optoelektronische Sensoren werden in der Automatisierungstechnik dort eingesetzt, wo Objekte berührungslos erfaßt, gezählt, positioniert oder gemessen werden sollen. Sie sind den induktiven und kapazitiven Sensoren immer dann überlegen, wenn es um große Reichweiten geht. Können durch induktive bzw. kapazitive Sensoren überbrückbare Abstände zwischen Sensor und Objekt von etwa 100 mm erreicht werden, so lassen sich mit optoelektronischen Sensoren Abstände von mehreren Metern realisieren, und dies mit wesentlich kleineren Bauformen.

Drei physikalische Grundprinzipien mit jeweils diversen Untergruppen ermöglichen, die vielfältigen technischen Probleme zu lösen. Welches Grundprinzip letztendlich eingesetzt wird, ist abhängig von der Tast- bzw. Reichweite (ein Hauptauswahlkriterium), die sich damit erzielen läßt.

Grundprinzip	Tast- bzw. Reichweite
Einweg-Lichtschranke (Durchlicht-Schranken)	bis 40 Meter
Reflexions-Lichtschranke	bis 10 Meter
Reflexions-Lichttaster	bis 2 Meter

Tabelle 8-5
Tast- bzw. Reichweite verschiedener Sensoren

Im folgenden Text werden Grundprinzipien, Funktionsweisen, Vor- und Nachteile sowie mögliche Auswahlkriterien für spezielle Einsätze vorgestellt. Zu erwähnen sind noch die Infrarotsensoren zur Erfassung von Wärme, die aber hier nicht behandelt werden.

8.5.2 Physikalische Grundlagen

Optische Sensoren arbeiten in der Regel mit Licht, d.h. zum Erkennen eines Objektes ist Licht erforderlich. Licht besteht aus elektromagnetischen Wellen, die sich von einer Lichtquelle aus nach allen Seiten fortbewegen. Die Natur der elektromagnetischen Wellen hat der englische Physiker *James Clark Maxwell* durch die Maxwellschen Gleichungen erschöpfend beschrieben. Die elektromagnetischen Strahlen bilden eine Familie und sind alle der Natur nach gleich. Die einzelnen Wellengruppen in dieser Familie unterscheiden sich nur durch ihre Wellenlänge, während ihre Ausbreitungsgeschwindigkeit in allen Fällen mit der Geschwindigkeit des Lichtes (300 000 km/s) erfolgt – denn Licht selbst gehört ja auch zu dieser Wellenfamilie.

8.5 Optoelektronische Sensoren

Das erforderliche Licht zum Erkennen eines Objektes umfaßt einen relativ schmalen Bereich. Er reicht von Ultraviolett (UV) mit $\lambda = 10$ nm bis zu Ultrarot (IR) mit $\lambda = 1$ mm. Darin ist noch zu unterscheiden zwischen UV-Licht, IR-Licht und dem Licht, welches für das menschliche Auge sichtbar ist.

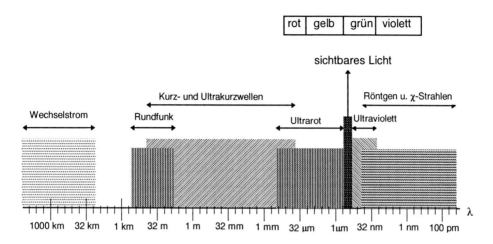

Bild 8-50 Übersicht über die elektromagnetischen Wellen

Wellenlängenbereich	Bezeichnung der Strahlung
100 nm - 280 nm	UV - C (extrem weit)
280 nm - 315 nm	UV - B (weit)
315 nm - 380 nm	UV - A (nah)
380 nm - 440 nm	Licht violett
440 nm - 495 nm	Licht blau
450 nm - 558 nm	Licht grün
558 nm - 640 nm	Licht gelb
640 nm - 750 nm	Licht rot
750 nm - 1400 nm	IR - A
1,4 µm - 3,0 µm	IR - B
3,0 µm - 1000 µm	IR - C

Tabelle 8-6
Aufteilung des Strahlungsspektrums nach DIN 5031

In vielen optoelektronischen Sensoren setzen namhafte Hersteller Infrarotlicht der Wellenlänge $\lambda = 880$ nm als Sendelicht ein, in einigen besonderen Fällen jedoch auch Rotlicht mit $\lambda = 660$ nm, 680 nm oder Infrarotlicht mit $\lambda = 950$ nm.

Begründet wird dies durch folgende Gegebenheiten:
- Der eingesetzte Empfangstransistor (die Diode) hat im infraroten Bereich seine maximale Empfindlichkeit.
- Licht mit einer Wellenlänge, die größer ist als der Durchmesser sehr kleiner Staubteilchen, gelangt nahezu ungestört an diesen vorbei, so daß langwelliges Licht vor Störungen durch Staub und Verschmutzung schützt.
- Infrarot-Sensoren sind unempfindlich gegen Fremdlichtstörungen aus dem sichtbaren Bereich.

8.5.3 Die Grundprinzipien

Mit Einweg- und Reflexions-Lichtschranken einschließlich Polarisationsfilter lassen sich Objekte unabhängig von der Art des Materials oder der Oberfläche detektieren.

Reflexions-Lichttaster können zwischen Objekten mit unterschiedlichen Reflexionseigenschaften unterscheiden. Reflexions-Lichttaster mit Hintergrundausblendung erkennen Objekte nahezu unabhängig von deren Oberfläche bis zu einer genau definierten einstellbaren Reichweite. Alle Lichtschranken haben eine gemeinsame Schwierigkeit: die Umgebungshelligkeit, ob Tages- oder Kunstlicht, darf nicht stören. Zur Lösung des Problems kann auf nicht sichtbares Licht, häufig nahes Infrarot, ausgewichen werden. Dann sitzen im Strahlengang entsprechende optische Filter. Auch elektronisch kann der Fremdlichteinfluß ausgeschaltet werden, so z.B. durch Licht-Modulation: der Sender wird im Takt einer Modulationsfrequenz betrieben, er sendet also Lichtimpulse bekannter Dauer und in bekannter Folge. Dem Empfänger wird diese Modulationsfrequenz ebenfalls zugeführt. Über eine Koinzidenzstufe (Äquivalenzglied) ist er nur empfangsbereit, wenn ein Lichtimpuls ankommen kann, und sonst gesperrt. Manchmal wird das gesamte empfangene Licht in ein elektrisches Signal umgesetzt und dieses über ein Filter geführt. Das Filter unterdrückt alle störenden Anteile (Fremdlicht) und läßt nur die Lichtfrequenz des Senders durch.

Lichtschranken lassen sich noch vielfälltiger anwenden als induktive Sensoren. Durch entsprechende Farbfilter können sie Farben unterscheiden und damit Objekte erkennen und selektieren. Mit polarisiertem Licht sind Störeinflüsse ausschaltbar, zugleich kann aber auch die Selektivität erhöht werden.

Ein wichtiger Faktor für die *Zuverlässigkeit optischer Sensoren* ist der Kontrast. Er ist der Unterschied zwischen Hell- und Dunkelzustand der empfangenen Lichtmenge. Der Kontrast läßt sich durch die Empfindlichkeitseinstellung (Stellschraube am Sensor) abschätzen. Dazu ist wie folgt vorzugehen:

Zunächst ist die Empfindlichkeit durch Linksdrehen der Stellschraube auf ein Minimum einzustellen. Nun wird der Hellzustand dadurch erzeugt, daß die Empfindlichkeit so lange erhöht wird, bis die LED, die Schaltzustandsanzeige, leuchtet. Vom Hellzustand ausgehend wird nun der Dunkelzustand dergestalt erzeugt, daß durch erneutes Linksdrehen der Sensor ausschaltet, die LED erlischt. Daraufhin wird die Empfindlichkeit wieder erhöht, bis der Sensor einschaltet. Beträgt der Unterschied des Bereiches zwischen Hell- und Dunkelzustand mehr als $1/3$ des Einstellbereiches, ist der Kontrast gut und damit auch die Zuverlässigkeit.

8.5.4 Die Einweg-Lichtschranke

Bei der Einweg-Lichtschranke befinden sich Sender und Empfänger in zwei separaten Gehäusen, die gegenüberliegend montiert werden.

Jedesmal, wenn ein Objekt den direkten Weg zwischen Sender und Empfänger unterbricht, ändern sich die elektrischen Eigenschaften des Empfangstransistors. Diese Veränderung wird mit Hilfe der Sensorelektronik ausgewertet und über Verstärker z.B. einer SPS zugeführt.

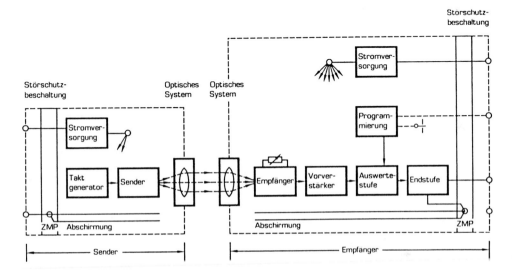

Bild 8-51 Prinzipschaltung der Einweg-Lichtschranke (ifm)

Der Sender S und der Empfänger E (s. Bild 8-52) bilden eine Sende- bzw. Empfangskeule aus, die vom Öffnungswinkel der Optik bestimmt wird. Sender und Empfänger müssen derart montiert sein, daß sie jeweils in der optischen Keule des Gegenparts liegen. Liegen sich Sender und Empfänger exakt auf der optischen Achse gegenüber, so wird die größte Betriebssicherheit erreicht, d.h. die Sendelichtaufnahme des Empfängers ist am größten. Die Akzeptanzzone von Sender und Empfänger ist größer. Sie ist bei der Justage und bei Betrieb in der Nähe von glänzenden Flächen wichtig.

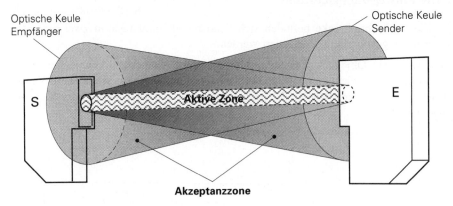

Bild 8-52 Optische Sende- und Empfangscharakteristik (Baumer)

8.5.4.1 Funktionsreserve

Die Funktionsreserve eines Sensors gibt Aufschluß darüber, wieviel Licht er unter verschiedenen Bedingungen, wie Material oder Umwelteinflüsse, empfängt. Die empfangene Lichtmenge wird mit jener verglichen, die der Sensor gerade zum Schalten benötigt. So bedeutet die Funktionsreserve 1, daß der Sensor bei gerader Justage, ohne Alterung und oberflächliche Verschmutzung gerade noch seine Schaltfunktion wahrnimmt. Eine Funktionsreserve von 20 bedeutet, daß dieser Sensor 20 mal mehr Licht empfängt, als für seine einwandfreie Funktion nötig wäre.

Für die Funktionsreserve von Sensoren kann zweierlei angeführt werden:
- Eine Funktionsreserve von 1,5 ist für Sensoren in einer sauberen Umgebung bei leichter Dejustage des Sensors oder allmählicher Alterung der LED ausreichend für die einwandfreie Funktion.
- Sind im Strahlengang des Sensors Staub, Rauch, Nebel zu erwarten, oder ist zu befürchten, daß die Linsen verschmutzt werden, so ist eine Funktionsreserve von 1,5 nicht mehr ausreichend.

Zu jedem Sensortyp geben Hersteller eine Reichweitenkurve an, in der die Funktionsreserve in Abhängigkeit von der Reichweite aufgetragen ist. Anhand dieser Kurve und der Formel
$$\text{Funktionsreserve} = \text{Tastweitenfaktor} \cdot \text{Korrekturfaktor}$$
läßt sich die maximal verläßliche Reichweite mit Berücksichtigung unterschiedlicher Umgebungsbedingungen und Erfassungsobjekten berechnen. Der Korrekturfaktor ist das Produkt von Reichweitenfaktor (Tabelle 8-7) und dem Korrekturfaktor für Umweltbedingungen (Tabelle 8-8).

8.5 Optoelektronische Sensoren

Material	Reichweitenfaktor
Kodak-Testkarte	1
Weißes Papier	1,1
Zeitung, bedruckt	1,6
Toilettenpapier	1,9
Pappkarton	1,3
Pinienholz, sauber	1,2
Holzpaletten, sauber	4,5
Bierschaum	1,3
klare Plastikflasche	2,3
transparente, braune Plastikflasche	1,5
undurchsichtiges weißes Plastik	1,0
undurchsichtiges schwarzes Plastik	6,5
Neopren, schwarz	22,5
schwarzer Teppich-Schaumrücken	45
Autoreifen	60
Aluminium, unbehandelt	0,6
Aluminium, gebürstet	0,9
Aluminium, schwarz eloxiert	0,8
Aluminium, schwarz eloxiert, gebürstet	1,8
Edelstahl, rostfrei, poliert	0,2
Kork	2,9

Tabelle 8-7 Reichweitenfaktoren (nach Turck)

Tabelle 8-8 Korrekturfaktoren für Umweltbedingungen (nach Turck)

Faktor	Umweltbedingungen
1,5	saubere Umgebung, keine Schmutzeinwirkung auf Linsen und Reflektor
5	Leichte Verschmutzung durch Dunst, Staub, Ölfilm auf Linsen und Reflektor (Reinigung regelmäßig)
10	Mäßige Verschmutzung durch Dunst, Staub, Ölfilm auf Linsen und Reflektor (Linsen werden gelegentlich oder bei Bedarf gereinigt)
50	Starke Verschmutzung durch dichten Dunst, Staub, starken Rauch oder dichten Ölfilm (Linsen werden selten oder gar nicht gereinigt)

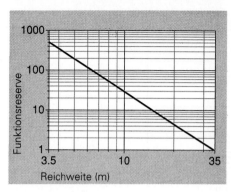

Bild 8-53
Reichweitendiagramm der Funktionsreserve (Baumer)

Mit einer Einweglichtschranke mit dem Reichweitendiagramm in Bild 8-53 soll undurchsichtiges schwarzes Plastik erfaßt werden. Die Umweltbedingungen können als leichte Verschmutzung, Faktor 5, angesehen werden.

Maximale Tastweite: 6,5 · 5 = 32,5

Nun ist eine Waagrechte in das Reichweitendiagramm der Funktionsreserve in Höhe von 32,5 zu legen. Der Schnittpunkt dieser Linie mit der Reichweitenkurve begrenzt die Tastweite. Im Diagramm ist eine **maximale Reichweite von etwa 9,5 m** abzulesen.

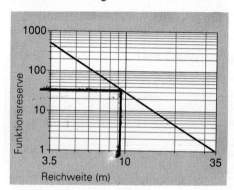

Bild 8-54
Ermittlung der Reichweite

Durch optoelektronische Sensoren können nur solche Objekte erfaßt werden, die mindestens die Größe der aktiven Zone besitzen, denn der Strahlengang muß komplett unterbrochen werden. Sollen Objekte erfaßt werden, die sich mit einer bestimmten Geschwindigkeit durch den Strahlengang bewegen, muß sichergestellt werden, daß die Unterbrechung des Strahlengangs ausreichend lange erfolgt. Diese Zeit richtet sich nach den Ansprech- und Abschaltverzögerungszeiten und nach der maximalen Schaltfrequenz des Empfängers. Das Objekt muß also entsprechend verzögert bzw. die Transportgeschwindigkeit muß entsprechend reduziert werden.

8.5 Optoelektronische Sensoren

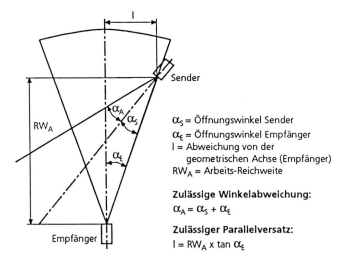

α_S = Öffnungswinkel Sender
α_E = Öffnungswinkel Empfänger
l = Abweichung von der geometrischen Achse (Empfänger)
RW_A = Arbeits-Reichweite

Zulässige Winkelabweichung:
$\alpha_A = \alpha_S + \alpha_E$

Zulässiger Parallelversatz:
$l = RW_A \times \tan \alpha_E$

Bild 8-55
Ausrichtung von Sender und Empfänger (ifm) (die größte Reichweite bzw. höchste Betriebsreserve [Sicherheit] gegen Staub oder Verschmutzung ist nur bei genauester Ausrichtung von Sender und Empfänger auf der optischen Achse zu erreichen)

8.5.4.2 Merkmale der Einweg-Lichtschranke

- Durchlichtsensoren bieten die größte Reichweite, da das Licht direkt von Sender zum Empfänger läuft
- Große Betriebsreserve
- Großer Arbeitsbereich von Anfang bis Ende der optischen Achse
- Gute Reproduzierbarkeit wegen der schmalen aktiven Bereiche, daher präziser Schaltpunkt entlang der optischen Achse
- Zwei getrennte Geräte sind zu montieren und anzuschließen
- Unsicheres Erkennen von transparenten Gegenständen

Genaueste Justage ist Voraussetzung für sicheres Arbeiten.

8.5.4.3 Typische Anwendungen

- Überwachung von Türen und Eingängen, Durchgangserkennung von Personen
- Durchgangserkennung, wenn die Erkennungslage unverändert bleibt (Walzwerke)
- Zählen und Positionieren von Gegenständen über größere Distanzen
- Pegelerkennung, Füllstandshöhe einer Flüssigkeit

8.5.4.4 Schaltfunktionen

Optische Sensoren schalten entweder dann, wenn sie Licht empfangen oder sie schalten, wenn sie kein Licht empfangen. Hieraus ergeben sich zwei Schaltvarianten:

- *Hellschaltung*: Ein hellschaltender Ausgang schaltet, wenn der Empfänger das vom Sender abgestrahlte Licht empfängt, also wenn das Abtastobjekt den Lichtstrahl freigibt.
- *Dunkelschaltung*: Ein dunkelschaltender Ausgang schaltet, wenn der Empfänger das vom Sender abgestrahlte Licht nicht empfängt, also wenn das Abtastobjekt den Lichtstrahl nicht freigibt (siehe auch Kap. 8.5.7.4).

8.5.5 Die Reflexionslichtschranke

Bei Reflexionslichtschranken sind Sender und Empfänger in einem Gehäuse untergebracht. Das vom Sender S ausgesandte Infrarot- oder Rotlicht wird von einem Tripelreflektor (er reflektiert ein Optimum an Licht) zum Empfänger reflektiert. Unterbricht ein zu erfassendes Objekt den Lichtstrahl, so empfängt der Sensor kein Licht, der Sensorausgang ändert dadurch seine Ausgangsgröße.

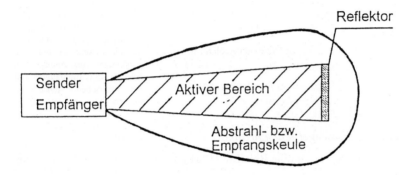

Bild 8-56 Optische Charakteristik der Reflexionslichtschranke

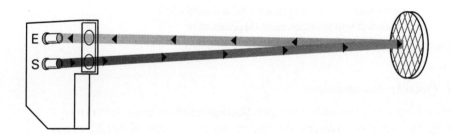

Bild 8-57 Reflexionslichtschranke (Baumer)

Vorteil: Reflexionslichtschranken lassen sich einfach montieren; sie erfassen Objekte unabhängig von der Farbe und der Beschaffenheit der Oberfläche.

8.5.5.1 *Reflexionslichtschranke mit Polarisationsfilter*

Um spiegelnde Objekte sicher erfassen zu können, werden Reflexionslichtschranken mit Polarisationsfilter eingesetzt. Vor dem Verlassen des Sensors wird das Licht durch ein Polarisationsfilter in eine bestimmte Richtung polarisiert, d.h. es wird nur Licht in einer Schwingungsrichtung ausgesandt. Trifft dieses Licht nun auf einen spiegelnden Gegenstand, wird es ohne Änderung der Polarisation in Richtung auf den Empfänger reflektiert.

8.5 Optoelektronische Sensoren

Vor dem Empfänger sitzt ein zweites Polarisationsfilter (Analysator), dessen Filterrichtung senkrecht zum ersten Filter steht. Der Sensor erkennt die Unterbrechung des Lichtstrahls und wertet diesen aus.

Wird der polarisierte Lichtstrahl jedoch vom Tripelspiegel reflektiert, so wird durch ihn die Ausbreitungsrichtung des Lichts um ca. 90° gedreht. Dieses durch den Tripelspiegel veränderte Licht gelangt nun durch das zweite Polarisationsfilter zum Empfänger, und es wird „kein Gegenstand erkannt" ausgewertet.

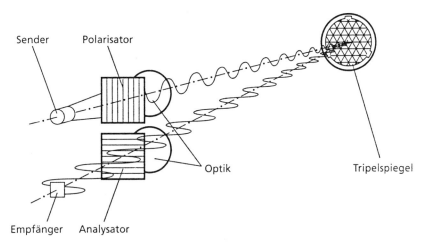

Bild 8-58 Reflexionslichtschranke mit Polarisationsfilter: Reflexion am Tripelspiegel (ifm)

Bild 8-59 Reflexionslichtschranke mit Polarisationsfilter: Reflexion am spiegelnden Objekt (Baumer)

8.5.5.2 Reflektorgröße

Um Objekte mit Reflexionslichtschranken erfassen zu können, muß der Reflektor kleiner sein als das zu erfassende Objekt.

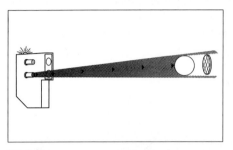
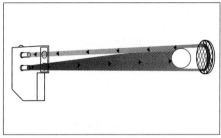

Richtig
Der Reflektor muss kleiner als das zu erfassende Objekt sein.

Falsch
Der Reflektor ist zu gross.

Bild 8-60 Reflektorgröße (Baumer)

8.5.5.3 Positionierung des Tripelspiegels

Der Tripelspiegel ist aus drei rechtwinklig zueinanderstehenden Spiegeln aufgebaut.

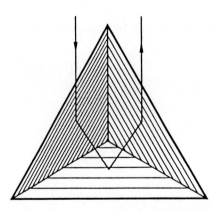

Bild 8-61
Tripelspiegel (ifm)

Trifft ein Lichtstrahl auf diesen Spiegel, so wird er exakt um 180° gedreht, der Lichtstrahl tritt also in derselben Richtung wieder aus dem Spiegel aus. Dieser Spiegelaufbau ermöglicht einen Akzeptanzbereich von ±15°, der Tripelspiegel kann daher ohne große Reflexionsverluste bis zu ±15° schräg zum Sendestrahl angeordnet werden.

8.5 Optoelektronische Sensoren

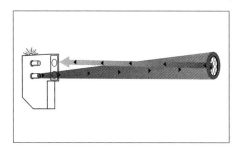

Richtig
Der Reflektor ist ausgerichtet und zentriert.

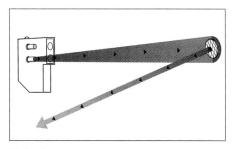

Falsch
Der Reflektor ist mehr als 15° abgewinkelt.

Falsch
Der Reflektor ist nicht zentriert.

Bild 8-62 Positionierung des Tripelspiegels (Baumer)

8.5.5.4 Montage ohne Polarisationsfilter

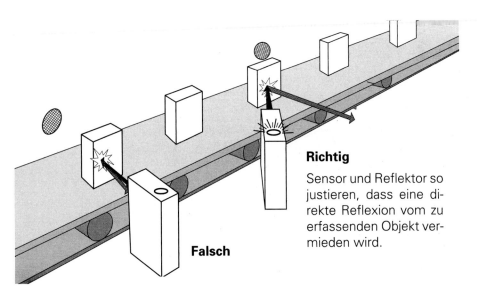

Richtig
Sensor und Reflektor so justieren, dass eine direkte Reflexion vom zu erfassenden Objekt vermieden wird.

Falsch

Bild 8-63 Montage einer Reflexionslichtschranke ohne Polarisationsfilter (Baumer)

8.5.5.5 Merkmale der Reflexionslichtschranke

- Mittlere Reichweite ca. halb so groß wie bei einer entsprechenden Einweglichtschranke, da doppelter Strahlweg
- Nur ein elektrisches Gerät für Sender und Empfänger
- Einfache Montage des Tripelspiegels
- Präzises Erkennen von Objekten entlang der gesamten optischen Achse
- Sicheres Erkennen von spiegelnden Objekten bei Reflexionslichtschranken mit Polarisationsfiltern
- Sicheres Erkennen von undurchsichtigen Objekten
- Unsicheres Erkennen von durchsichtigen Gegenständen

8.5.5.6 Typische Anwendungen der Reflexionslichtschranke

- Durchgangserkennung, wenn sich die Erkennungslage ändert (z.B. zu zählende Personen, die kommen und gehen)
- Durchgangserkennung, wenn die Erkennungslage unverändert bleibt (z.B. Durchgangserkennung von zusammengesetzten metallenen Flächen)
- Pegelerkennung (z.B. Oberflächenerkennung einer Flüssigkeit in einem Rohr)

8.5.6 Der Reflexionslichttaster

Der Aufbau des Reflexionslichttasters ist ähnlich dem der Reflexionslichtschranke, denn sowohl Sender als auch Empfänger sind in einem Gehäuse untergebracht. Das vom Sender ausgesandte Infrarot- oder Rotlicht wird vom zu erfassenden Objekt direkt reflektiert. Da das Objekt das ausgesandte Licht diffus reflektiert, gelangt nur ein sehr kleiner Teil des reflektierten Lichtes zum Empfänger. Um den Taster zum Schalten zu bringen, muß sich das zu erfassende Objekt im Empfangsbereich des Reflexionslichttasters befinden. Bei dieser Art von Sensoren ist also die Einhaltung von Tastweite und Tastbereich sehr wichtig.

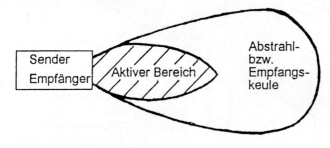

Bild 8-64
Optische Charakteristik des Reflexionslichttasters

8.5 Optoelektronische Sensoren

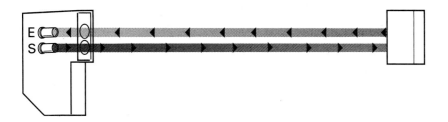

Bild 8-65 Reflexionslichttaster (Baumer)

Zwei Zustände werden unterschieden:
Objekt vorhanden   Objekt nicht vorhanden

Reflexion des Lichts   Keine Reflexion des Lichts
Sendelicht fällt auf Empfänger   Es fällt kein Licht auf den Empfänger
Objekt erkannt   Es wird kein Objekt erkannt
Endstufe wird geschaltet   Endstufe wird nicht geschaltet

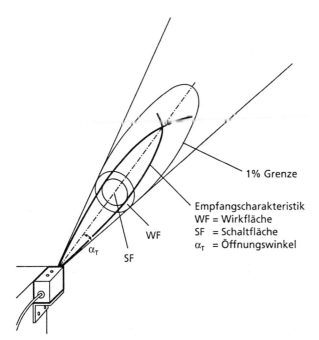

Bild 8-66
Empfangscharakteristik des Reflexionslichttasters (ifm)

In Bild 8-67 erkennt man die typische Empfangscharakteristik eines Reflexionslichttasters. Die Grenzen der Kurven ergeben sich durch seitliches oder frontales Anfahren des Sensors.

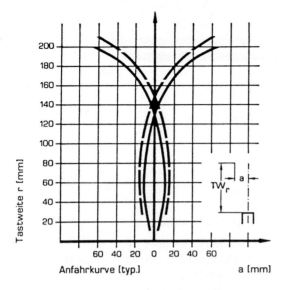

Bild 8-67
Anfahrkurve eines Reflexionslichttasters (ifm)

8.5.6.1 Reflexionslichttaster mit fokussierter Optik

Im Gegensatz zum normalen Reflexionslichttaster ist hier die Optik auf einen bestimmten Punkt fokussiert. Dadurch werden der Schaltpunkt dieser Sensoren genauer definiert und ein Hintergrundausblendungseffekt erreicht. Die schwarz/weiß-Unterscheidung dieser Sensoren verschlechtert sich gegenüber den normalen Reflexionslichttastern, denn die Schaltpunktdifferenz zwischen schwarz und weiß ist ungefähr halb so groß (< 50 %).

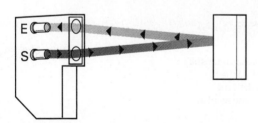

Bild 8-68 Reflexionslichttaster mit fokussierter Optik (Baumer)

8.5.6.2 Reflexionslichttaster mit Hintergrundausblendung

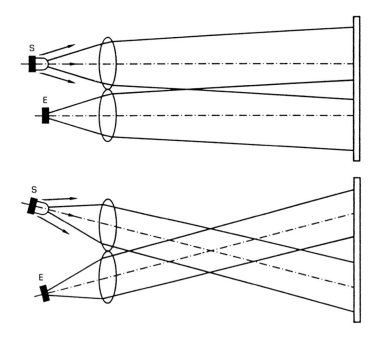

Bild 8-69 Reflexionslichttaster (ifm)
   oben: ohne Hintergrundausblendung
   unten: mit Hintergrundausblendung

Wird die Stellung von Sender und Empfänger wie in Bild 8-69 dargestellt verändert, ergibt sich eine Hintergrundausblendung nach dem *Winkellichtverfahren*. Denn ganz gleich, welche Beschaffenheit der Hintergrund hat: er liegt außerhalb des Überlappungsbereiches von Sender und Empfänger und kann den Sensor kaum beeinflussen. Der *Nachteil* dieser Reflexionslichttaster mit Hintergrundausblendung gegenüber den normalen Reflexionslichttastern ist der Tastweitenverlust von 70 - 80 %. Als *Vorteil* ist aber anzumerken, daß der Schaltabstand weitestgehend unabhängig von der Farbe und der Oberflächenbeschaffenheit des Objektes ist. Außerdem sind Reflexionslichttaster mit Hintergrundausblendung weniger anfällig gegen Beeinflussung aus dem Hintergrund.

Bei der Hintergrundausblendung nach dem *Triangulationsverfahren* wird mit zwei verschiedenen Empfängern gearbeitet. Dadurch kann zum einen die vom Tastobjekt zurückgestrahlte Lichtintensität, zum anderen auch die Distanz des Objektes zum Sensor erfaßt werden. Die Einstellung der Winkel zwischen den Empfängern kann durch eine verstellbare Mechanik erreicht werden.

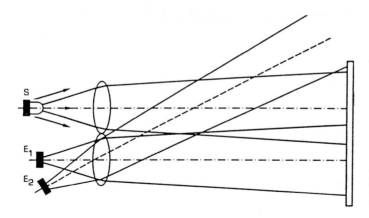

Bild 8-70
Prinzip des Triangulationsverfahrens (ifm)

Die Empfänger E1 und E2 sind so einzustellen, daß bei wachsender Entfernung des Objekts die vom Empfänger E1 empfangene Lichtmenge zunimmt und die vom Empfänger E2 abnimmt. Als maximale Tastweite ist der Punkt definiert, von dem aus E1 und E2 die gleiche Lichtintensität empfangen. Alle Objekte innerhalb dieser Tastweite werden sicher erfaßt, außerhalb befindliche werden ignoriert.

Bild 8-71 zeigt, wie Objekte erfaßt werden, die die Mindestgröße des Lichtstrahls aufweisen und innerhalb des einstellbaren Tastbereiches liegen (Mindestreflexionsvermögen 6 %). Der Hintergrund muß ca. 10 % hinter dem eingestellten Tastbereichspunkt liegen.

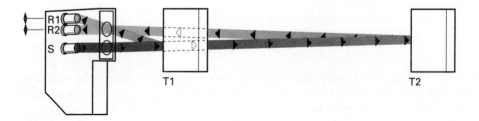

Bild 8-71 Triangulationsverfahren Sensor-Objekterfassung (Baumer)

8.5.6.3 Tastweite und Tastbereich

Die Tastweite T_W ist die maximal erreichbare Distanz eines Reflexionslichttasters, gemessen auf weißes Papier (Kodak Card Nr. 1 527 795) bei 25 °C. Sensoren mit Einstellhilfe zeigen diesen Punkt durch dauerndes Leuchten der Empfangsanzeige (LED) an.

Der Tastbereich T_b liegt zwischen der eingestellten Tastweite und dem sogenannten Blindbereich. Der Blindbereich definiert den unmittelbar vor der Linse liegenden Bereich, in dem der Sensor ein Objekt nicht sicher erkennen kann. Der Tastbereich definiert den Bereich, in dem ein Objekt immer sicher erkannt wird.

8.5 Optoelektronische Sensoren

Die Bilder 8-72 und 8-73 zeigen die Abhängigkeit der Tastweite von Größe und Farbe vom jeweiligen Objekt.

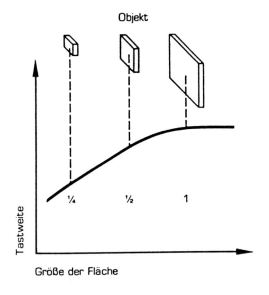

Bild 8-72
Tastweite in Abhängigkeit von der Fläche des Objektes (ifm)

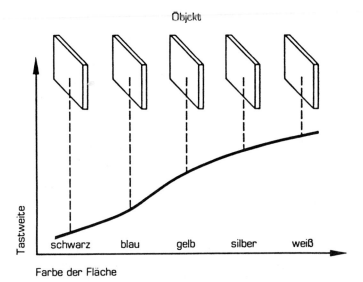

Bild 8-73
Tastweite in Abhängigkeit von der Farbe des Objektes (ifm)

8.5.7 Technische Besonderheiten

8.5.7.1 Reichweite und Tastweite

- Einweglichtschranken
  Die Reichweitenangabe bezieht sich auf die maximale Distanz zwischen Sender und Empfänger unter optimalen Bedingungen.
- Reflexionslichtschranken
  Die Reichweitenangabe bezieht sich auf die maximale Distanz zwischen dem Sensor und dem Reflektor, Tripelspiegel unter optimalen Bedingungen.
- Reflexionslichttaster
  Die Reichweitenangabe bezieht sich auf die maximale Distanz zwischen dem Sensor und einer weißen Kodak-Testkarte mit 90% Reflexionsvermögen der Größe 20x25 cm unter optimalen Bedingungen.
- Reflexionslichttaster mit Hintergrundausblendung
  Die Tastweitenangabe bezieht sich auf die maximale Tastweite.

Die Lichtintensität nimmt quadratisch mit der Entfernung ab: Bei Verdopplung der Entfernung geht die Intensität auf ein Viertel zurück. Daher ist die Erfassung von Objekten mit optischen Sensoren um so effektiver, je kleiner der Abstand des Sensors zum Objekt ist. Das gilt allerdings nicht für sehr kleine Entfernungen. Die Linsenanordnung bei Reflexionslichttastern und -lichtschranken sorgt dafür, daß bei sehr kleinen Abständen das meiste Licht auf die Sendediode zurückfällt und nicht auf den Empfänger. Die empfangene Lichtintensität nimmt daher bei sehr kleinen Entfernungen ab. Dieser Effekt ist gut aus den Reichweitenkurven zu entnehmen. Der optimale Arbeitsabstand liegt also nicht möglichst nahe am Sensor, sondern in der Entfernung, in der die Reichweitenkurve ein Maximum hat.

8.5.7.2 Reichweitenbestimmung

Anhand des Reichweitendiagramms einer Reflexionslichtschranke Bauform OPR von ifm-electronic (Bild 8-74) sollen zur Erfassung einer Plastikflasche, klar, bei leicht verschmutzter Umgebung die Tastweite und der Tastbereich ermittelt werden.

Ermittlung der maximalen Tastweite:
Reichweitenfaktor Plastikflasche klar · Korrekturfaktor Umweltbedingungen

$$1{,}2 \cdot 5 = 6 \qquad (\text{s. S. 205})$$

Die Waagrechte im Reichweitendiagramm (Bild 8-74) in der Höhe von 6 schneidet den Funktionsgraphen bei 0,25 m und bei 6 m Reichweite. Diese beiden Schnittpunkte begrenzen die Tastweite, sie reicht demnach von 25 cm bis 6 m.
Würde der Korrekturfaktor für Umweltbedingungen 10 betragen, so wird die Waagrechte in einer Höhe von 12 eingetragen. Es ergeben sich die Schnittpunkte 0,45 m und 5 m. Die maximale Tastweite liegt nun bei 5 m, der Tastbereich zwischen 45 cm und 5 m. Bei Abständen zwischen Sensor und Objekt unter 45 cm sind Probleme zu erwarten.

8.5 Optoelektronische Sensoren

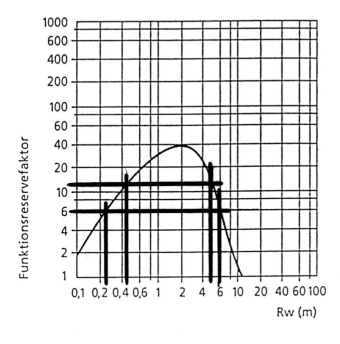

Bild 8-74
Reichweitendiagramm/Ermittlung der Tastweite

8.5.7.3 Typische Anwendungen

- Durchgangserkennung (wenn die Erkennungslage unverändert bleibt)
- Pegelerkennung
- Fehler- oder Locherkennung; Rille, Schlitz, Loch (z.B. Erkennung von Flaschenverschlüssen)
- Erkennen von Drähten oder ringartiger Gegenstände
- Erkennen von durchscheinenden Körpern (z.B. Erkennen von Glas)
- Erkennen von schwarzen Objekten auf weißem Transportband (Reflexionslichttaster mit Hintergrundausblendung, Triangulationsverfahren)

8.5.7.4 Schaltfunktionen

Für optoelektronische Sensoren gibt es zwei Schaltungsmöglichkeiten:
- Ein *dunkelschaltender Sensor* schaltet seine Endstufe, wenn *kein Licht* auf seinen Empfänger fällt.
- Ein *hellschaltender Sensor* schaltet seine Endstufe, wenn *Licht* auf seinen Empfänger fällt.

Somit gilt
- für dunkelschaltende Einweg- und Reflexionslichtschranken:
  Wird der Lichtstrahl zwischen Sender und Empfänger unterbrochen (Objekt erkannt), dann ist der Ausgang durchgeschaltet; das Relais hat angezogen.
- für hellschaltende Einweg- und Reflexionslichtschranken:
  Wird der Lichtstrahl zwischen Sender und Empfänger bzw. zwischen Sende- und Empfangseinheit und Tripelspiegel nicht unterbrochen (kein Objekt erkannt), dann ist der Ausgang durchgeschaltet; das Relais hat angezogen.

Die *Reflexionslichttaster* zeigen ein *umgekehrtes* Verhalten, es gilt
- für dunkelschaltende Reflexionslichttaster:
  Wird der Lichtstrahl vom abzutastenden Gegenstand nicht zum Empfänger reflektiert (kein Objekt erkannt), dann ist der Ausgang durchgeschaltet; das Relais hat angezogen.
- für hellschaltende Reflexionslichttaster:
  Wird der Lichtstrahl vom abzutastenden Gegenstand zum Empfänger reflektiert (Objekt erkannt), dann ist der Ausgang durchgeschaltet; das Relais hat angezogen.

Je nach Applikation wird die entsprechende Schaltvariante eingesetzt. Ist es z.B. erforderlich, daß die Lichtschranke beim Erfassen eines Objektes durchschaltet, dann muß eine dunkelschaltende Lichtschranke eingesetzt werden.

Soll z.B. ein Reflexionslichttaster beim Erfassen eines Objektes durchschalten, dann muß ein hellschaltender Reflexionslichttaster zum Einsatz kommen.

8.5.8 Digitale Störaustastung

Einige Herstellerfirmen von optoelektronischen Sensoren haben diese zur Erhöhung der Sensorbetriebssicherheit mit einer digitalen Störaustastung ausgestattet. Während bei optoelektronischen Sensoren ohne digitale Störaustastung das von einem Objekt oder Spiegel reflektierte Licht über einen bestimmten Zeitraum integriert, in einer Auswertstufe mit einem Sollwert verglichen und dementsprechend die Ausgangsstufe geschaltet wird, arbeiten Sensoren mit digitaler Störaustastung wie folgt: Der Sender sendet getaktetes Licht aus, das vom Objekt oder einem Spiegel reflektiert wird. Der Sensorempfänger erhält also digitalisiertes Licht. Seine Auswertstufe ist so ausgelegt, daß mindestens sechs aufeinanderfolgende Lichtimpulse empfangen werden müssen, bis die Ausgangsstufe schaltet. Damit ist eine Beeinflussung des Schaltzustandes eines optoelektronischen Sensors von äußeren Störungen, sei es durch elektrische oder optische Störimpulse, weitestgehend ausgeschlossen, es sei denn, daß ein Störsender mit der gleichen Taktfrequenz mindestens sechs Störimpulse liefert.

8.5 Optoelektronische Sensoren

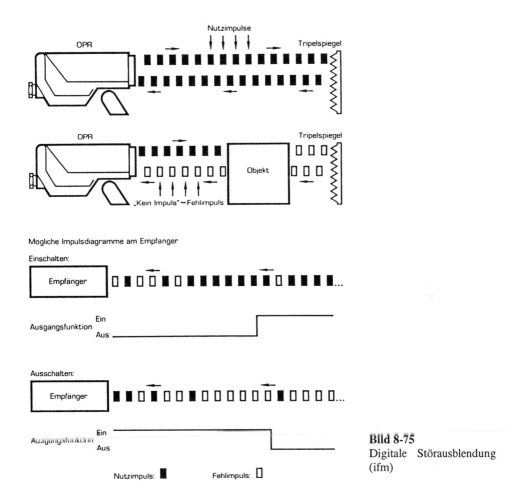

Bild 8-75
Digitale Störausblendung (ifm)

8.5.8 Ausführungsformen von optoelektronischen Sensoren

- Anschlußsysteme: 2-Leiter- und 3-Leiter-Geräte
- Betriebsspannung: Gleichspannungs- und Wechselspannungsgeräte bei unterschiedlichem Lichtstrom.

8.5.9 Empfehlungen

Wenn die Möglichkeit besteht, sollte man bei einer optischen Erfassung eine Einweglichtschranke einsetzen, da mit dieser Art von Sensoren ein sicheres Schalten bei größtmöglicher Reichweite gewährleistet ist.

Sollte, aus welchen Gründen auch immer, eine Einweglichtschranke nicht eingesetzbar sein, so wäre als nächste Möglichkeit eine Reflexionslichtschranke heranzuziehen. Denn auch sie besitzt – bei halber Reichweite – einen sicheren Schaltpunkt für die meisten Materialien. Mit Reflexionslichtschranken lassen sich auch transparente Objekte erfassen, wenn die Empfängerempfindlichkeit dazu ausreicht (Verstellung möglich). Bei hochglänzenden Objekten sollten zur Erhöhung der Störsicherheit Geräte mit Polarisationsfilter eingesetzt werden. Reflexionslichttaster sollten dort zum Einsatz kommen, wo Objekte generell von nur einer Seite abfragt werden. Sind Objekte so transparent, daß Lichtschranken versagen, dann können Reflexionslichttaster dieses Problem lösen. Sollen sehr kleine Objekte erfaßt werden, dann bieten sich optoelektronische Sensoren mit Lichtleitern an.

Sind Objektkanten präzise zu erfassen oder kleine Objekte auf größere Entfernung zu detektieren, so werden Laser-Reflexionslichtschranken verwendet.

9 Programmierung von Industrierobotern

9.1 Aufgaben und Anforderungen an die Programmierung

Roboter sind universelle Handhabungsgeräte, die für eine Vielzahl unterschiedlicher Handhabungsaufgaben eingesetzt werden können. Zur Ausführung einer gestellten Automatisierungsaufgabe sind eine Vielzahl von Steuerinformationen notwendig, die bei der Roboterprogrammierung festgelegt werden müssen.

Analog zur Programmierung von Werkzeugmaschinen muß die Bewegungsaufgabe bzw. Handhabungsaufgabe in einzelne Sequenzen zerlegt und über geeignete Programmierverfahren als Programm für die jeweilige Robotersteuerung erstellt werden.

Die Programmierung der Robotersteuerung hat einen wesentlichen Einfluß auf die Leistungsfähigkeit eines Industrieroboters. Um Rüst- und Umrüstzeiten zu minimieren, muß die Programmierung möglichst einfach und übersichtlich und mit wenig Aufwand durchführbar sein. Roboterprogramme sollen einfach anzupassen, leicht optimierbar und korrigierbar sein.

9.2 Verfahren zur Roboterprogrammierung

9.2.1 Überblick

Nach dem Ort der Programmierung lassen sie sich unterteilen in
- Online-Verfahren (direkte Programmierung)
  Die Programmierung erfolgt direkt, unmittelbar am Einsatzort.
  Das *Teach-in*-Verfahren ist das am häufigsten eingesetzte Programmierverfahren. Der Roboter wird durch Tastatureingabe oder mit einem Steuerknüppel zu den gewünschten Raumpunkten verfahren, die dann gespeichert werden. Die für die Handling-Aufgabe notwendigen Zusatzinformationen, wie Geschwindigkeit, Beschleunigung, Greiferfunktionen u.a., werden dann über die Tastatur direkt eingegeben.
  Das *Playback*-Verfahren unterscheidet sich im wesentlichen darin, daß der Effektor (z.B. Lackierwerkzeug) bei abgeschalteten Antrieben und gelösten Haltebremsen mit der Hand entlang der gewünschten Bewegungsbahn gefahren wird. Während der Bewegung werden die Positionen der einzelnen Achsen über die Steuerung abgefragt und gespeichert.
- Offline-Verfahren (indirekte Programmierung)
  Beide obengenannten Verfahren haben den Nachteil, daß die Anlage während der Programmierung für die Produktion nicht zur Verfügung steht. Aus diesem Grunde erfolgt die Programmierung bei Offline-Verfahren an einem vom Roboter getrennten Programmiersystem (analog zur Programmierung von NC-Maschinen oder Koordinatenmeßmaschinen).

Die Erstellung des Programmes kann durch textuelle Programmierung erfolgen, wobei die Bewegungsaufgabe mit Hilfe einer problemorientierten Sprache an einem Programmierplatz beschrieben wird. Daneben besteht die Möglichkeit, wiederum in Analogie zur CNC-Programmierung, mit Hilfe von grafikunterstützten Verfahren die Bewegungsabläufe des Roboters am Bildschirm zu generieren und ggf. auch zu simulieren.

- Hybride Verfahren (kombinierte Verfahren)
  Die textuelle Programmierung erfordert vom Programmierer ein hohes Abstraktionsvermögen, da er während der Programmierung keinen direkten Bezug zur Roboterzelle besitzt. Er muß alle anzufahrenden Punkte oder Positionen von der Lage und der Orientierung kennen. Da dies praktisch nicht realisierbar ist, hat sich die hybride Programmierung durchgesetzt.
  Diese Programmierung erfolgt in einer Kombination aus Online- und Offline-Verfahren. Die Handhabungsaufgabe wird in ihrem Ablauf offline programmiert, und die notwendigen Punkte werden online „geteacht".

Die Einteilung in Tabelle 9-1 ist nur schematisch zu sehen. Die Übergänge zwischen den einzelnen Verfahren sind fließend, so kann es durchaus sein, daß mit einem entsprechenden Handprogrammiergerät die Eingabe eines RC-Programmes textuell erfolgt. Textuell bedeutet in diesem Zusammenhang nicht unbedingt die Eingabe der Befehle über eine Ziffern- und Buchstabentastatur, sondern auch durch Unterstützung von Funktionstasten, wie sie bei einem Programmiersystem auch zur Verfügung gestellt wird. Die in den Bildern 9-2 und 9-3 dargestellten Handbediengeräte bieten komfortable Möglichkeiten zur Bedienung von Industrierobotern und zur Programmeingabe.

Tabelle 9-1 Übersicht Roboterprogrammierverfahren

ONLINE direkte Programmierung			OFFLINE indirekte Programmierung	
Lernverfahren		kombinierte Verfahren	textuelle und graphikunterstütze Verfahren	
Teach-in-Verfahren	Playback-Verfahren	Hybride Verfahren	Textuelle Verfahren	Graphik-unterstütze Verfahren
• Verfahren des Roboters über TEACH-BOX (Bedienpult) • Eingabe des Programmablaufes über Funktionstasten	• Bewegung des Roboters über Handgriffe am Endeffektor • Eingabe der technologischen Informationen	• Erstellung des Handhbungsablaufes offline • Ergänzung um die Positionsangaben online	• Beschreibung des Handhabungsablaufes mit Hilfe einer Roboterprogrammiersprache	• Interaktive Eingabe der Bewegungsbahn am Bildschirm • Textuelle Eingabe des Programmablaufes

9.2.2 Online-Programmierung

Bei der Online-Programmierung handelt es sich um sogenannte Lernprogrammierverfahren. Durch den direkten Bezug zum Prozeß sind diese Verfahren sehr anschaulich und leicht erlernbar. Der Programmierer führt den Roboter oder ein vergleichbares Modell entlang der Bewegungsbahn, während die Steuerung die notwendigen geometrischen Daten speichert.

9.2.2.1 Das Teach-in-Verfahren

Beim Teach-in-Verfahren erfolgt die Erstellung des Programms in einem Dialog zwischen Programmierer und Robotersteuerung. Damit der Bediener bei der Programmerstellung den Bewegungsvorgang gut beobachten kann, besitzen Roboter-Steuerungen neben dem Bedienfeld am Steuerschrank noch ein tragbares Handprogrammiergerät. Mit Hilfe dieses Bediengerätes werden die notwendigen Bahnen und Positionen über die Antriebe angefahren. Während des Verfahrens messen Wegmeßsysteme die Wegkoordinaten des Verfahrweges. Durch Betätigung einer Übernahmetaste können die Koordinaten gespeichert und entsprechenden Positionsnummern zugeordnet werden. Unter diesen Nummern sind die Daten im Programm wieder abrufbar. Dieser Vorgang wird als Teachen bezeichnet.

Einfache Robotersteuerungen stellen über eine „Teaching-Box" lediglich die Funktionen des Verfahrens der Roboterachsen sowie die Eingabe der Positionen zur Verfügung. Als Beispiel hierfür ist in Bild 9-1 die Teaching-Box des Mitsubishi RV-M1 dargestellt.

Die wesentlichen Funktionen dieser Teaching-Box sind:
- Bewegungs-Funktionen für die Achsbewegungen (B+, B-, S+, S-...) oder Bewegungen in den Raumkoordinaten x, y und z
- Programmfunktionen, wie z.B. Anfahren des Referenzpunktes (NST), Übernahme von Positionen (PS) oder Anfahren eines Punktes (MOV)
- Anzeigeelement mit 7 Stellen, z.B. für die Anzeige von Positionen, Programmschritten oder Fehlermeldungen
- NOT-AUS Funktion
- EIN-AUS-Funktion: Bei Bedienung über eine PC oder bei Programmstart muß die Teaching-Box auf AUS stehen; damit ist ausgeschlossen, daß während des Programmablaufes eine Eingabe erfolgen kann

Sind die Positionen alle angefahren und abgespeichert kann durch Eingabe der weiteren Parameter wie Geschwindigkeit, Beschleunigung, Art der Interpolation sowie notwendige Funktionen, wie z.B. Greifer auf/zu, Werkzeugwechsel, Sensorabfragen, das Programm vervollständigt werden. Die Eingabe dieser Parameter erfolgt über einen PC mit einer entsprechenden Software oder über ein komfortables Handbediengerät (Bilder 9-2 und 9-3).

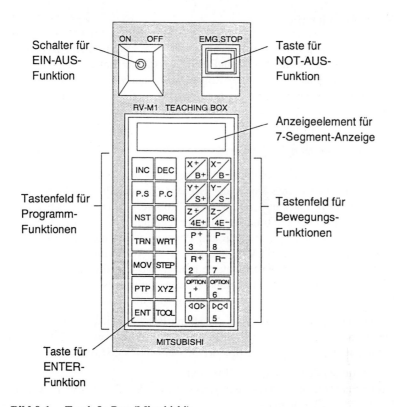

Bild 9-1 Teach-In-Box (Mitsubishi)

9.2.2.2 Das Programmierhandgerät PHG2000 (Bosch)

Das PHG2000 ist zur Bedienung von Robotern, Antrieben und Steuerungen konzipiert. Es enthält ein grafikfähiges Display und 36 applikationsspezifisch programmierbare Tasten. Der Anwender kann über eine entsprechende Software eine verzweigte Menüstruktur mit Masken aufbauen und somit eine eigene, an seine Bedürfnisse angepaßte Bedienoberfläche erzeugen. In diese Maske können zur Bedienerführung Piktogramme eingeblendet werden, die über die Zuordnung Piktogramm-Taste-Maske die Anwahl der einzelnen Menüebenen erlauben.

Die Datenausgabe des PHG2000 an den Bediener erfolgt visuell über ein LCD-Grafik-Display. Zur Bedienereingabe stehen 36 Tasten auf dem Tastenfeld zur Verfügung. Sie werden durch Beschriftung auf der Frontplatte bzw. einer auswechselbaren Einschubfolie gekennzeichnet. Ihre Bedeutung kann über eine spezielle Konfigurationssoftware maschinenspezifisch festgelegt werden.

Das PHG2000 verfügt über einen NOT-AUS-Schalter, der sich auf der Oberseite des Gehäuses befindet sowie über einen Zustimmschalter auf der Rückseite.

Mit Hilfe dieses Programmierhandgerätes können nicht nur Positionen angefahren und abgespeichert werden, sondern auch komplexe Robotersteuerprogramme in der Programmiersprache BAPS editiert werden, Systemzustände abgefragt werden, Ein- und Ausgänge gesetzt oder abgefragt werden, Maschinenparameter abgefragt und gesetzt werden u.v.m.

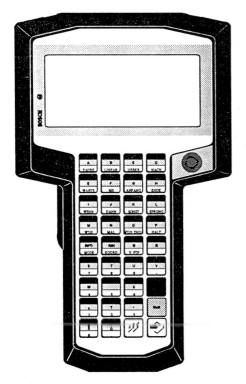

Bild 9-2
Handbediengerät (Programmierhandgerät)
(Bosch)

9.2.2.3 Kurzbeschreibung des KCP (KUKA)

Das KUKA Control Panel dient zum Teachen und Bedienen der Robotersteuerung KR C1 von *KUKA*. Der Microcontroller sendet Tastatur- und Zustandsdaten über einen Standard-CAN-Bus an den PC und wird auf diesem Weg von der Steuerung initialisiert und parametrisiert. Die Displayinformation wird über eine separate High-Speed-Schnittstelle seriell übertragen.

Das KCP verfügt über ein 8 Zoll Vollgrafik-Farbdisplay (VGA-Auflösung 640x480), eine Folientastatur, eine 6D-Maus und die Bedienelemente NOT-AUS, Antriebe Ein/Aus, Betriebsartenschalter und Zustimmungsschalter.

Über einen DIN-Stecker kann am KCP zusätzlich eine MF II-Tastatur angeschlossen werden. Ein Ethernet-Anschluß ermöglicht die Archivierung auf einem PC.

Durch eine Windows-Oberfläche wird der Anwender durch alle Arbeitsschritte geführt, so daß eine schnelle und effiziente Programmierung möglich ist.

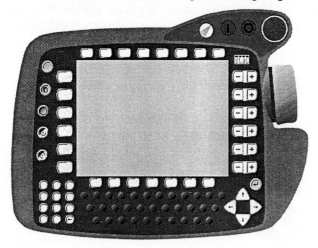

Bild 9-3
KUKA-Control Panel (KCP)
(KUKA)

Die wesentlichen Funktionen des KCP sind:
- Inbetriebnahme der Robotersteuerung
- Erstellung von Programmen
- Testen und korrigieren von Programmen
- Programmsteuerung (Start, Stop)
- Beobachten und Diagnose bei laufender Produktion

Die folgenden Anzeigen sind möglich:
- Anwenderprogramme, Programmstatus
- Unterbrechung, Override
- Programmbild, Bewegungsbild
- Istwertanzeige, Schleppfehleranzeige
- Online-Korrektur, Justagebild
- Roboterstellung, Verfahrart
- Schnittstellensignal, Meldungen
- Buchführung
- Help-Anzeige

Neben der Möglichkeit, die Verfahrart über das Menü anzuwählen, ist ein Verfahren mit Hilfe der 6D-Mouse am KCP möglich. Hierdurch sind einfaches Programmieren und Testen möglich.

9.2.2.4 Das Playback-Verfahren

Die zweite Variante der Online-Programmierung ist das Playback-Verfahren oder „abfahren und speichern". Der Roboter wird bei abgeschalteten Antrieben von Hand entlang der zu programmierenden Bahn geführt. Während dieser Phase werden in einem festgelegtem Zeittakt (0,05 s bis 0,5 s) alle für die Wiedergabe der Bahn notwendigen

9.2 Verfahren zur Roboterprogrammierung

Daten gespeichert. Dieses Verfahren ist nur direkt am Roboter möglich, wenn es sich um leichte Konstruktionen handelt. Verschiedene Roboterhersteller liefern zur Playback-Programmierung speziell gefertigte kinematische Modelle in Leichtbauweise, die die Wegmeßsysteme enthalten und somit zur Programmierung eingesetzt werden können.

Beim späteren automatischen Ablauf führt der Roboter genau die Bewegung aus, die durch das Modell „eingespielt" wurde. Die Playback-Programmierung wird hauptsächlich bei Beschichtungsrobotern eingesetzt.

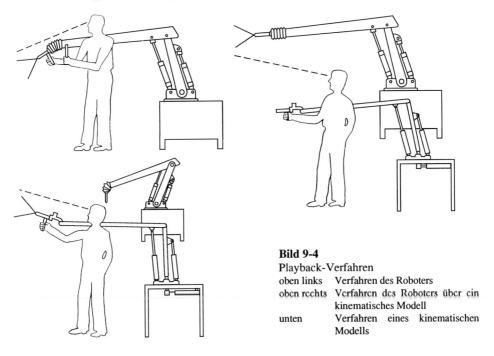

Bild 9-4
Playback-Verfahren
oben links   Verfahren des Roboters
oben rechts   Verfahren des Roboters über ein kinematisches Modell
unten   Verfahren eines kinematischen Modells

9.2.3 Offline-Programmierung

9.2.3.1 Die Textuelle Programmierung

Die Erstellung eines RC-Programms mit Hilfe einer Programmiersprache erfolgt genau wie das Erstellen von BASIC-, PASCAL- oder C-Programmen oder auch von Programmen zur Steuerung von NC-Maschinen. Zur Formulierung von Befehlen steht eine Programmiersprache zur Verfügung, die aus mnemotechnischen Gründen aus Kürzeln der englischen oder auch deutschen Sprache besteht.

Die verschiedenen Roboterhersteller bieten hierzu rechnergestützte Programmiersysteme an, mit denen die Programmierung in einer steuerungsspezifischen Sprache erfolgt. Die erstellten Roboterprogramme können nur an der entsprechenden Steuerung ausgeführt werden.

Sprache	Roboterhersteller
S-IRL, K-IRL	KUKA
VAL	Adept/Unimation
BAPS, BAPS2	Bosch
ARLA	ASEA
SRCL	Siemens
ROLF/CAROLA	Cloos
AML/2	IBM

Tabelle 9-2 Auswahl steuerungsspezifischer Roboterprogrammiersprachen

Neben den steuerungsspezifischen Programmiersprachen werden roboterunabhängige Programmiersysteme mit problemorientierten Sprachen zur Roboterprogrammierung entwickelt, z.B. SRL, ROBEX-M, CLARO. Roboterprogramme, die in diesen Sprachen erstellt werden, müssen mit Hilfe eines Compilers in den steuerungsspezifischen Code des jeweiligen Roboters übersetzt werden.

Darüberhinaus haben Hersteller, Anwender und Hochschulinstitute Richtlinien für eine standardisierte Schnittstelle zwischen Programmiersystem und Robotersteuerung geschaffen, die in der VDI-Richtlinie 2863 festgehalten worden sind. Die IRDATA-Richtlinie (Industrial Robot Data) spezifiziert den allgemeinen Aufbau, die Satztypen sowie die Übertragung der Anweisungen zur Durchführung und Steuerung der Roboterbewegung. Hieraus hat sich eine genormte Robotersprache entwickelt.

Tabelle 9-3 Eigenschaften und Anwendung einer genormten Roboter-Programmiersprache

IRL=Industrial Robot programming Language
Eigenschaften
• Modulare, compilerorientierte Hochsprache, ähnlich PASCAL
• Grundfunktionalität wie bei den allgemeinen Hochsprachen
• Spezielle roboterorientierte Elemente (geometrische Datentypen und Operatoren, Bewegungsbefehle, …)
• Steuerung von Peripherieeinrichtungen (Greifer, Zusatzachsen, Sensoren)
• Multi-Tasking und Multi-Robot-Handling
• Programmgenerierung online und offline
• Herstellerneutral → Portierbarkeit der Programme
Anwendung
• Direkte textuelle Programmierung
• Programm-Transfer zwischen Robotern
• Programm-Austausch mit Offline-Programmiersystemen
• Investitionsschutz für Roboterprogramme
• Richtlinie für technologische Weiterentwicklung

9.2 Verfahren zur Roboterprogrammierung

Die Programmierung beginnt mit der Analyse und Planung der Handhabungsaufgabe – hierzu gehören in der Regel die Erstellung eines Lage- und Positionsplans sowie eines Ablaufplans. Auf deren Grundlage kann das Programm für RC-Steuerung erstellt und über die Tastatur eingeben werden.

Zur Programmeingabe stehen Programmiersysteme unter einer graphischen Bedienoberfläche zur Erstellung von Bewegungs- und Ablaufprogrammen zur Verfügung, die in der Regel auf handelsüblichen PC lauffähig sind. Hiermit können RC-Programme erstellt, übersetzt und archiviert werden. Darüber hinaus stehen vielfach umfangreiche Diagnosemöglichkeiten als Online-Funktionen zur Verfügung.

Der Funktionsumfang hängt von der verwendeten Steuerung ab. Die wesentlichen Funktionen eines Programmiersystems mit grafischer Simulation sind in Bild 9-5 zu sehen.

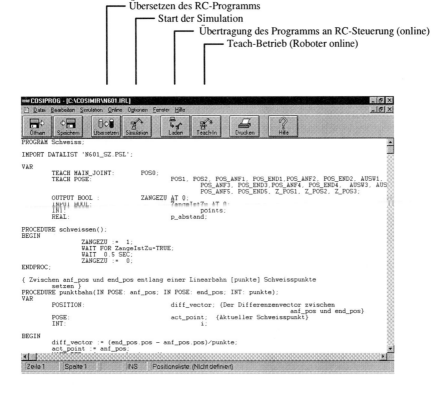

Bild 9-5 Programmiersystem mit graphischer Oberfläche

Die wesentlichen Funktionen sind:
- Laden und Speichern von Programmen
- Editieren mit den üblichen Editierhilfen wie Löschen, Einfügen, Ersetzen, Funktionstasten, Einschieben von Befehlen
- Drucken, Übersetzen des erstellten Programmes
- Laden des Programmes in die Robotersteuerung (Roboter muß online sein)
- Übertragung von Positions- und Punktedateien
- Nutzung wesentlicher Online-Funktionen (z.B. Start/Stop, Status, Diagnose, Verfahren der Achsen)
- Hilfefunktionen
- Offline-Teachen
- Simulation: Das Programm kann bei diesem System simuliert werden, wenn die Arbeitszelle und die entsprechenden Koordinaten zur Verfügung stehen

Die Koordinaten der Positionen, die angefahren werden sollen, erhalten in der Regel im Programm Positionsnamen oder -nummern (Variablen). Die Zuordnung der Koordinatenwerte erfolgt beim Übertragen der Programme in die Steuerung. Hierbei handelt es sich dann um die Positionen, die beispielsweise über das Verfahren mit Hilfe eines Handbediengerätes in die Steuerung übertragen worden sind. Neben der Eingabe von Variablen können die Koordinaten der anzufahrenden Positionen auch direkt oder durch relative Verschiebungen zu bekannten Positionen gegeben werden.

Das offline erstellte Programm muß nach der Fertigstellung übersetzt und zur Robotersteuerung übertragen werden. Dies kann über einen Datenträger oder über eine Schnittstelle erfolgen.

Am Beispiel der Programmiersprache BAPS (**B**ewegungs- und **A**blauf-**P**rogrammiersprache) (*Bosch*) soll eine Auswahl wesentlicher Strukturelemente einer solchen Sprache kurz erläutert werden.

Auch wenn Programmstruktur, Syntax, Programmanweisungen sowie die Möglichkeiten der Programmiersprachen verschiedener Steuerungshersteller sehr unterschiedlich sind, lassen sich die wesentlichen Strukturen eines RC-Programmes, wie sie in Tabelle 9-4 darstellt sind, vergleichend beschreiben.

Die einzelnen Programmteile lassen sich unterteilen in:
- Hauptprogramm
  Das Hauptprogramm bildet die Basis für die Definition und den Aufruf weiterer Programmkomponenten.
- Unterprogramme
  Wiederkehrende Anweisungen werden in einem Unterprogramm abgelegt und können über einen Befehlsaufruf im Hauptprogramm zur Ausführung gebracht werden.
- Bewegungsanweisungen
  Die verschiedenen Bewegungsarten eines Roboters werden durch eine entsprechende Befehlssyntax zur Ausführung gebracht, wie z.B. PTP-, Linear- oder Zirkularbewegung, Toolbewegungen sowie spezielle Pendelbewegungen beim Schweißen. Hierzu gehören auch die Einstellungen der Geschwindigkeit oder Beschleunigung sowie Eingaben von Nullpunktverschiebungen oder Werkzeugkorrekturen.

9.2 Verfahren zur Roboterprogrammierung

PROGRAMM Name	Programmkopf	**Tabelle 9-4**
ENDE	Programmende	Wichtige Strukturelemente der Programmiersprache BAPS (Bosch)
UP	Unterprogrammbeginn	
RSPRUNG	Unterprogrammende	
Bewegungsbefehle		
FAHRE	Absolutverfahren	
UEBER Punkt, Punkt, ...	Punkte ohne Halt überfahren	
NACH Punkt, Punkt,...	Punkte genau anfahren	
VERSCHIEBE	Inkrementalverfahren	
CIRCA Punkt, Punkt,...	Punkte ohne Halt überfahren	
EXAKT Punkt, Punkt, ...	Punkte genau anfahren	
LINEAR	Linearinterpolation	
PTP	Punkt-zu-Punkt-Verfahren	
BIS	Bewegungsabbruch	
Bedingte Anweisungen		
WENN Bedingung		
DANN Anweisung	Ausführung, wenn Bedingung erfüllt	
SONST Anweisung	Ausführung wenn Bedingung nicht erfüllt	
SPRUNG	Sprungbefehl	
WDH Anzahl MAL	Beginn Wiederholung mit Anzahl	
Anweisungen	auszuführende Anweisungen	
WDH_ENDE	Ende der Wiederholung	
WARTE Wert	Verweilzeit	
WARTE BIS Bedingung	Warten auf Eintreffen einer Bedingung	
PAUSE	Programmhalt, erneuter Start notwendig	
HALT	Programmende	
Ein- und Ausgabebefehle		
LESE	Lese von V.24.1, V.24.2	
SCHREIBE	Schreibe auf HBG, V.24.1...	
Wertzuweisung		
P1= (50,0,20,10,0,0)	Punkt 1 mit Koordinatenzuweisung	
V=Wert	Bahngeschwindigkeit in mm/s	
A=Wert	Bahnbeschleunigung in mm/s^2	

- Programmablaufanweisungen
  Hierzu gehören Sprungbefehle sowie Befehle zur logischen Programmverzweigung, bedingte und unbedingte Unterbrechungsmarken, binäre oder zeitabhängige Warteanweisungen und Befehle zur interrupt-gesteuerten Programmbearbeitung.
- Wiederholstrukturen
  Werden bestimmte Programmanweisungen mehrfach ausgeführt, so stehen Befehle zur Verfügung, die den Beginn, das Ende und die Anzahl der Wiederholungen festlegen.
- Boolsche und arithmetische Anweisungen
  Zur Verknüpfung von binären Daten (Eingängen oder Merkern) sowie zur Verarbeitung von Parametern, Distanzen, Koordinatenwerten stehen entsprechende Anweisungen zur Verfügung.
- Ein- und Ausgabeanweisungen

Sollen Roboterbewegungen in Abhängigkeit von Prozeßinformationen (z.B. Sensoren) ausgeführt werden oder Informationen über den Roboterstatus ausgegeben werden, so stehen hierfür entsprechende Anweisungen für die Ein- und Ausgabe dieser Daten zur Verfügung. Je nach Ausführung der Steuerung können dies binäre oder analoge Daten sein.

Die aufgeführten Strukturen stellen nur eine Auswahl der wesentlichen Strukturen von RC-Programmen dar. So kann der Befehlsumfang je nach Ausprägung der Steuerung, der Art der Bearbeitungs- oder Handlingaufgabe und der angebundenen Peripherie erheblich größer sein (Schweißrobroter, Kommunikation mit leistungsfähigen Sensorsystemen o.ä.).

9.2.3.2 Programmierung mit graphischer Unterstützung

Ein wesentlicher Nachteil der textuellen Offline-Programmierung ist, daß der Programmierer die Bewegungsaufgabe nicht direkt „vor sich sieht". Mit Hilfe eines zweidimensionalen Lage- und Positionsplanes kann er den Ablauf planen. Dies verlangt ein hohes räumliches Vorstellungsvermögen, um alle Bewegungen korrekt und ohne Kollisionen zu programmieren. Häufig ist es hierbei erforderlich, nach der Programmerstellung die Positionen im Teach-in-Verfahren zu bestimmen oder zu korrigieren. Durch einen Testlauf des Programmes können dann Optimierungen des Programmablaufes vorgenommen werden. Durch grafikunterstütze Programmierverfahren können auch diese Aufgaben indirekt, also offline, durchgeführt werden, so daß der Roboter lediglich während der Testphase benötigt wird.

An einem CAD-Arbeitsplatz, der mit einer entsprechenden Rechneranlage unterstützt wird, kann die Roboterzelle graphisch dargestellt werden. Eine gegebene Handling-Aufgabe kann somit ohne Belegung des Roboters programmiert werden. Die Verfahrwege können simuliert werden, und es können Kollisionsbetrachtungen durchgeführt werden.

Die Bilder 9-6 bis 9-8 zeigen Bildschirmkopien einer Software, mit deren Hilfe Roboter-Steuerprogramme offline erstellt werden können.

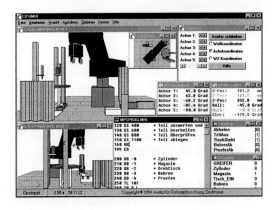

Bild 9-6
Arbeitsoberfläche eines Systems zur grafikunterstützten Programmierung (Volumenmodell)

9.2 Verfahren zur Roboterprogrammierung

Das dargestellte System bietet die Möglichkeiten der Programmeingabe, des Teachens von Positionen, der Simulation des erstellten Roboterprogrammes, des Übersetzens mit Fehleranalyse sowie des Übertragens eines Steuerprogrammes zum Roboter.

Bei diesem Verfahren wird ein Raummodell des Roboters mit sämtlichen Freiheitsgraden im Rechner erzeugt. Die gestellte Bewegungsaufgabe wird ebenfalls in 3D-Systemen auf dem Bildschirm dargestellt, so daß die Handhabungsaufgabe vollständig offline programmiert werden kann.

Offline-Programmierverfahren mit 3D-Farbgrafiksystemen bieten häufig umfangreiche Bibliotheken von Robotern und anderen Automatisierungsgeräten, so daß komplette Fertigungslinien auf dem Bildschirm geplant werden können. Hierbei besteht die Möglichkeit unterschiedlicher Darstellungsformen. In Bild 9-7 wird ein Scararoboter in einer Fertigungszelle als Raummodell simuliert. Aus Geschwindigkeitsgründen ist es sinnvoll, den Datenumfang der Berechnung beim Bildschirmaufbau zu reduzieren. Dies ist durch die Auswahl eines Drahtmodells möglich (siehe Bild 9-8).

Durch die Möglichkeit der Übertragung von 3D-CAD-Daten aus der Konstruktion können hierbei anzufahrende Raumpunkte und -orientierungen ermittelt werden, was sonst nur im Online-Betrieb möglich wäre.

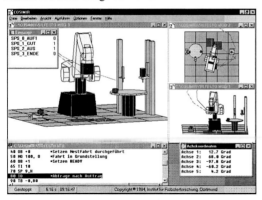

Bild 9-7
Schwenkarmroboter bestückt einen Rundtisch – Simulation einer Handling-Aufgabe (Raummodell)

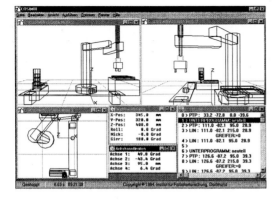

Bild 9-8
Bestückung eines Transportbandes – Simulation (Drahtmodell)

Ein so erstelltes Programm muß nun über eine geeignete Schnittstelle an die Robotersteuerung übertragen werden. Je nach Art des Systems bedarf es hier wiederum einer Übersetzung des Quelltextes in den entsprechenden Code der Robotersteuerung.

Auch bei diesem Verfahren ist es in der Regel notwendig, vor Ort einen Testlauf durchzuführen und das Steuerprogramm zu optimieren.

9.3 Programmierbeispiele

9.3.1 Programmierbeispiel Mitsubishi

Aufgabenstellung: Ein Werkstück soll von einer Ablagepositon zu einen Werkstückträger transportiert und dort abgelegt werden.

Pos. Nr.	Kommentar
1	Zielposition Ablage
2	Anfahrposition Ablage
10	Anfahrposition Werkzeughalter
11	Zielposition Werkzeughalter
100	Startposition (Sicherheitspostion)

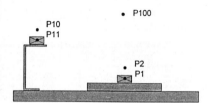

Bild 9-9 Positionsliste und Lageplan zu einer einfachen Pick&Place-Aufgabe

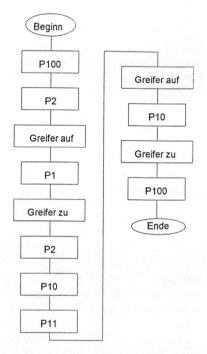

Bild 9-10
Programmablaufplan zur Pick&Place-Aufgabe

9.3 Programmierbeispiele

In Bild 9-10 wird der Ablauf des Programmes in einem Programmablaufplan dargestellt. In einem Ablaufplan werden die einzelnen Arbeitsschritte übersichtlich dargestellt.

Die Programmierung des Mitsubishi-Roboters erfolgt in der Regel in einer hybriden Form. Zuerst werden über die in Bild 9-1 dargestellte Teach-In-Box die Positionen angefahren. Hierzu muß der Roboter zuerst über die NST-Taste in eine Referenzposition gefahren werden, um das Wegmeßsystem zu referieren. Anschließend werden die Positionen 1 - 5 angefahren und unter den entsprechenden Positionsnummern abgespeichert. Das Anfahren der Position erfolgt in zwei Abschnitten: Heranfahren an das Werkstück als PTP-Bewegung (Bewegung der einzelnen Achsen: B, S, E ...). Zum genaueren Anfahren wird an der Teach-In-Box auf Verfahren in XYZ umgestellt, so daß eine Bewegung in der jeweiligen Koordinate erfolgt.

Nachdem die fünf Positionen geteacht worden sind, wird das Steuerprogramm offline über einen PC mit entsprechender Software eingegeben. Die Programmiersprache MRL (**M**itsubishi **R**obot **L**anguage) ist eine an BASIC angelehnte Roboter-Sprache.

Tabelle 9-5 MRL-Programm Pick&Place-Aufgabe

10	NT	*Referenzfahrt (kann entfallen)
20	MO 100,C	*Startposition
30	MO 2,O	*Fahre zu P2 (Anfahrposition); Greifer offen
40	MO 1,O	*Fahre zu P1 (Zielposition)
50	GC	*Greifer schließen
60	MO 2,C	*Fahre zu P2; Greifer geschlossen
70	MO 10,C	*Fahre zu P10 (Anfahrposition)
80	MO 11,C	*Fahre zu P11 (Zielposition)
100	GO	*Greifer auf
110	MO 10,O	*Fahre zu P10 (Anfahrposition); Greifer offen
120	MO 100,C	*Startposition anfahren
130	ED	*Programmende

9.3.2 Programmierbeispiel in der Programmiersprache BAPS

Die Programmiersprache BAPS (oder BAPS2 zur Steuerung der rho 3-Steuerungsfamilie von Bosch) ist eine aufgabenorientierte höhere Programiersprache mit einem mächtigen Sprachumfang. Das Beispiel kann nur einen minimalen Einblick in die Möglichkeiten höherer Roboter-Sprachen bieten. Die notwendigen Positionen müssen, ähnlich wie beim vorangegangenen Beispiel, über ein Programmierhandgerät geteacht werden. Hierzu steht bei Bosch das PHG2000 zur Verfügung (Bild 9-2). Die Programmeingabe kann hier jedoch sowohl über das PHG als auch über einen PC mit entsprechender Software erfolgen.

Aufgabenstellung: Eine Palette mit sechs Abholpositionen und eine Ablegeposition sollen bearbeitet werden. Es soll ein Programm mit Unterprogrammen für das Abholen und das Ablegen geschrieben werden. Abholpositionen und Ablegeposition sollen geteacht werden. Die Startposition ist zu definieren; die Ausgänge für die Greiferfunktion müssen aktiviert werden.

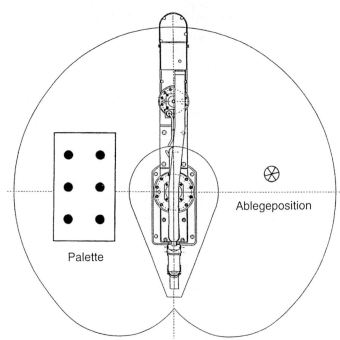

Bild 9-11
Aufgabenstellung und Lageplan zum Programmbeispiel in BAPS (Bosch)

Das dargestellte BAPS-Programm (Bild 9-12) besteht aus einem Programmkopf, in dem der Programmname sowie die Deklarationen festgelegt werden. Im Deklarationsteil werden die verschiedenen Positionen, Ausgänge sowie die Geschwindigkeit bei PTP-Bewegungen definiert. Bei der Deklaration von Positionen handelt es sich um die Festlegung von Variablen als Platzhalter für Maschinen- oder Raumkoordinaten. Die Wertezuweisungen erfolgen hierbei durch die Zuordnung der beim Teachen abgespeicherten Raumkoordinaten.

Das Hauptprogramm und die Unterprogramme enthalten die Befehle zur Ausführung der Handhabungsaufgabe, wie z.B. Verfahrbewegungen, Greifer auf/zu, Geschwindigkeitsänderungen, Wartezeiten.

In diesem Programm sind die beiden Abläufe „Werkstück Abholen" und „Werkstück Ablegen" in einem Unterprogramm realisiert worden, da sie sich sechsmal wiederholen.

Ein andere Lösung könnte für diese Bewegungsaufgabe auch die Nutzung einer Wiederholstruktur oder eines speziellen Palettierungsprogramms sein.

Das dargestellte Beispiel macht deutlich, daß die Programmiersprache BAPS sich an anderen Hochsprachen zur Programmierung orientiert.

9.3 Programmierbeispiele

```
PROGRAMM              PAL2;
PALLETTIERUNG MIT UNTERPROGRAMMTECHNIK;
DEKLARATIONEN
AUSGANG               :1=GRAU              ;AUSGÄNGE FÜR GREIFER DEFINIEREN
AUSGANG               :2=GRZU
DEF MK_PUNKT:         @PALPOS1,@PALPOS2,;PALETTENPOSITIONEN UND ABLEGEPOSI-
TIONEN                @PALPOS3,@PALPOS4,;DEFINIEREN (WERDEN GETEACHT)
                      @PALPOS5,@PALPOS6,
                      @ABLEGEPOS
MK_PUNKT              :@HOCH               ;PUNKTVARIABLE IN MASCHINENKOORDI-
NATEN
PUNKT                 :STARTPOS            ;PUNKTVARIABLE IN RAUMKOORDINATEN
@HOCH                 =@(0,0,140,0)        ;WERTEZUWEISUNGEN
STARTPOS              =(600,200,140,0)
V_PTP                 =80%

;HAUPTPROGRAMM
FAHRE PTP NACH STARTPOS                    ;PTP BEWEGUNG ZUR STARTPOSITION
;GREIFER ÖFFNEN
GRAUF                 =1
GRZU                  =0
FAHRE PTP UEBER @PALPOS1 + @HOCH           ;PTP BEWEGUNG ZUR PALETTENPOSITION 1
NACH @PALPOS1                              ;ÜBER ZWISCHENPOSITION
ABHOLEN                                    ;UP-AUFRUF WERKSTÜCK ABHOLEN
ABLEGEN                                    ;UP-AUFRUF WERKSTÜCK ABLEGEN
FAHRE PTP UEBER @PALPOS2+@HOCH
NACH @PALPOS2
ABHOLEN
ABLEGEN
FAHRE PTP UEBER @PALPOS 3 + @HOCH
NACH @PALPOS2
ABHOLEN
ABLEGEN
;VORGANG WIEDERHOLEN BIS @PALPOS6
HALT
UP ABHOLEN                                 ;UNTERPROGRAMM ABHOLEN
;GREIFER SCHLIEßEN
GRAUF                 = 0
GRZU                  = 1
WARTE 0,2
V_PTP                 = 0.4
VERSCHIEBE PTP CIRCA @HOCH
RSPRUNG
UP ABLEGEN                                 ;UNTERPROGRAMM ABLEGEN
FAHRE UEBER @ABLEGEPOS + @HOCH
NACH @ABLEGEPOS
GRAUF                 = 1
GRZU                  =0
WARTE 0.2
V_PTP                 = 0.8
VERSCHIEBE EXAKT @HOCH
RSPRUNG
ENDE                                       ; PROGRAMMENDE
```

Bild 9-12 Programmbeispiel in der Programmiersprache BAPS (Bosch)

10 Planung des Einsatzes von Industrierobotern

Die Einsatzplanung von IR ist im wesentlichen unter wirtschaftlichen Aspekten zu sehen. Wird in einem Unternehmen Robotereinsatz in Betracht gezogen, so bedarf es eingehender Überlegungen und Untersuchungen, die sich mit der ökonomischen Seite (Kosten/Kosteneinsparungen) beschäftigen.

Hierzu müssen entsprechende Kriterien aufgestellt werden und eine Beurteilung dieser Kriterien erfolgen, um einen möglichst optimalen wirtschaftlichen Einsatz zu gewährleisten. Einige Aspekte sollen im Folgenden dargestellt werden.

Neben den wirtschaftlichen Gesichtspunkten sind sicherlich auch soziale Faktoren sowie Aspekte der Arbeits- und Betriebssicherheit einzubeziehen.

10.1 Automatisierungsgerechte Produktgestaltung

Die wesentliche Voraussetzung, Fertigungs- oder Montagevorgänge zu automatisieren, ist eine entsprechende Gestaltung des zu handhabenden Produktes. Handelt es sich um Montagevorgänge, so gilt es, durch geringe Montagezeiten und sichere Montageprozesse eine hohe Produktqualität bei einer Minimierung der Kosten zu erreichen. Dies läßt sich erreichen durch
- eine möglichst einfache Gestaltung der Fügevorgänge,
- eine handhabungsgerechte Gestaltung der Einzelteile sowie
- eine Minimierung der Anzahl der zu fügenden Teile des Produktes.

Wichtige Grundregeln sind in diesem Zusammenhang:
- Gestaltung der Einzelteile unter handhabungstechnischen Gesichtspunkten durch
  - Anbringung eindeutiger Merkmale zur Lageerkennung,
  - Festlegung definierter Greifflächen und
  - genügend große Bewegungsfreiräume für Greifer und Effektoren.
- Realisierung von Produktvarianten durch Baukastensysteme unter Verwendung von möglichst vielen gleichen Einzelteilen und Baugruppen.
- Die Produkte und die Baugruppen sollten in Sandwichbauweise aufgebaut werden. Hierdurch ist es möglich, die Montage so zu gestalten, daß nur noch senkrechte und lineare Fügebewegungen erforderlich sind.
- Die Fügestellen sollten so gestaltet sein, daß leichtes Positionieren und Fügen bei geringen Fügewegen möglich ist.

Optimal ist eine Berücksichtigung dieser Anforderungen schon in der Konstruktions- und Entwicklungsphase. Bei bereits in Serie befindlichen Produkten sind im Normalfall aus Kostengründen nur minimale Änderungen möglich. Eine konsequente Umsetzung der Produktgestaltung unter handhabungstechnischen Gesichtspunkten ist die notwendige Voraussetzung für den Einsatz eines Industrieroboters. Zur Realisierung dieser Forderungen müssen Absprachen zwischen den Konstrukteuren und den Fertigungsplanern stattfinden, die durch Checklisten oder rechnergestützte Expertensysteme unterstützt werden können.

10.2 Methodische Vorgehensweise

Die Planung des Robotereinsatzes bzw. der Automatisierung eines bisher manuellen Arbeitsplatzes oder -ablaufes ist eine komplexe Aufgabe, die in der Regel von einem Planungsteam aus Vertretern der verschiedenen Unternehmensbereiche (Entwicklung, Konstruktion, Fertigungsplanung, Fertigungsausführung, Qualitätsmanagement) sowie von Experten der Lieferfirmen durchgeführt wird.

Zur zielgerechten Planung des IR-Einsatzes hat sich eine bestimmte Systematik eingespielt. Nach dieser Planungssystematik werden zuerst Grobkonzepte erarbeitet und ggf. unter Berücksichtigung der Produktgestaltung optimiert. Im Anschluß daran erfolgt eine differenzierte Betrachtung unter technisch ökonomischen Gesichtspunkten. Die Vorgehensweise bei dieser Einsatzplanung läßt sich als Flußdiagramm darstellen.

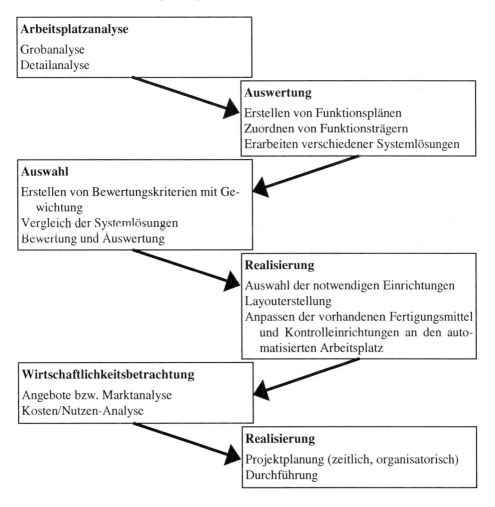

Bild 10-1 Flowchart „Roboter-Einsatzplanung"

10.2.1 Arbeitsplatzanalyse und Auswertung

Der erste Schritt ist die Analyse des Arbeitsplatzes, der automatisiert werden soll. Hierbei geht es um eine Beschreibung des Istzustands eines gegebenen Arbeitsbereiches. Eine Grobanalyse kann schon darüber Auskunft geben, ob der Einsatz eines IR grundsätzlich in Frage kommt. Die Arbeitsplatzanalyse soll darüber Auskunft geben, inwieweit ein oder mehrere IR in einer gegebenen Arbeitssituation unter technisch-wirtschaftlichen oder auch sozialen (arbeitshumanen) Gesichtspunkten sinnvoll eingesetzt werden können. Hieraus ergibt sich eine Vorentscheidung darüber, ob eine weitere Planung überhaupt sinnvoll ist.

Anhand dieser Analyse erfolgt die Entscheidung über den Einsatz eines IR und den Bereich, in dem der Einsatz erfolgen soll.

Ist diese Entscheidung gefallen, so muß eine differenzierte Analyse des Arbeitsfeldes bzw. des Arbeitsbereiches erfolgen, der automatisiert werden soll. Hierbei müssen alle für die Einsatzplanung relevanten Größen sichergestellt werden, d.h. der Istzustand sämtlicher Teilsysteme des Arbeitsplatzes muß erfaßt werden. Ein Robotereinsatz ist nur dann sinnvoll, wenn es möglich ist, sämtliche Funktionen, die vom Personal im Rahmen des Arbeitsablaufes auszuführen sind, einem Handhabungsgerät oder einem anderen Automatisierungsgerät zu übertragen.

Zur Durchführung einer solchen Analyse können verschiedene Hilfsmittel eingesetzt werden:
- Kriterienkatalog
- Klassifizierung und Kennzeichnung des Automatierungsgrades der Fertigungsmittel
- Beschreibung des Handhabungsablaufs
- zeichnerische Darstellung
- Bewertung von Arbeitsbedingungen

Die Detailanalyse hat zum Ziel, alle relevanten Daten für den Einsatz zu erfassen.

Die differenzierte Analyse kann dazu genutzt werden, den Handhabungsablauf in Form von Funktionsplänen zu beschreiben sowie ein Pflichtenheft für den einzusetzenden IR zu erstellen. Darüber hinaus können hierbei schon notwendige Änderungen an den gegebenen Fertigungsmitteln, die sozusagen eine Schnittstelle zu dem automatisierten Arbeitsplatz darstellen, vorgenommen werden.

10.2.2 Auswahl und Realisierung von Systemlösungen

Mit Hilfe der erstellten Funktionspläne und den dazugehörigen Funktionsträgern können unterschiedliche Systemlösungen erarbeitet werden.

Hierzu müssen geeignete Handhabungseinrichtungen ausgewählt werden. In Abhängigkeit von den räumlichen Gegebenheiten muß nun ein Layout erstellt werden. Durch die Layoutplanung (Bilder 10-2 und 10-3) soll eine möglichst optimale Anordnung zwischen den Handhabungseinrichtungen und Fertigungsmitteln erreicht werden.

10.2 Methodische Vorgehensweise

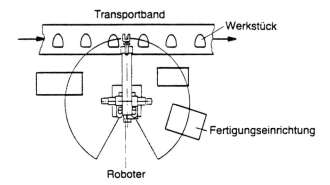

Bild 10-2
Layout eines Roboterarbeitsplatzes

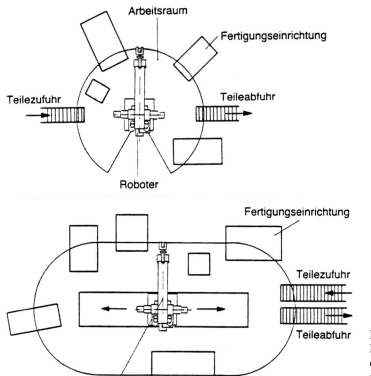

Bild 10-3
Konzeptvarianten in der Layoutplanung eines Roboterarbeitsplatz

Der geplante Roboterarbeitsplatz muß nun in den bestehenden Arbeitsablauf integriert werden. Hierbei sind die notwendigen Änderungen an den vorhandenen Fördermitteln, Zuführ- und Kontrolleinrichtungen oder die Anschaffung neuer Fertigungseinrichtungen einzuplanen, die aufgrund der Automatisierung notwendig werden.

10.2.3 Wirtschaftlichkeitsbetrachtung und Realisierung

Auf der Basis des erarbeiteten Konzeptes werden die entsprechenden Geräte auf dem Markt gesucht oder neu entwickelt. Durch eine Marktanalyse oder Angebote werden die Pläne konkretisiert.

Vorhandene Konzeptvarianten werden auf ihre Nutzbarkeit und Wirtschaftlichkeit untersucht und beurteilt. Die Systemlösung, die unter technischen und ökonomischen Gesichtspunkten herausgefiltert wird, muß hinsichtlich ihrer technischen Realisierbarkeit in der Praxis untersucht werden.

Wenn dies erfolgt ist, kann eine differenzierte Wirtschaftlichkeitsbetrachtung durchgeführt werden. In Abhängigkeit vom Ergebnis dieser Betrachtungen muß nun die Projektplanung des Lösungskonzeptes durchgeführt werden.

Die einzelnen Phasen des kurz beschriebenen Ablaufes einer Industrieroboterplanung werden in der Regel in Zusammenarbeit mit einem Roboterhersteller oder einer entsprechenden Automatisierungsfirma durchgeführt. Hierbei ist eine enge Zusammenarbeit zwischen Auftraggeber und Auftragnehmer erforderlich. Ein wesentliches Hilfsmittel hierzu ist die Erstellung eines Pflichtenheftes oder einer Checkliste zur Darstellung der Handhabungsaufgabe.

10.3 Planungshilfsmittel

10.3.1 Pflichtenheft

Ausgehend von einem ausgewählten Maschinenlayout und dem in der Arbeitsplatzanalyse ermittelten Datenmaterial können die für den IR erforderlichen Merkmale festgehalten werden. Diese Anforderungen werden mit den erforderlichen Maschinendaten und Vorstellungen hinsichtlich der Geräteausführungen in einem Pflichtenheft festgehalten. Aufgrund der Festlegungen im Pflichtenheft können unterschiedliche auf dem Markt befindliche Geräte auf ihre Einsatzmöglichkeit hin beurteilt und verglichen werden.

In einem Pflichtenheft werden nach Möglichkeit alle Anforderungen, die sich aus der gegebenen Handhabungsaufgabe ergeben, systematisch zusammengestellt und in Anforderungsgruppen gegliedert zusammengefaßt. Ein solches Pflichtenheft kann sowohl für den Industrieroboter als auch für die notwendigen Peripherieeinrichtungen erstellt werden.

Für die Auswahl eines Industrieroboters können im wesentlichen die folgenden Kriterien in einem Pflichtenheft zusammengefaßt sein:
- Tragkraft
  Die notwendige Tragkraft ergibt sich aus dem maximal möglichen Werkstückgewicht zuzüglich dem Greifergewicht.
- Arbeitsraum
  Die Form des Arbeitsraumes wird im wesentlichen durch die Anzahl, Art und Anordung der Roboter-Grundachsen bestimmt. Die Größe des Arbeitsraumes und die anzufahrenden Punkte während eines Zyklus sind durch die Angabe der erforderlichen Verfahrwege, Reichweiten und Positionen je Achse gekennzeichnet (Bild 10-4).
- Anzahl der erforderlichen Freiheitsgrade
- Geschwindigkeiten
  Hierbei sind die Geschwindigkeiten der einzelnen Achsen zu beachten. Die Verfahrzeiten oder auch Taktzeiten einer gestellten Arbeitsaufgabe können mit Hilfe der Verfahrwege und den entsprechenden Gerätekenndaten ermittelt werden (Bild 10-5).
- Positioniergenauigkeit
- Wiederholgenauigkeit
- Greifer
- ausführbarer Funktionsumfang
  Der Funktionsumfang wird im wesentlichen durch die Merkmale der Robotersteuerung festgelegt. Hierzu gehören u.a. die Art der Interpolation (PTP, Linear, Kreis...), der Funktions- und Befehlsumfang der Programmierumgebung, Betriebssystem (z.B. Multitasking-Fähigkeit), Schnittstellen, Prozessor und Speicher, Koordinatensysteme (Maschinen-, Raum-, Greiferkoordinaten, Werkzeugkorrektur) u.a.
- Manuelle Zugänglichkeit bei Bedienung, Wartung und Instandsetzungsarbeiten
- Arbeitssicherheit
- Mitarbeiterqualifikation
  Hierzu gehören sowohl die Bedienerfreundlichkeit des IR und seines Programmiersystems als auch die notwendige Unterstützung von Seiten der Lieferfirma durch entsprechende Schulung und Bedienungsunterlagen.

10.3.2 Checkliste

Die Daten zur Erstellung eines solchen Pflichtenheftes können mit Hilfe einer Checkliste ermittelt werden.

Checklisten enthalten Informationen über
- die Handhabungsaufgabe in Form einer Skizze oder Zeichnung,
- den Ist-Zustand der Automatisierungsmittel (Handhabungsobjekt, Produktionsangaben, Taktzeiten, Genauigkeiten, Personal, Umwelteinflüsse im Produktionsbereich),
- den Ist-Zustand der Peripherie; hierzu gehören u.a. eine Skizze (Lageplan), Fertigungsoperationen und Zugänglichkeit.

Checklisten können ebenfalls dazu dienen, die Daten zwischen den IR-Anbietern oder Planungsfirmen sowie den Anwendern auszutauschen, um konkrete Planungsvorschläge oder Angebote zu erstellen.

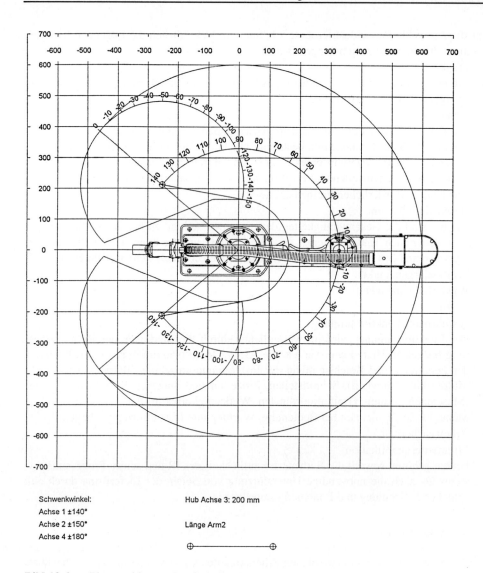

Schwenkwinkel:
Achse 1 ±140°
Achse 2 ±150°
Achse 4 ±180°

Hub Achse 3: 200 mm

Länge Arm2

Bild 10-4   Planungsblatt zur Bestimmung des Arbeitsraumes (Bosch)

10.3 Planungshilfsmittel

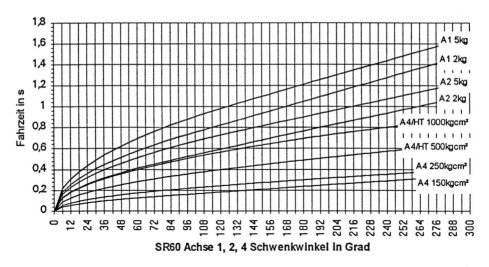

Bild 10-5 Taktzeitdiagramm (Bosch)

10.3.3 Planungssoftware

Zur Verringerung des Planungsaufwandes sowie zur Verbesserung der Planungsqualität werden vielfach rechnergestützte Planungshilfsmittel verwendet. Die zur Verfügung stehenden Software-Pakete dienen zur Projektierung und Konstruktion von Industrieroboterstationen und zur Modellierung von kompletten Montage- und Fertigungsprozessen. Über objektorientierte Modelle werden am Bildschirm dynamische Prozesse simuliert, um einen geplanten Fertigungs- oder Montagevorgang zu optimieren. Eine Modellierung der „Fabrik" im Rechner ermöglicht das Durchspielen verschiedener Konzeptvarianten für eine gegebene Aufgabenstellung.

Die Planungssoftware kann entweder herstellerneutral ausgeführt sein und wird somit von Beratungs- oder Softwarefirmen angeboten, oder sie wird von Roboterherstellern angeboten, um die Planung von firmenspezifischen Roboterzellen zu unterstützen.

Die Planungssoftware FMSsoft der Fa. Bosch ermöglicht die Projektierung und Konstruktion von Anlagen aus Bosch-Bauelementen. Zugeschnitten auf verschiedene Anwendungsbereiche und Produktlinien stehen Programmpakete zur Verfügung, die 3-D-Präsentationszeichnungen, 2-D-Konstruktionszeichnungen, Berechnungen, Stücklisten und Kalkulationen ermöglichen (Tabelle 10-1, Bilder 10-6 und 10-7).

Tabelle 10-1 Aufbau der Planungssoftware FMSsoft (Bosch)

MGEsoft	MASsoft	TSsoft
Gestellbau mit Mechanikelementen	Ergonomisch planen und konstruieren von manuellen Arbeitssystemen	Transfersysteme projektieren berechnen und konstruieren

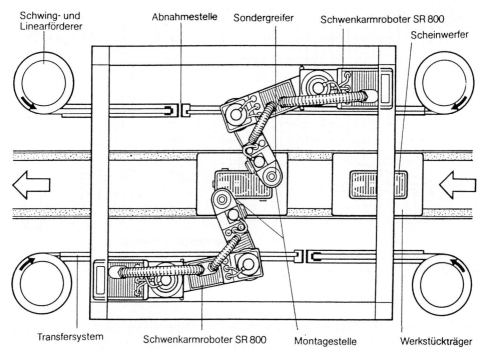

Bild 10-6 Layout einer Scheinwerfer-Montageanlage (Bosch)

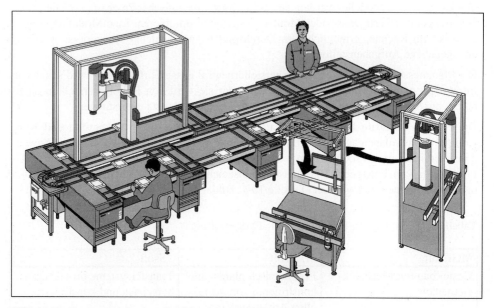

Bild 10-7 Gesamtansicht einer flexiblen Montagezelle (Bosch)

10.4 Wirtschaftlichkeitsbetrachtungen

Bei der Analyse der Wirtschaftlichkeit sind im wesentlichen die aufzuwendenden Kosten dem Einsparungspotential gegenüber zustellen (Tabelle 10-2).

Neben der Senkung der Lohnkosten sind eine Reihe weiterer Rationalisierungsfolgen zu berücksichtigen. Durch Robotereinsatz kann meist die Qualität der Arbeitsausführung gegenüber dem manuellen Arbeitsplatz gesteigert werden. Durch einen verbesserten Materialfluß kann die Fertigungszeit eines Produktes reduziert werden, was eine Reduzierung von Zwischendepots zur Folge haben kann. Automatisierte Prozesse lassen sich hinsichtlich eines Qualitätsregelkreises besser beeinflussen und überwachen.

Betrachtet man die Kosten, so sind diese erheblich höher als die reinen Investitionskosten für den Roboter mit der Steuerung. In der Regel werden zusätzliche Peripherieeinrichtungen und komplexe Prozeßwerkzeuge benötigt, wie z.B. Greifer, Sensoren, Ordnungs- und Zuführeinrichtungen und Werkzeuge. Darüber hinaus entstehen Kosten im Zusammenhang mit der Planung und Inbetriebnahme sowie Instandhaltungkosten, Energiekosten, Raumkosten und Kosten für die Ausbildung des Personals. Ein wesentlicher Aspekt zur Beurteilung der Wirtschaftlichkeit ist der Nutzungsgrad der Anlage, der möglichst hoch sein sollte.

Zur Beurteilung der Wirtschaftlichkeit dieser Investition müssen die Kenngrößen Kostenersparnis, Amortisation, Rentabilität und Grenzstückzahl betrachtet werden. Darüber hinaus sind die Aspekte der Arbeitssicherheit und des Arbeitsumfeldes sowie der schon genannten Qualitätssteigerung zu beachten.

Tabelle 10-2 Einflußfaktoren auf die Wirtschaftlichkeit von Robotereinsätzen in der Fertigung und Montage

Faktoren für die Wirtschaftlichkeitsberechnung von IR-Einsätzen	
Kosten	Einsparungspotential
Investitionskosten • Abschreibung • Zinskosten	Lohnkosten-Einsparungen
Inbetriebnahmekosten	Einsparung durch Qualitätssteigerungen
Lohnkosten für die Anlagenüberwachung	Verringerung der Kapitalbindung
Instandhaltungskosten	Steigerung der Ausbringung
Energiekosten	

11 Arbeitsschutzmaßnahmen

11.1 Unfallquelle Industrieroboter

Durch die zunehmende Automatisierung von Produktionsprozessen mit Industrierobotern ist der Aspekt Sicherheit von Mensch, Maschine und Produktionsgut von tragender Bedeutung, denn Industrieroboter sind Bewegungsautomaten mit mehreren freiprogrammierbaren Achsen. Die dadurch mögliche freie Raumbewegung des Roboters kann in seinem Gefahrenbereich (Hüllfläche des Roboterbewegungsraumes) durch energiereiche Bewegungen, wie hohe Verfahrgeschwindigkeit und/oder Bewegung großer Massen, zu roboterspezifischen Unfällen führen. So sind Bewegungsverlauf und Bewegungsstart von Robotern aufgrund ihrer freien Programmierbarkeit schwierig vorherzusagen, zumal sich aufgrund von Produktions- und Umgebungsbedingungen Variable des Roboterprogramms ändern können. Nicht auszuschließen sind auch Unfallgefahren, die bei Störungen im Steuer- und Antriebssystem möglich sind, wie z.B. völlig vom Programm abweichende unvorhersehbare Bewegungsabläufe.

Bild 11-1
Gefährdung durch Roboter (BG Eisen und Metall)

Bei den meldepflichtigen Unfällen mit/an Industrierobotern häufen sich die Verletzungen, bei denen der Verletzte erfaßt wurde, weil er sich dem Gefahrenbereich unzulässig näherte. Dies bedeutet aber, daß dem Verletzten bewußt war, in welchem gefährlichen Raum er sich befand, und er glaubte, diesen zu beherrschen.

Berichten von gewerblichen Berufsgenossenschaften ist zu entnehmen, daß viele Unfälle dadurch geschehen, daß Schutzeinrichtungen außer Kraft gesetzt werden oder daß es trotz erheblicher Schutzmaßnahmen beim Roboter-Teaching zu Unfällen kommt. Belegt wird

11.1 Unfallquelle Industrieroboter

dies dadurch, daß die zur Verletzung führenden Bewegungen des Roboters als funktionsgerecht dokumentiert werden. Die häufigsten Verletzungen betreffen die Hände, danach folgen Kopf-, Fuß- und Unterarmverletzungen.

Es müssen deshalb Vorkehrungen getroffen werden, um Personen, die mit Industrierobotern oder mit Anlagen, in denen diese Teileinheiten bilden, in Berührung kommen, vor Gefahren und möglichen Schäden zu schützen. Vornehmlich geht es hierbei um die Abschirmung von Gefahrräumen, in denen gefahrbringende Bewegungen stattfinden oder gefährliche Zustände herrschen.

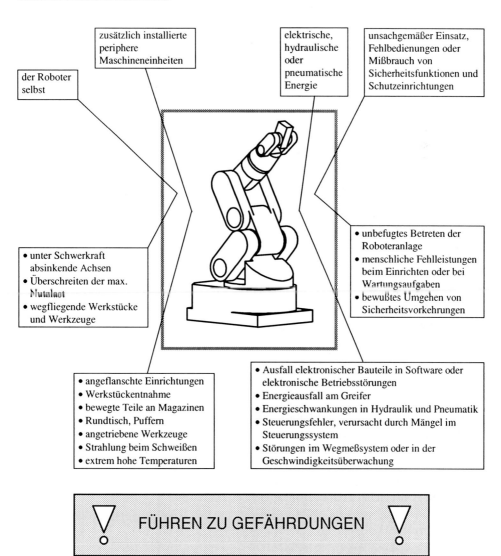

Bild 11-2 Gefahren durch Roboter

Tabelle 11-1 Maßnahmen und Vorschriften zur Vermeidung von Gefahr

allgemeine Sicherheitsmaßnahmen	vorbeugende Maßnahmen	betriebsbedingte Maßnahmen	Sicherheitsvorschriften
allgemeine Sicherheitshinweise Betriebsanleitung	im Gefahrenbereich des IR im Arbeitsraum im Bewegungsraum im Schutzraum	Einrichtbetrieb Testbetrieb Automatikbetrieb Instandhaltung Reparatur	Arbeitsschutzgesetze (UVV) VDE VDI TÜV Berufsgenossenschaften
durch Verpflichtung des Betreibers durch Verpflichtung des Bedienpersonals	durch Schutzvorrichtungen durch Auswahl geeigneter Schutzvorrichtungen durch Risikoabschätzung		
durch organisatorische Maßnahmen durch Ausbildung des Bedienpersonals			

11.2 Allgemeine Sicherheitsmaßnahmen

Industrieroboter sind nach heutigem Stand der Technik so gebaut, daß man sie als „betriebssicher" bezeichnen kann. Dennoch ist trotz Einhaltung aller Sicherheitsvorschriften der Betrieb von IR mit einem Restrisiko verbunden. Um dieses Restrisiko so gering wie möglich zu halten, müssen Schutzmaßnahmen und Vorschriften zwingend eingehalten werden.

Gestaltung und Auswahl dieser Maßnahmen werden einerseits vom Typ und der Applikation des IR sowie seiner Beziehung zu weiteren Industriemaschinen und zugehörigen Ausrüstungen beeinflußt. Andererseits ist der IR meist Teil eines komplexen Robotersystems, so daß unterschiedliche Gefährdungen und Risikostufen auftreten können. Es gilt, diese anhand einer Sicherheitsanalyse zu identifizieren, einzuschätzen und den einschlägigen Vorschriften entsprechend Schutzmaßnahmen auszuwählen.

11.3 Allgemeine Sicherheitshinweise (informelle Sicherheitsmaßnahmen)

11.3.1 Betriebsanleitung

Hersteller von IR geben in entsprechenden Betriebsanleitungen Sicherheitsaspekte für den Umgang mit IR oder Robotersystemen an und weisen ausdrücklich darauf hin, daß vor Inbetriebnahme alle Anweisungen zum Thema Sicherheit sorgfältig durchzulesen sind und eingehalten werden müssen. Ferner weisen sie darauf hin, daß die für den Einsatzort geltenden Regeln und Vorschriften zur Unfallverhütung zu beachten sind.

11.3.2 Verpflichtung des Betreibers

Bei unsachgemäßem Einsatz, Fehlbedienungen oder Mißbrauch des IR bzw. Robotersystems drohen Gefahren
- für den Bediener,
- für den IR selbst sowie
- für andere Sachwerte.

Daher ist der Betreiber verpflichtet, Personen, die mit der Installation, der Inbetriebnahme, der Programmierung, der Bedienung, der Wartung und der Reparatur zu tun haben,
- mit den grundlegenden Vorschriften über Arbeitssicherheit und den Unfallverhütungsvorschriften vertraut zu machen (evtl. Lehrgänge),
- in die Handhabung des IR oder Robotersystems einzuweisen und
- in regelmäßigen Abständen ihr sicherheitsbewußtes Arbeiten zu überprüfen.

11.3.3 Verpflichtung des Bedienpersonals

Alle Personen, die mit irgendeiner Arbeit an/mit dem IR bzw. Robotersystem beauftragt sind, sei es mit der Installation, der Inbetriebnahme, der Programmierung, der Bedienung oder der Wartung, sind verpflichtet,
- die Vorschriften über Arbeitssicherheit und Unfallverhütung zu beachten,
- die Hinweise im Kapitel Sicherheit im Installationshandbuch des IR des Herstellers zu lesen und zu befolgen sowie
- die Gefahr- und Warnhinweise keinesfalls zu ignorieren.

11.3.4 Organisatorische Maßnahmen

Betriebsanweisung und -anleitung müssen vor Ort an jedem IR zur Verfügung stehen. Diese Unterlagen müssen zu allen Einzelelementen, die in der Applikation verwendet werden, Angaben enthalten. Darüber hinaus müssen Informationen über Installation und Montage, Inbetriebnahme, Betrieb und Wiederanlauf sowie Wartung und eine Beschreibung der verwendeten Schutzeinrichtungen, insbesondere bei verketteten Anlagen, vorhanden sein.

- Gefahrenhinweise in Anlagen mit IR müssen lesbar angebracht sein.
- Der Weg zum/vom IR bzw. Robotersystem und der Fluchtweg sollten gekennzeichnet sein.
- Mit Feuerlöscher muß ein leichter Zugang zum IR gewährleistet sein.
- Noteinrichtungen wie Erstehilfeausrüstung, müssen leicht zugänglich sein.

11.3.5 Ausbildung des Bedienpersonals

An/mit IR bzw. Robotersystemen dürfen nur Personen arbeiten, die entsprechend eingewiesen und geschult sind. Die Zuständigkeiten der Personen sind festzulegen und, welche Arbeiten, wie z.B. Inbetriebnahme oder Umrüsten, sie ausführen dürfen. Müssen Personen angelernt werden, dann ist dies unter Aufsicht erfahrener Personen durchzuführen.

Nicht zuletzt ist das Bedienpersonal auf Gefahren hinzuweisen, wenn keine entsprechende Kleidung getragen wird, dies betrifft auch Schmuck und Haarschnitt. In Anlagen mit IR bzw. Robotersystemen ist darauf zu achten, daß kein Schmuck, keine Ketten, keine Brillen mit Metallrändern oder Kleidung mit Metallverschlüssen getragen werden. Bei Halstüchern und langen Haaren ist dafür Sorge zu tragen, daß diese in der Kleidung so untergebracht sind, daß sie nicht zur Gefahrenquelle werden. Hemd- oder Overallärmel sollten zugeknöpft sein.

11.4 Vorbeugende Maßnahmen

In den europäischen Normen ist die Sicherheit einer Maschine, insbesondere eines IR, dergestalt definiert, daß er fähig ist, Funktionen durchzuführen, ohne daß dadurch Personen Verletzungen oder Gesundheitsschädigungen zugefügt werden.

So können von IR Gefährdungen wie Quetschungen, Scherungen, Erfassen und Ähnliches mehr ausgehen. Hersteller von IR oder Robotersystemen legen großen Wert darauf, daß von vornherein durch geeignete konstruktive Maßnahmen so viele Gefährdungen wie möglich vermieden werden. Jedoch können diese Hersteller nicht allen möglichen Gefahrenquellen konstruktiv entgegenwirken, da IR größtenteils in Applikationen integriert sind und jede weitere Applikation andere Gefahren birgt. Damit ist der Betreiber in die Pflicht genommen, durch geeignete Schutzeinrichtungen Maßnahmen gegen die verbleibenden Gefährdungen einzusetzen.

Dabei muß sich der Betreiber bei der Auswahl der Schutzmaßnahmen stets die Fragen stellen:
- Gewährleisten die ausgewählten Schutzmaßnahmen die gewünschte Sicherheit?
- Ist die erzielte Sicherheit ausreichend?
- Beeinträchtigen die gewählten Schutzmaßnahmen nicht die Funktionalität des IR, oder erzeugen sie sogar weitere Gefahren?
- Sind die gewählten Schutzmaßnahmen für alle vorgesehenen Betriebsbedingungen und Eingriffsmöglichkeiten geeignet?
- Sind die gewählten Lösungen wirtschaftlich vertretbar, oder hätte das gleiche Sicherheitsniveau auch mit einfacheren Mitteln erreicht werden können?

11.4 Vorbeugende Maßnahmen

Im Nachfolgenden werden Möglichkeiten von vorbeugenden Maßnahmen zur Vermeidung von Unfällen beim Einsatz von IR bzw. Robotersystemen aufgezeigt. Dabei werden jedoch die Sicherheitsaspekte, die für den Bau und die technische Gestaltung eines IR einzuhalten sind, nicht berücksichtigt.

Ziel ist es, anhand der einschlägigen DIN-Vorschriften und der am Markt zur Verfügung stehenden technischen Gerätschaften zu zeigen, auf welche Weise Gefahren, die nun einmal von einem IR ausgehen, in Applikationen minimiert werden können. Die Anforderungen an die Schutzmaßnahmen lassen sich daher nicht allgemein formulieren, sondern sind vom jeweiligen Anwendungsfall abhängig. Für eine Applikation können mehrere technische Lösungen möglich sein, um ein bestimmtes Sicherheitsniveau zu erreichen.

DEFINITIONEN
- Der *Bewegungsraum eines IR* ist der Raum, in dem sich der IR frei bewegen kann.
- *Schutzzonen* innerhalb des Bewegungsraumes eines IR sind Freiräume, die innerhalb des durch Schutzeinrichtungen abgegrenzten Bereiches liegen, in dem sich gefahrbringende Zustände nicht auswirken können.
- Ein *gefahrbringender Zustand* ist ein Zustand, der zur Verletzung einer Person führen kann.
- Der *Gefahrenbereich* ist der räumliche Bereich, der vom IR einschließlich Werkstück und Werkzeug aufgrund seiner Bewegungsmöglichkeit beschrieben werden kann.
- Die *Risikobewertung* ist eine umfassende Einschätzung der Wahrscheinlichkeit und des Schweregrades der möglichen Verletzung oder Gesundheitsschädigung in einer Gefährdungssituation und ermöglicht, geeignete Sicherheitsmaßnahmen auszuwählen.

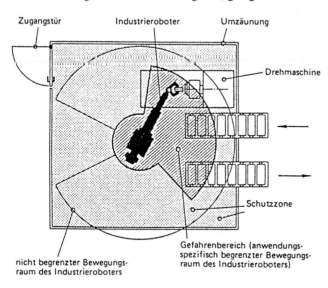

Bild 11-3
Schutzzone und Gefahrenbereich (VDI 2853)

- Teile von Maschinen- und Anlagensteuerungen, denen Sicherheitsaufgaben übertragen werden, nennt man *sicherheitsbezogene Teile*.
- Die *sicherheitsbezogenen Teile einer Steuerung* sind die Teile, die auf von der gesteuerten Einrichtung und/oder von einem Benutzer gegebenen Eingangssignale ansprechen und sicherheitsbezogene Ausgangssignale erzeugen. Damit wird einer Maschine oder Anlage die Durchführung sicherheitsbezogener Funktionen ermöglicht.

11.5 Sicherheitsanalyse

Die DIN-Vorschriften verlangen, daß das Personal für die Bedienung, die Programmierung und die Wartung eines IR bzw. Robotersystems geschützt ist. Dies kann einerseits dadurch geschehen, daß eine möglichst große Zahl an Aufgaben von außerhalb des durch Schutzeinrichtungen abgegrenzten Raumes ausgeführt werden kann, andererseits durch Ausschaltung von Gefährdungen oder wenigstens ihre Verminderung (durch z.B. reduzierte Geschwindigkeit der Achsen) bei notwendigen Eingriffen, wie z.B. Punkte teachen, im durch Schutzeinrichtungen abgegrenzten Raum.

11.5.1 Risikobewertung

Für die Konzipierung der geeigneten Schutzmaßnahmen einer Applikation mit IR sollten diese zu allererst einer Risikobewertung unterzogen werden. Zwei entscheidende Faktoren sind dabei zu berücksichtigen:
- Die Wahrscheinlichkeit des Auftretens einer Verletzung. Einhergehend mit der Wahrscheinlichkeit ist die Häufigkeit des Eintretens und die Aufenthaltsdauer von Personen in dem Gefahrenbereich.
- Der Grad der Verletzungsschwere.

Bei der Risokobewertung einer Applikation mit IR sollte von der schwersten Verletzung ausgegangen werden, auch wenn ihre Eintrittswahrscheinlichkeit sehr gering ist. Aussagen über die Wahrscheinlichkeit des Auftretens eines Unfalls mit IR in einer Applikation sind nur auf der Basis statistischer Untersuchungen zu machen. Jedoch sind oft Vergleiche zwischen ähnlichen Gefährdungssituationen möglich. Da jedoch immer sicherheitsrelevante und wirtschaftliche Überlegungen in Einklang miteinander zu bringen sind, kann es die Lösung für alle Applikationen nicht geben.

11.5.2 Sicherheitskategorien

Die Risikobewertung einer Applikation mit IR führt zu einem geforderten Sicherheitsniveau für die sicherheitsbezogenen Teile einer Anlage. Je größer das zu verringernde Risiko ist, desto höher ist die von diesen Teilen geforderte Sicherheitsstufe. Diese Sicherheitsniveaus, auch Sicherheitskategorien genannt, reichen vom niedrigsten Risiko, der Kategorie B, bei dem die zu erwartende Verletzung weniger schwer und/oder die Wahrscheinlichkeit des Auftretens relativ gering ist, bis zur höchsten Kategorie 4. Hier ist die Wahrscheinlichkeit einer schweren Verletzung relativ hoch.

11.5 Sicherheitsanalyse

11.5.2.1 Sicherheitskategorie B

Die sicherheitsbezogenen Teile von Steuerungen sind entsprechend dem Stand der Technik für eine Applikation mindestens so zu gestalten, daß sie
- den erwarteten Betriebsbeanspruchungen (z.B. Schalthäufigkeit),
- dem Einfluß des beim Arbeitsprozeß verwendeten Materials und
- äußeren Einflüssen (z.B. mechanische Vibrationen)

standhalten können.

11.5.2.2 Sicherheitskategorie 1

Die Anforderung von Kategorie B müssen erfüllt sein. Desweiteren sind die sicherheitsbezogenen Teile von Steuerungen unter Verwendung bewährter Bauteile und Prinzipien zu gestalten. So ist z.B. ein Endschalter mit zwangsöffnendem Kontakt ein bewährtes Sicherheitsprinzip.

11.5.2.3 Sicherheitskategorie 2

Die Anforderung von Kategorie B und die Verwendung bewährter Sicherheitsprinzipien müssen erfüllt sein. Darüber hinaus sind die Sicherheitsfunktionen der sicherheitsbezogenen Teile der Steuerung in geeigneten Zeitabständen durch die Maschinensteuerung zu prüfen. Kriterien für geeignete Zeitabstände lassen sich nicht angeben, Parameter können Anwendung und Typ der Maschine sein. Die Prüfung der Sicherheitsfunktionen ist mindestens bei jedem Anlauf durchzuführen. Sie ist auch periodisch während des Betriebes durchzuführen, wenn die Risikoanalyse zeigt, daß dies notwendig ist. Zwischen den Prüfungen kann ein Fehler zum Verlust von Sicherheitsfunktionen führen.

11.5.2.4 Sicherheitskategorie 3

Das für Kategorie 2 eingangs angeführte gilt auch hier. Ferner sind die sicherheitsbezogenen Teile der Steuerung so zu gestalten, daß ein einzelner Fehler in einem dieser Teile nicht zu einem Verlust der Sicherheitsfunktion führt. Dies bedeutet nicht, daß alle Fehler erkannt werden müssen. Daher kann die Anhäufung unentdeckter Fehler zu einem gefährlichen Zustand führen. Typische Beispiele für durchführbare Maßnahmen sind die Verriegelung von Relaiskontakten oder die Überwachung von redundanten elektrischen Ausgängen.

11.5.2.5 Sicherheitskategorie 4

Auch für diese Kategorie gelten die Anforderungen der Kategorie B, sowie die Verwendung bewährter Sicherheitsprinzipien. Desweiteren sind die sicherheitsbezogenen Teile von Steuerungen so zu gestalten, daß ein einzelner Fehler nicht zu einem Verlust der Sicherheitsfunktionen führt und der einzelne Fehler, wann immer möglich, bei oder vor der nächsten Anforderung der Sicherheitsfunktion erkannt wird. Falls dies nicht möglich ist, dann darf eine Anhäufung von Fehlern nicht zum Verlust der Sicherheitsfunktion führen.

Eine Fehlerbetrachtung kann nach drei Fehlern abgebrochen werden, wenn die Wahrscheinlichkeit des Auftretens weiterer Fehler als hinreichend gering angesehen werden kann, beispielsweise, wenn Fehler zur Beeinträchtigung der Sicherheitsfunktion in einer bestimmten Reihenfolge auftreten müssen. So wird oft akzeptiert, den Fehler des Nichtöffnens eines zwangsöffnenden Kontakts auszuschließen.

11.5.2.6 Geforderte Funktionen in Sicherheitskreisen

- Stop-Funktion
  Eine durch Schutzeinrichtungen ausgelöste Stop-Funktion muß den IR so schnell wie nötig in einen sicheren Zusatnd überführen. Eine solche Stop-Funktion muß funktionellen Vorrang vor einem Betriebs-Stop haben.
- NOT-AUS-Funktion
  Die NOT-AUS-Einrichtung kann hauptstrommäßig als NOT-AUS-Schalter und/oder steuerungsmäßig als NOT-AUS-Befehlsgerät vorgesehen werden (siehe auch S. 284 [Bild 11-33] und Anhang).
  Die NOT-AUS-Funktion hat Vorrang gegenüber allen anderen Funktionen und Betätigungen. Es erfolgt unverzügliches Abschalten, auch wenn die Produktion gestört wird.
  Die Abschaltung durch NOT-AUS kann als ungesteuertes Stillsetzen (Kategorie 0-Stop) durch festverdrahtete, elektro-mechanische Bauteile oder als gesteuertes Stillsetzen (Kategorie 1-Stop) mit endgültiger Abschaltung der Energieversorgung bei Stillstand durch elektromechanische Bauteile erfolgen.

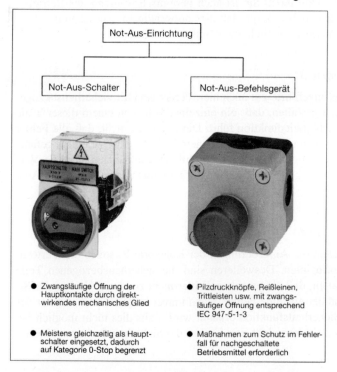

Bild 11-4 Merkmale von NOT-AUS-Einrichtungen (Klöckner-Moeller)

- Manuelle Rückstellung
  Wurde durch eine Schutzeinrichtung ein Stop-Befehl eingeleitet, so muß dieser aufrechterhalten bleiben, bis sichere Bedingungen für einen erneuten Start gegeben sind. Die Rückstellung der Sicherheitsfunktion von der Schutzeinrichtung hebt den Stop-Befehl auf. Falls dies in der Risikobeurteilung angezeigt ist, ist das Aufheben des Stop-Befehls durch eine manuelle, getrennte und absichtliche Betätigung zu bestätigen. Der Rückstellschalter muß außerhalb des Gefahrenbereiches an einem sicheren Ort angebracht sein, von dem man gute Sicht hat, um zu prüfen, daß sich niemand im Gefahrenbereich des IR befindet.
- Start und erneuter Start
  Wenn eine sicherheitsbezogene Einrichtung einen Befehl für einen Start oder einen erneuten Start erzeugt, hat der Start oder erneute Start nur dann automatisch zu erfolgen, wenn kein gefährlicher Zustand vorliegen kann.
- Ausfall und Wiederkehr der Energie
  Bei Wiederkehr der Energie darf der erneute Start nur dann erfolgen, wenn kein gefährlicher Zustand gegeben ist.

Sollen nach diesen Kriterien für eine Applikation mit IR Teilkomponenten ausgewählt werden, wird man schnell feststellen, daß dies nicht einfach ist. Denn nur im Zusammenspiel aller an einer Steuerung beteiligten Teile läßt sich eine Risikobeurteilung vornehmen. Die besten Einzelkomponenten nutzen nichts, wenn sie funktionsrichtig, aber sicherheitstechnisch falsch eingesetzt werden. Deshalb kann nicht gesagt werden, daß diese Teilkomponente der Sicherheitskategorie 2 und jene der Kategorie 4 entspricht. Vielmehr ist der Verbund der Teilkomponenten zu sehen; bei ihrem richtigem Einsatz ist die Kategorie 2 bzw. 4 erreichbar.

Tabelle 11-2 Zuordnung Produktgruppe/Kategorie

Kategorie	B	1	2	3	4
berührungslos wirkende Schutzeinrichtungen		•	•	•	•
elektr. Ausrüstung nach EN 60204	•	•	•	•	•
Verriegelungseinrichtungen		•		•	•
Schaltmatten	•	•	•	•	•
NOT-AUS-Einrichtungen		•		•	•

11.5.2.7 Risikoabschätzung gemäß pr EN 954-1

Anhand eines Risokographen kann eine Risikoabschätzung aufgrund einiger weniger, das Risiko kennzeichnende Parameter vorgenommen werden.

11.5.2.8 Beispiel zur Bestimmung einer Kategorie

An einer Roboteranlage wird von Hand ein Werkstück in eine Ablage eingelegt. Der Roboter holt dieses ab, um es nach dem Bearbeitungsvorgang wieder in der Ablage zu plazieren, wo das Werkstück wieder von Hand entnommen wird. Sind hier keine Sicherheitsvorkehrungen angebracht, ist die Unfallgefahr groß. Denn bei gleichmäßigen, eintönigen Arbeiten ist schnell ein Flüchtigkeitsfehler zu erwarten, zumal laut Statistik festgestellt wurde, daß bei Menschen ca. jede tausendste Handlung eine Fehlhandlung ist.

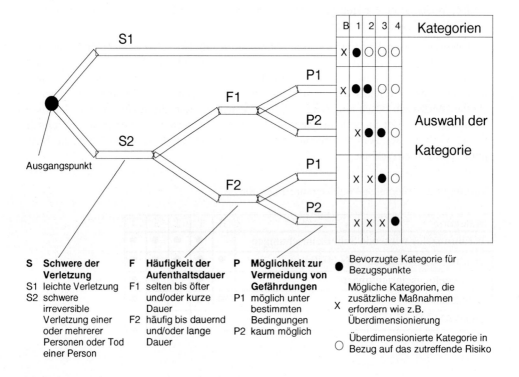

Bild 11-5   Risikograph

- **S2**: Werkstück wird von Hand eingelegt, d.h. es kann zu einer schweren, u.U. auch irreversiblen Verletzung kommen
- **F2**: da nach jedem Arbeitszyklus das Werkstück mit der Hand in den gefährlichen Bereich eingebracht wird, besteht bei nicht überwachter Schutztüre die Gefahr, daß dies bereits während der Auslaufphase versucht wird
- **P2**: Möglichkeit zur Vermeidung der Gefahr besteht durch eine überwachte Schutztüre, da Routine nachlässig macht

Nach Risikograph führt dies zu Kategorie 4. Eine bewegliche Verdeckung, eine Schutztür, mit Stellungsüberwachung – am besten mit Zuhaltung – wäre hier die geeignete Schutzmaßnahme.

Die Lösung durch die bewegliche Schutztür bietet einerseits Schutz durch Abdeckung der Gefahrenstelle, andererseits die Möglichkeit der Bestückung von Hand nach Öffnung der Tür. Als Nachteil ist die Stellungsüberwachung der Schutztür anzusehen, denn um die Sicherheit einer beweglichen Verdeckung zu garantieren, muß diese in ihrer Stellung überwacht werden (prEN 1088).

Welche Schutzeinrichtungen einschlägige Firmen anbieten, ist in den nachfolgenden Kapiteln zu finden.

11.6 Schutzeinrichtungen

Wodurch lassen sich aber die Gefahren mit IR bzw. in Anlagen mit IR minimieren?

Der Anlagenprojekteur muß primär dafür Sorge tragen, daß Gefahrenstellen wie Quetschstellen und Gefahrenquellen wie wegfliegende Teile vermieden werden. Leider lassen sich nicht immer alle Gefahrenstellen beseitigen, so daß die verbleibenden Risiken durch Schutzeinrichtungen gesichert werden müssen. Insbesondere ist der Zugang zu Gefahrenbereichen zu schützen, in denen Gefährdungen von beweglichen Teilen ausgehen. Schutzeinrichtungen hierfür sind:
- *trennende Schutzeinrichtungen*, körperliche Sperren, wie Verkleidungen, Verdeckungen, Umzäunungen und Umwehrungen
- *Schutzeinrichtungen mit Annäherungsreaktion*, wie Zustimmungsschaltungen, Schaltmatten, Lichtschranken, Lichtvorhänge, Zweihandschaltungen und Sensor-Einrichtungen, die das Annähern von Personen erkennen

11.6.1 Trennende Schutzeinrichtungen

Trennende Schutzeinrichtungen sollen den Zugang zu dem Raum verhindern, der durch sie abgegrenzt, abgeschlossen wird. Aber auch von diesem Schutz darf keine Gefährdung ausgehen.

11.6.1.1 Feststehende trennende Schutzeinrichtungen

Solche Schutzeinrichtungen sind entweder permanent durch Verschweißen oder durch Befestigungsmittel wie Schrauben fest an ihrem dafür vorgesehenen Platz zu halten. Sie werden selten in Systemen mit IR eingesetzt.

11.6.1.2 Verriegelte trennende Schutzeinrichtungen

Verriegelungseinrichtungen verhindern mechanisch oder elektrisch den Betrieb einer Maschine oder Anlage, solange trennende Schutzeinrichtungen nicht geschlossen sind.

Trennende Schutzeinrichtungen sind solche, die aus der Schutzstellung entfernbar sind. Je nach Häufigkeit des Zugangs zur Gefahrenstelle zwecks Teachen von Punkten oder Einrichten des IR können diese Schutzeinrichtungen klappbar, schwenkbar oder verschiebbar gestaltet werden. Diese Schutzeinrichtungen wie auch jede andere müssen so verriegelt werden, daß ein Erreichen der Gefahrenstelle während der gefahrbringenden Bewegung verhindert wird. Auch darf ein Anlaufen der gefahrbringenden Bewegung nicht stattfinden, solange die Schutzeinrichtung nicht in ihrer Schutzstellung ist.

VERRIEGELTE TRENNENDE SCHUTZEINRICHTUNGEN MIT ZUHALTUNG
Kann eine Schutzeinrichtung schneller geöffnet werden als die gefahrbringende Bewegung gestoppt werden kann, muß ein Sperrmittel die Schutzeinrichtung solange blockieren, bis keine Gefährdung mehr besteht. Dies kann einerseits mit einem Zeitrelais, das nach dem Abschalten der Antriebsenergie anläuft und eine längere Laufzeit als die Auslaufzeit des Antriebs hat, realisiert werden. Andererseits läßt sich auch die Drehzahl des Antriebs mit einem Tachogenerator oder einem Drehzahl- oder Stillstandswächter erfassen. Erst bei Bewegungsstillstand wird das Sperrmittel durch ein Signal freigegeben.

Bild 11-6   Blockierung der Schutzeinrichtung durch Sperrmittel

11.6 Schutzeinrichtungen

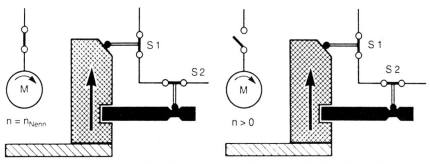

a: Antrieb eingeschaltet – Schutzeinrichtung geschlossen – Zuhaltung sperrt

b: Antrieb abgeschaltet (Nachlauf) – Schutzeinrichtung geschlossen – Zuhaltung sperrt

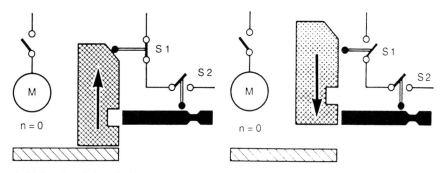

c: Antrieb steht – Schutzeinrichtung geschlossen – Zuhaltung sperrt nicht

d: Antrieb steht – Schutzeinrichtung geöffnet – Zuhaltung sperrt nicht

Bild 11-7 Stellungsüberwachung und Zuhaltung – Darstellung der Funktion (BG Feinmechanik)

 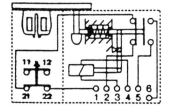

Bild 11-8 Verriegelungseinrichtung mit Zuhaltung (links), innerer Aufbau (rechts) (Schmersal)

Der Einschaltbefehl ist bei Einrichtungen nach Bild 11-8 (innerer Aufbau) erst dann wirksam, wenn der Betätigungsbügel eingedrückt ist und somit Sperrstellung und Stellungsüberwachung gegeben sind. Hier wird mit dem Ruhestromprinzip gearbeitet, denn der Riegelbolzen wird durch Federkraft in der Verriegelungsstellung gehalten und durch den Magneten geöffnet. Im linken Teil der Einrichtung befinden sich zwei zwangsöffnende Sicherheitskontakte, im rechten die Verriegelung sowie Öffner- und Schließkontakte zur Stellungsüberwachung des Riegelbolzens. Beim Herausziehen des Betätigungsbügels wird der Sicherheitskontakt zwangsgeöffnet. Eine Hilfsentriegelung bei Spannungsausfall ist vorhanden.

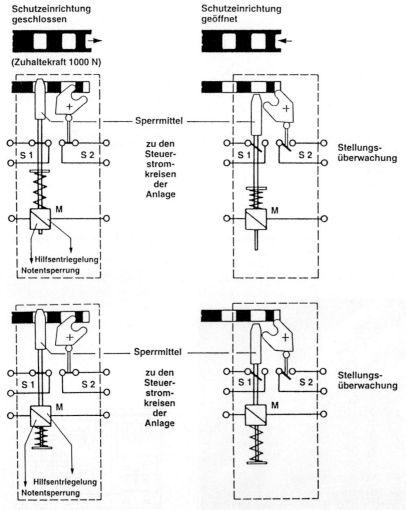

Bild 11-9 Zuhaltung: oben mit federkraftbetätigtem Sperrmittel – Ruhestromprinzip, unten mit magnetkraftbetätigtem Sperrmittel – Arbeitsstromprinzip (BG Feinmechanik)

11.6 Schutzeinrichtungen

VERRIEGELUNGSEINRICHTUNGEN OHNE ZUHALTUNG

Verriegelungseinrichtungen ohne Zuhaltung zur Stellungsüberwachung von Schutzeinrichtungen sind zwangsöffnende oder berührungslos wirkende Positionsschalter. Die zwangsöffnenden Schalter können in zwei Funktionsarten (Kategorien) unterteilt werden.

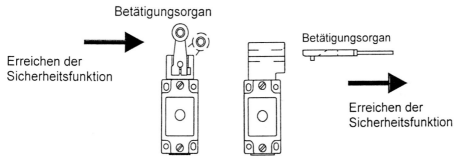

Bild 11-10 Kategorie 1 (Euchner) **Bild 11-11** Kategorie 2 (Euchner)

Kategorie 1
Schaltglied und Betätigungsorgan sind konstruktiv verbunden und bilden funktionell eine Funktionseinheit

Funktionelles Merkmal
Sicherheitsfunktion durch Bewegen des Betätigungsorgans

Kategorie 2
Schaltglied und Betätigungsorgan sind nicht konstruktiv verbunden, werden jedoch beim Schalten funktionell zusammengeführt oder getrennt

Funktionelles Merkmal
Sicherheitsfunktion durch Entfernen des Betätigungsorgans vom Betätigungskopf

Die Zwangsöffnung soll sicherstellen, daß der Öffner geöffnet ist, wenn sich das Betätigungsorgan in der Stellung befindet, die der AUS-Stellung des Steuergerätes entspricht. Zwangsöffnung ist bei einem Positionsschalter dann gegeben, wenn dessen Öffner mit dem Betätigungsorgan des Schalters so verbunden ist, daß die Bewegung des Betätigungsorgans die Kontakte zwangsläufig öffnet.

Hinweis: Schalter der Kategorie 1 sind leichter umgehbar als die der Kategorie 2.

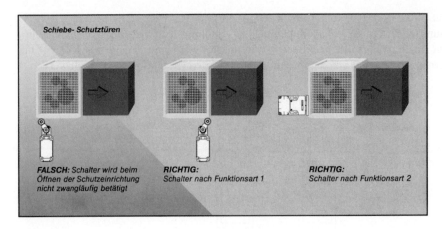

Bild 11-12 Montagebeispiele für Schalter der Kategorie 1 und 2 (Schmersal)

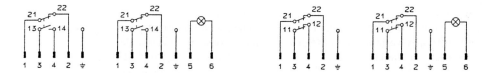

Bild 11-13 Anschlußpläne für die zwangsöffnende Schalter der Kategorie 1 und 2 (Euchner)

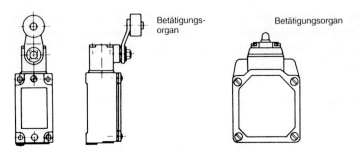

Bild 11-14 Schwenkhebelschalter (links), Kuppenstößelschalter (rechts) (BG Feinmechanik)

11.6 Schutzeinrichtungen

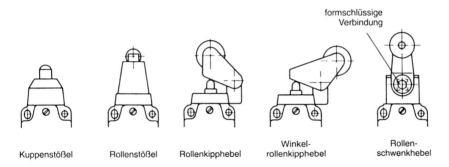

Bild 11-15 Betätigungsorgane von Positionsschaltern der Kategorie 1 (BG Feinmechanik)

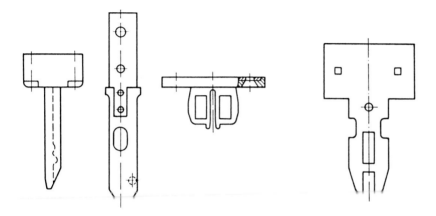

Bild 11-16 Betätigungsorgane von Positionsschaltern der Kategorie 2 (BG Feinmechanik)

11.6.2 Mit Positionsschaltern erreichbare Sicherheitskategorien

Wird z.B. eine Schutztüre von nur einem Positionsschalter überwacht, so ist je nach Anzahl der verwendeten Kontakte die Sicherheitskategorie 1 (ein Öffnerkontakt) oder Sicherheitskategorie 2 (ein Öffner- und ein Schließerkontakt bei gleichzeitiger Betätigung) erreichbar. Mit zwei Positionsschaltern ist die Sicherheitskategorie 3 oder 4 erreichbar: Sicherheitskategorie 3 mit je einem Öffner- oder einem Schließerkontakt, Kategorie 4 mit gleichzeitiger Betätigung von Öffner- und Schließerkontakt, wobei der Öffnerkontakt als Sicherheitskontakt und der Schließerkontakt zur Stellungsüberwachung dient.

11.7 Sicherheitssensoren zur Überwachung beweglicher Schutzeinrichtungen

Sicherheitssensoren zur Überwachung beweglicher Schutzeinrichtungen bestehen aus einem magnetischen Sensor (1 Schließer, 1 Öffner) mit codiertem Magneten und sind nur mit einer Auswerteeinheit für Sicherheitsaufgaben zu verwenden. Diese Geräte sind wegen der verwendeten Magneten gegen „Umgehen auf einfache Weise" geschützt. Sie können nicht mit einfachen Werkzeugen bzw. herkömmlichen Magneten manipuliert werden.

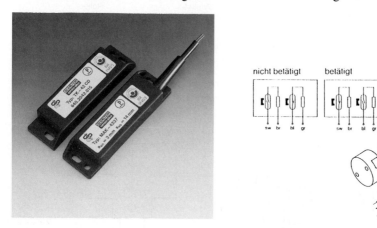

Bild 11-17   Sicherheitssensor (links) und Schaltabstand (rechts) (Bernstein)

11.7.1 Funktionsprinzip

Die Überwachungseinheit verarbeitet die vom Sensor gelieferten Signale. Sie enthält zwei Relais mit zwangsgeführten Kontakten und eine Auswerteschaltung mit zwei Zeitstufen (s. Bild 11-18). Die Signalauswertung erfolgt für den Schließer- bzw. Öffnerkreis unabhängig voneinander. Das eine Relais (K1) wird durch den Schließer-, das andere (K2) durch den Öffnerkontakt des Sensors betätigt. Die Arbeitskontakte des Relais sind in Reihe geschaltet. Zusätzlich steht der Ruhekontakt des Umschaltrelais K1 zur Verfügung.

Wenn beide Relais anziehen, sind die Ausgangsklemmen leitend verbunden. Im unbetätigten Zustand sind beide Relais abgefallen. Nähert sich der Magnet dem Sensor, so schaltet zunächst einer der Reedkontakte, und ein Relais zieht an. Nun muß innerhalb einer gewissen Zeit (ca. 0,5 s) auch der zweite Reedkontakt schalten, um das zweite Relais anziehen zu lassen. Nach Ablauf der Zeit kann das zweite Relais nicht mehr anziehen. Durch dieses Schaltungsprinzip werden Fehler wie Kontaktverschweißen und Kabelbruch sicher erkannt. Die Schaltung kehrt in ihren Ausgangszustand zurück, wenn beide Reedkontakte in ihre Ruhestellung fallen. Da die beiden Reedkontakte nicht gleichzeitig schalten, ergibt sich für das Einschalten eine minimale Anfahrgeschwindigkeit des Magnetsystems.

11.7 Sicherheitssensoren zur Überwachung beweglicher Schutzeinrichtungen

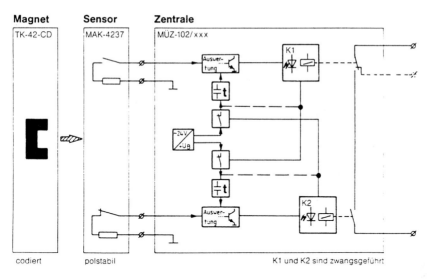

Bild 11-18   Funktionsprinzip eines Sicherheitssensors (Bernstein)

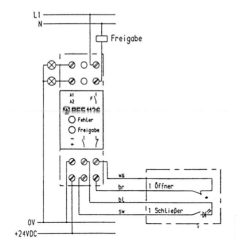

Bild 11-19
Sicherheitssensor mit Auswerteeinheit (Schmersal)

Die Auswerteeinheit ist zweikanalig aufgebaut; sie enthält zwei Sicherheitsrelais mit zwangsgeführten Kontakten, die durch Logikbausteine überwacht werden. Die Schließer der beiden Relais sind in Reihe geschaltet und liefern den Ausgang „Freigabe", angezeigt durch eine grüne LED. Eine rote LED leuchtet bei einer Fehlererkennung im System. Die Zusatzausgänge A1 und A2 sind nur für Meldezwecke gedacht und dürfen nicht in den Sicherheitsstromkreis einbezogen werden.

11.7.2 Funktionsweise

Nach dem Einschalten der Spannung wird der Freigabepfad erst geschlossen, nachdem die Funktion aller Elemente (Auswerteeinheit und Sicherheitsschalter) überprüft wurde (s. Bild 11-19). Ist z.B. beim Überwachen einer Schutztür diese offen, so liegt A2 an 24 V DC und zeigt den Zustand „keine Freigabe" an; keine LED leuchtet, die angeschlossene Maschine ist auf STOP. Wird die Schutztür geschlossen, geht die Auswerteeinheit in den Zustand „Freigabe", der entsprechende Pfad ist geschlossen. Der Ausgang A1 liegt an 24 V DC, die grüne LED leuchtet und die Maschine ist in Betrieb.

11.7.3 Auswerteeinheit mit dreifach redundantem Aufbau

Eine Auswerteeinheit zum Einsatz in Sicherheitsstromkreisen zur Umformung der Signale von Magnetsicherheitsschaltern in ein Ausgangssignal „Freigabe" mit dreifach redundantem Aufbau besitzen als Eingänge 1 Schließer-Kontakt und 2 Öffner-Kontakte. Die Firma Schmersal bietet einen solchen Sicherheitsbaustein an. Der Baustein besteht aus drei Kanälen, die sich jedoch nicht gegenseitig überwachen, und ist für den Anschluß von maximal zwei Sicherheitssensoren ausgelegt.

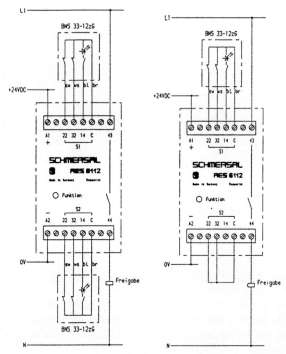

Bild 11-20
Dreifach redundante Auswerteeinheit mit zwei Magnetsicherheitsschaltern (links) und notwendige Verdrahtung der zweiten Anschlußseite beim Anschluß nur eines Magnetsicherheitsschalters (rechts) (Schmersal)

Ein erster Fehler kann zu einem Ausfall eines der drei Kanäle führen, wobei aber die beiden anderen die sichere Funktion des Gerätes weiterhin aufrechterhalten. Dies gilt auch noch für einen eventuell auftretenden zweiten Fehler, wobei dann der dritte Kanal noch für die sichere Funktion sorgt. Erst bei einem dritten Fehler kann sich dann ein gefährlicher Zustand ergeben, wenn alle drei Fehler gemeinsam zum Anziehen aller drei Ausgangsrelais geführt haben. Die Fehler werden jedoch vom Gerät nicht automatisch erkannt. Zur Fehlererkennung empfiehlt sich eine regelmäßige Überprüfung des Systems; die zeitlichen Abstände richten sich nach dem jeweiligen Anwendungsfall bzw. Gefährdungsniveau.

11.7.4 Erzielbare Sicherheitskategorien mit Sicherheitssensoren

Mit berührungslos wirkenden Positionstastern können bewegliche Verdeckungen wie Schutztüren in den Sicherheitskategorien 1 bis 4 überwacht werden.

11.8 Schutzeinrichtungen mit Annäherungsreaktion

Schutzeinrichtungen mit Annäherungsreaktion verhindern die Gefährdung von Personen bei Annäherung an Gefahrenstellen, z.B. durch Abschalten, Stillsetzen oder Umsteuern von gefahrbringenden Bewegungen. Werden Schutzeinrichtungen mit Annäherungsreaktion in Applikationen mit IR angewandt und können Werkstücke/Werkzeuge über den Gefahrenbereich hinausgeschleudert werden, sind zusätzlich fangende Schutzeinrichtungen vorzusehen.

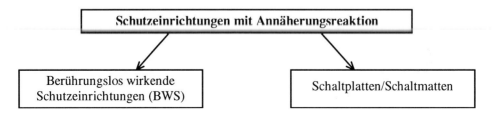

Bild 11-21 Arten von Schutzeinrichtungen mit Annäherungsreaktion

11.8.1 Berührungslos wirkende Schutzeinrichtungen (BWS)

Berührungslos wirkende Schutzeinrichtungen sind Einrichtungen, bei denen ein Schaltvorgang durch Veränderung optischer, elektromagnetischer, elektrostatischer oder anderer Felder ausgelöst wird. Sind Gefahrenbereiche durch solche Einrichtungen zu schützen, so sind diese dergestalt anzuordnen, daß Personen nicht in einen Gefährdungsbereich eintreten oder hineinreichen können, ohne die Schutzeinrichtung zu betätigen, oder den eingeschränkten Raum nicht erreichen können, bevor gefahrbringende Zustände beendet sind. Ist eine Schutzeinrichtung aktiviert worden, darf es möglich sein, den IR aus der STOP-Position wieder zu starten, vorausgesetzt, daß dadurch keine anderen Gefährdungen geschaffen werden.

Tabelle 11-3   Arten von BWS in optoelektronischer Ausführung der Firma Sick

Gefahrstellen-/Gefahrbereichssicherung	Flächenüberwachung	Zugangssicherung
• Sicherheits-Lichtvorhang FGS / LCU • Sicherheits-Lichtgitter LGT	• Tastender Laser-Scanner PLS	• Sicherheits-Lichtgitter LGS • Mehrstrahl-Sicherheits-Lichtschranke MSL • Sicherheits-Lichtschranke WSU/WEU 26

11.8.1.1 Sicherheitsabstand zum Gefahrenbereich

Bei den optoelektronischen Schutzeinrichtungen muß ein gewisser Mindestabstand zur Gefahrstelle eingehalten werden. Dieser soll gewährleisten, daß die Gefahrstelle erst erreicht werden kann, wenn die gefährliche Bewegung zum Stillstand gekommen ist. Dieser Mindestabstand ist unter Anwendung folgender allgemeinen Formel zu berechnen:

$$S = K \cdot T \cdot C$$

S ist der Mindestabstand in mm, gemessen vom Gefahrbereich zum Erkennungspunkt, zur Erkennungslinie oder zum Schutzfeld

K ist eine Konstante in mm s^{-1}, abgeleitet von Daten über Annäherungsgeschwindigkeit des Körpers oder Körperteils eines Menschen

T ist die Gesamtansprechzeit in s und gleich der Summe aus Nachlaufzeit der Maschine (des IR) und der Ansprechzeit der BWS

C ist ein zusätzlicher Abstand in mm, der auf das Eindringen in den Gefahrenbereich vor dem Auslösen beruht

Hersteller von optoelektronischen BWS geben für ihre Produkte entsprechende Zahlenwerte für K, T und C an.

Hervorzuheben ist der Sicherheits-Lichtvorhang FGS mit den Sicherheits-Interface LCU. Mit diesem System läßt sich eine Überbrückungsschaltung, Muting genannt, realisieren. Dieses Muting-System ermöglicht, Mensch und Material sicher zu unterscheiden: Material kann dem IR durch das Schutzfeld zugeführt werden bei gleichzeitigem optimalen Personenschutz.

Es liegt in der Verantwortung des Anwenders und/oder des Anlagenprojekteurs festzustellen, welches Niveau für das Robotersystem angemessen ist. Folgend werden zwei Arten von BWS, BWS Typ 2 und BWS Typ 4 angesprochen.

11.8 Schutzeinrichtungen mit Annäherungsreaktion

Tabelle 11-4 Berührungslos wirkende Schutzeinrichtungen der Fa. Sick – technische Daten

	Sicherheits-Lichtvorhang FGS/LCU	Sicherheits-Lichtgitter LGT	Tastender Laser-Scanner	Sicherheits-Lichtgitter LGS	Mehrstrahl-Sicherheits-Lichtschranke MSL	Sicherheits-Lichtschranke WSU / WEU
Schutzhöhe [mm]	300 - 1800	150 - 900				
Reichweite [m]	0,3 - 6 / 0,3 - 18	6	4 Schutzfeld ca. 15 Warnfeld	ca. 60	0,5 - 20 / 15 - 70	0 - 30 / 30-60
Anzahl Strahlen		5 - 35		2 - 6	2 - 12	1
Auflösung [mm]	14 / 30	30	70 in 4 m Entfernung		73 bei kleinstem Strahlabstand	
Ansprechzeit [ms]	≤ 15	≤ 50	≤ 80	≤ 20	≤ 20	≤ 20
Sicherheits-kategorie	4	2	3	4	4	4

11.8.1.2 BWS Typ 2

Eine berührungslos wirkende Schutzeinrichtung vom Typ 2 muß alle Anforderungen der Kategorie 2, sicherheitsgerichteter Teil von Steuerungssystemen erfüllen. Im Normalbetrieb muß mindestens ein Ausgangsschaltelement in den AUS-Zustand übergehen, wenn die Sensoreinheit anspricht oder wenn die Stromversorgung der BWS unterbrochen wird. Ferner muß eine Einrichtung für einen periodischen Funktionstest vorhanden sein, um Abweichungen vom Normalbetrieb aufzudecken, ohne daß die Notwendigkeit besteht, daß ein Objekt in das Schutzfeld eindringt. Das Testsignal muß das Ansprechen der Sensorfunktion simulieren. Nach dem Einschalten darf das Ausgangsschaltelement nicht den EIN-Zustand erreichen, bis ein Funktionstest ausgeführt und kein Ausfall entdeckt wurde. Ein einzelner Fehler, der den Normalbetrieb beeinträchtigt, z.B. Sensordetektionsvermögen, Reaktionszeit (maximaler Zeitraum zwischen dem Ansprechen der Sensorfunktion und dem AUS-Zustand der Ausgangsschaltelemente), muß aufgedeckt werden, entweder
- direkt,
- als Ergebnis des nächsten Funktionstests oder
- nach Ansprechen der Sensorfunktion,

und muß zu einer der folgenden Aktionen führen:
- Einleiten des Verriegelungszustands innerhalb der BWS oder
- bei einer BWS mit nur einem Ausgangsschaltelement Erzeugung eines Signals, um einem externen sicherheitsgerichteten Steuerungssystem zu ermöglichen, einen Verriegelungszustand anzunehmen.

Ferner darf es bei berührungslos wirkenden Schutzeinrichtungen nicht möglich sein, einen Verriegelungszustand automatisch zurückzusetzen, indem die Stromversorgung unterbrochen und wiederhergestellt wird.

11.8.1.3 BWS Typ 4

Auch diese berührungslos wirkende Schutzeinrichtung muß allen Anforderungen der Kategorie 4, sicherheitsgerichteter Teil von Steuerungssystemen, genügen. Im Normalbetrieb müssen mindestens zwei Ausgangsschaltelemente in den AUS-Zustand übergehen, wenn die Sensoreinheit anspricht oder wenn die Stromversorgung der BWS unterbrochen wird. Des weiteren darf im Fall eines einzelnen Fehlers die BWS Typ 4 nicht gefährlich ausfallen, d.h. ein einzelner Fehler darf nicht zu
- Verlust des Sensordetektionsvermögens,
- Verlängerung der Reaktionszeit oder
- Ausfall von mindestens einem Ausgangsschaltelement, das in den AUS-Zustand übergeht,

führen.

Jeder einzelne Ausfall muß dazu führen, daß die BWS, unmittelbar oder nach einer der folgenden Bedingungen, in den Verriegelungszustand übergeht:
- durch Auslösen der BWS durch den Prüfkörper oder entsprechende Betätigung,
- durch AUS/EIN-Schalten oder
- durch ein Zurücksetzen (Reset).

11.8 Schutzeinrichtungen mit Annäherungsreaktion

Es darf nicht möglich sein, daß die BWS einen automatischen Reset des Verriegelungszustandes durch Unterbrechen und Wiederherstellen der Stromversorgung erhält. Sollte ein einzelner Fehler nicht erkannt werden, darf das Auftreten weiterer Ausfälle nicht zu einem gefährlichen Ausfall führen.

Berührungslos wirkende Schutzeinrichtungen Typ 4 werden hergestellt in
- Einkanal-Technik mit fehlersicher erzeugten Signalen auf dynamischer Basis;
- Einkanal-Technik mit intern fehlersicher erzeugten automatischen Tests, die so oft durchgeführt werden, daß die Reaktionszeit zur Fehlererkennung in der Reaktionszeit der Sicherheitseinrichtungen enthalten ist;
- Mehrkanal-Technik in der Form, daß Ungleichheiten zwischen den Kanälen zu einem Verriegelungszustand führen.

11.8.2 Schaltmatten

Schaltmatten sind bereichssichernde Schutzeinrichtungen und bestehen aus zwei deckungsgleichen leitfähigen Folien, die übereinander liegen, getrennt durch eine gelochte elastische Folienschicht. Bei Druckeinwirkung wird die Zwischenschicht zusammengepreßt, und die zwei Folien kontaktieren sich. So lange die Fläche belastet wird, bleibt der Schaltzustand erhalten, d.h. der Roboter bleibt außer Betrieb, so lange eine Person den Fuß in den Gefahrenbereich gesetzt hat.

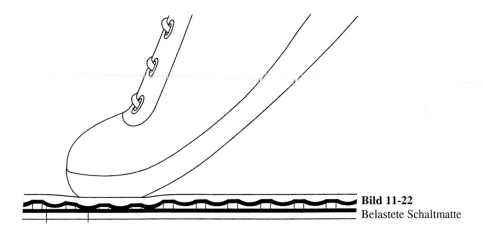

Bild 11-22
Belastete Schaltmatte

11.8.2.1 Aufbau des Schaltmatten-Sicherheitssystems

Schaltmatten bestehen aus Signalgeber, Signalübertragung sowie Signalverarbeitung und -ausgabe.

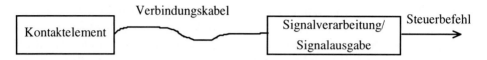

Bild 11-23 Das System Schaltmatte

Bei der Auswahl der Kontaktelemente ist zu achten auf:
- den Temperaturbereich
- die Ansprechzeit
- die Schutzart
- die Umgebungseinflüsse, wie Öl, Späne etc.

Mit Hilfe des Überwachungswiderstandes erfolgt die Kontrolle des Kontaktelementes durch Überbrückung der Leiterflächen.

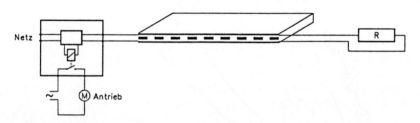

Bild 11-24 Funktionsprinzip 2-Leiter-Technik (Mayser)

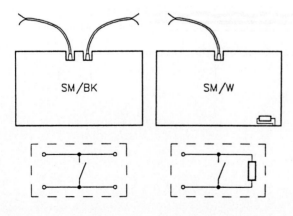

Bild 11-25
Durchgangskontaktelemente (Mayser)
links   für Kombinationen oder den Anschluß eines externen Überwachungswiderstands
rechts mit integriertem Abschlußwiderstand

11.8 Schutzeinrichtungen mit Annäherungsreaktion

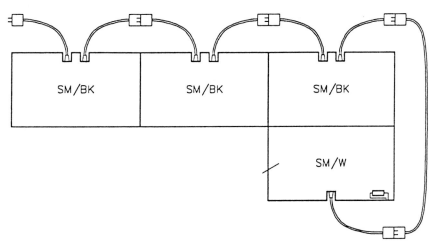

Bild 11-26 Kontaktelementkombination (2-Leiter-Technik) (Mayser)

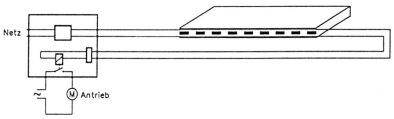

Bild 11-27 Funktionsprinzip 4-Leiter-Technik, Funktionsüberwachung des Kontaktelementes und der Verbindungskabel durch das Ruhestromprinzip (Mayser)

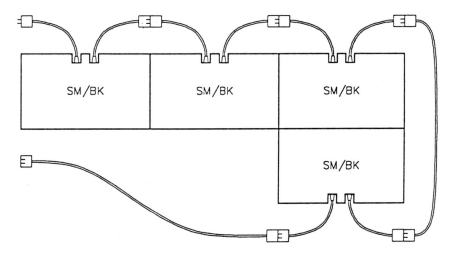

Bild 11-28 Kontaktelementkombination (4-Leiter-Technik) (Mayser)

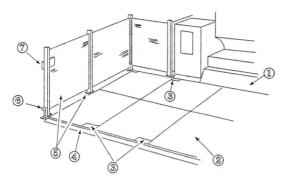

Bild 11-29

Schaltmatten-Skizze einer gut gestalteten Installation (Herga)

1 geneigte Abdeckung verhindert Stehen außerhalb der Mattenflächen
2 sicher befestigte Matten
3 Zugang zu unwirksamen Bereiche minimiert
4 durch Rampe geschützte Mattenkanten, reduzierte Stolpergefahr
5 Zugang zwischen trennender Schutzeinrichtung und Mattensysten durch Stützen verhindert
6 Kabelkanal außerhalb der trennenden Schutzeinrichtung
7 Signalverarbeitung an geschütztem Ort mit vollständiger Einsicht auf die Maschine

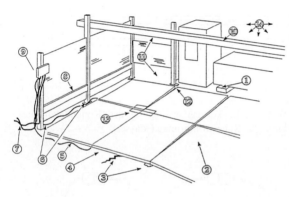

Bild 11-30

Schaltmatten-Skizze einer schlecht gestalteten Installation (Herga)

1 Bediener kann neben der Matte stehen
2 nicht sachgerecht befestigte Matte kann umgangen werden
3 schlechter Untergrund reduziert die Lebensdauer der Matte
4, 6, 12 Stolpergefahr durch freiliegende Kante, freiliegende Kabel, lose Matte; Kabel könne beschädigt werden
5, 8, 10, 13 Bodenplatten der Stützen, Kabelkanal, -abdeckungen u.a.: Umgehen der Matten möglich
7 im Fahrbereich Schäden durch Fahrzeuge möglich
9 Steuereinheit gefährdet angebracht
11 zu kleine oder feststehende trennender Schutzeinrichtung: Eindringen ohne Kontakt möglich
14 Rückseite des Gefahrenbereiches ungeschützt

11.8.2.2 Sicherheitsschaltgerät

Die Firma Mayser liefert Sicherheits-Schaltgeräte (für Signalausgabe) für jede gewünschte Sicherheitskategorie. Nachfolgend ist das Sicherheits-Schaltgerät SG-SUE 41X42 NA der Firma Mayser für NOT-AUS-Sicherheitskreise der Sicherheitskategorie 4 vorgestellt.

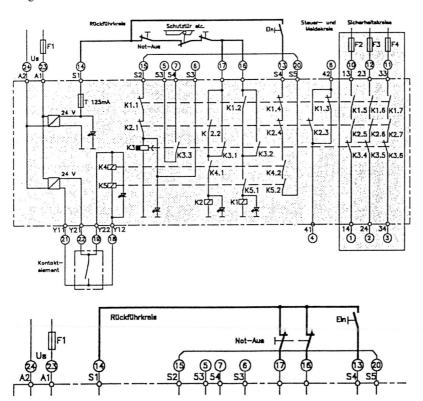

Bild 11-31 Sicherheits-Schaltgerät SG-SUE 41X2 NA für einkanaligen (oben) und zweikanaligen NOT-AUS (unten) (Mayser)
- manuelle Quittierung: Taster an Kl. 13/14; Schließen und Öffnen erforderlich
- Automatische Quittierung: Brücke an Kl. 13/14; Maßnahmen gegen selbständigen Wiederanlauf nach Netzausfall und NOT-AUS erforderlich
- Meldekreis (Kl. 8/4) bei fehlerhaftem Zustand dauernd geschlossen
- Meldekreis (Kl. 13/20) öffnet bei geschlossenen Sicherheitskreisen (rückfallverzögerter Schließer)
- NOT-AUS: Befehlsgeräte lt. Anschlußplan; weitere Geräte in Rückführungskreis (Kl. 14/16)einbinden
- Sicherheitskreis 1 (Kl. 1/10) entspricht Sicherheitsrelais für direkte Antriebe; bei Fehler im Kreis wirkt die Zwangsführung auf alle Kontakte dieses Kreises
- Sicherheitskreis 2 (Kl. 2/12) ermöglicht sicheres Abschalten über Schütze, verhinder Wiedereinschalten bei Verschweißen von Kontakten

Sicherheitskreis 1 (Kl. 3/11): wie Sicherheitskreis 2; sichere Abschaltung bei Verschweißen eines Kontaktes in Sicherheitskreis 2

11.9 Betriebsbedingte Schutzmaßnahmen

Der Besitzer, Betreiber oder Anwender von IR muß sicherstellen, daß die technischen Schutzeinrichtungen und -maßnahmen für jeden Betrieb, der mit dem IR vorgesehen ist, benutzt bzw. eingehalten werden, insbesondere durch das Bedienpersonal. Dabei sind folgende Faktoren zu berücksichtigen:
- Verfahren für sicheren Automatikbetrieb des IR
- Verfahren für Programmierung und sicheres Teachen des IR
- regelmäßige Inspektion des IR und der Arbeitszelle
- ordnungsgemäße Wartung des IR

11.9.1 Automatikbetrieb

Alle Personen, die während der Produktion mit dem IR arbeiten, haben darauf zu achten, daß der Automatikbetrieb nur zulässig ist, wenn
- die vorgesehenen Schutzeinrichtungen am vorgesehenen Ort plaziert sind und funktionieren,
- sich keine Person im durch Schutzeinrichtungen abgegrenzten Raum aufhält und
- die korrekten sicheren Arbeitsverfahren befolgt werden.

Dazu einige Hinweise:
- Informieren Sie sich über Ort und Status der Schalter, Sicherheits-Sensoren und Steuersignale, die ein Verfahren des IR bewirken können.
- Prägen Sie sich ein, wo sich die NOT-AUS-Schalter (sowohl am Bedienungsgerät als auch am Controller) befinden, so daß Sie diese im Notfall sofort betätigen können.
- Wenn ein IR in einer bestimmten Reihenfolge verfährt, gehen Sie dann nicht davon aus, daß er diese auch weiterhin einhält.
- Verfallen sie nicht in den Gedanken, daß ein Programm vollständig abgearbeitet ist, wenn sich der IR nicht mehr bewegt. Er kann auf ein Eingangssignal warten, um seinen Arbeitsauftrag weiterzuführen.
- Versuchen Sie niemals, den IR mit Ihrem Körper zu stoppen oder seine Bewegung anzuhalten. Ein Stop kann nur durch die entsprechenden Schalter wie NOT-AUS erreicht werden.

11.9.2 Programmierung des IR

Die Programmierung des IR sollte, wenn immer es möglich ist, von außerhalb des durch Schutzeinrichtungen abgegrenzten Arbeitsraumes geschehen. Ist es, wie beim Teachen, notwendig, den abgegrenzten Arbeitsraum zu betreten, sind folgende Grundsätze zu beachten:
- Es ist sicherzustellen, daß das Handprogrammiergerät absolut sicher arbeitet.
- Ist eine Energieversorgung der Roboterantriebe für die Programmierung nicht erforderlich, muß sie abgestellt werden, falls nötig, stellen Sie eine niedrige Verfahrgeschwindigkeit ein.
- Der IR darf während des Teachens nicht über externe Steuersignale verfahren werden.

11.9 Betriebsbedingte Schutzmaßnahmen

- Sorgen Sie dafür, daß ein Fluchtweg aus dem Bereich eines verfahrenden Roboters frei und erreichbar ist.
- Alle NOT-AUS-Einrichtungen des IR müssen in Betrieb bleiben.
- Bewegungen anderer Geräte im Arbeitsraum des IR, die eine Gefährdung darstellen können, müssen während des Teachens verhindert werden oder unter ausschließlicher Kontrolle des Programmierers sein.

TEST DES IR-PROGRAMMS

Vor dem Automatikbetrieb ist es erforderlich, das erstellte Programm einem Testlauf zu unterziehen. Folgende Schritte sollten dabei eingehalten werden:
- Lassen Sie das Programm anfangs im Einzelschritt-Modus mit reduzierter Geschwindigkeit mindestens einmal durchlaufen.
- Lassen Sie danach das Programm kontinuierlich, aber mit reduzierter Geschwindigkeit durchlaufen.
- Testen Sie dann das Programm mit der programmierten Geschwindigkeit bei kontinuierlichem Durchlauf.

Vor dem Start des Automatikbetriebs ist sicherzustellen, daß sich keine Person im Arbeitsraum des IR befindet.

11.9.3 Regelmäßige Inspektion und Wartung

IR bzw. Robotersysteme müssen Inspektions- und Wartungsprogramme enthalten, damit ein dauerhafter und sicherer Betrieb gewährleistet ist.

11.9.3.1 Sicherheit bei der Inspektion

Hersteller von IR empfehlen folgende Vorgehensweise:
- Ausschalten des Controllers
- Abschaltung der Stromversorgung und Trennung vom Controller
- Abschaltung eventueller Druckversorgung und Ablassen der Luft
- Betätigung des NOT-AUS-Schalters auf dem Bedienfeld, falls der IR für die Inspektion der elektrischen Schaltsysteme nicht verfahren werden muß
- Muß der Controller für die Überprüfung eingeschaltet bleiben, muß der NOT-AUS-Schalter in der Nähe des Prüfers sein, damit im Notfall der Schalter sofort betätigt werden kann

11.9.3.2 Sicherheit bei der Wartung

Es ist evident, daß nur geschulte Personen für Wartungs- und Reparaturarbeiten zu beauftragen sind. Dennoch soll auf folgende Punkte geachtet werden:
- Der Arbeitsbereich des IR darf niemals während des Automatikbetriebes betreten werden.
- Falls möglich, muß die Wartung von außerhalb des abgegrenzten Schutzraumes erfolgen.
- Befinden Sie sich im Arbeitsraum eines Robotersystems, denken Sie daran, daß sich Arbeitsbereiche von benachbarten IR überlappen können.
- Das Handbediengerät ist auf einwandfreie Funktion zu überprüfen, bevor der Arbeitsraum des IR betreten wird.
- Muß der Arbeitsbereich des IR bei eingeschalteter Spannung betreten werden, so ist der NOT AUS-Schalter auf dem Bedienfeld vor dem Betreten des Arbeitsbereichs zu betätigen. Nehmen Sie das Bedienfeld mit in den Arbeitsbereich und schalten Sie erst dann wieder ein.
- Sicherzustellen ist, daß der IR nicht durch externe Steuersignale verfahren werden kann. Nur die Person, die innerhalb des Arbeitsbereiches mit der Wartung beauftragt ist, darf die Kontrolle über den Roboter haben.
- Halteblöcke, mechanische Anschläge und Bolzen können zufällige Bewegungen des Roboters bei Wartungsarbeiten verhindern. Auch beim Ausbau von Servomotoren oder einer Bremse ist darauf zu achten, daß die entsprechende Achse gestützt oder an einem Hardware-Endschalter steht, da sie sonst herunterfällt.

Bei allen Arbeiten an IR, sei es bei der Inspektion oder Wartung, sollte ein Fluchtweg vorgesehen sein, der nicht blockiert werden kann.

11.10 Sicherheitsvorschriften für IR

Die europäischen Normen zur Maschinenrichtlinie sind nach einem hierarchischen Prinzip gegliedert in A-, B- und C-Normen.
- Type A-Normen
  Sie enthalten Grundnormen, die wesentliche Aussagen zur Konzeption, Strategie und Arbeitsweise der europäischen Normung zur Maschinenrichtlinie machen.
- Type B-Normen
  Sie sind ebenfalls Grundnormen, aufgegliedert in B1-Normen und B2-Normen. Die B1-Normen enthalten übergeordnete Sicherheitsaspekte, die B2-Normen die Schutzeinrichtungen.
- Type C-Normen
  Dies sind Produktnormen. Sie enthalten detaillierte Anforderungen für spezielle Maschinen wie z.B. IR mit Verweisen auf B-Normen.

Nachfolgende Schautafel gibt eine Übersicht der Normen, die zu Sicherheitsbetrachtungen für IR sowie Robotersysteme heranzuziehen sind.

11.10 Sicherheitsvorschriften für IR

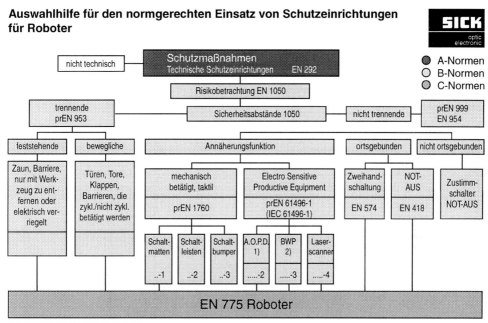

Bild 11-32 Auswahlhilfe für den normgerechten Einsatz von Schutzeinrichtungen für IR (Sick)

Übersicht Sicherheitsvorschriften

Typ A-Normen	Typ B-Normen		Typ C-Normen
Grundbegriffe und Gestaltungsleitsätze für alle Maschinen	Typ B1-Normen Festlegung allgemeiner Sicherheitsaspekte	Typ B2-Normen Normen für spezielle Schutzeinrichtungen	Sicherheitsmerkmale einzelner Maschinen/-gruppen
• EN 292 Teile 1 und 2 Sicherheit von Maschinen, Grundbegriffe • EN 414 Regeln für die Abfassung und Gestaltung von Sicherheitsnormen • EN 1050 Risikobeurteilung	• EN 60204-1 Elektrische Ausrüstung • prEN 294 Sicherheitsabstände gegen das Erreichen von Gefahrenstellen • prEN 954-1 Sicherheitsbezogene Teile von Steuerungen • prEN 999 Annäherungsgeschwindigkeit von Körperteilen	• EN 418 NOT-AUS-Einrichtungen • prEN 13850 Funktionelle Aspekte • prEN 574 Zweihandschaltungen • EN 50100-1 Berührungslos wirkende Schutzeinrichtungen • EN 60947 Niederspannungsschaltgeräte • prEN 1088 Verriegelungseinrichtungen mit und ohne Zuhaltung	• EN 775 Sicherheit für Industrieroboter • prEN 692 Mechanische Pressen • prEN 1010 Hydraulische Pressen

11.11 Beispiele für Schutzeinrichtungen

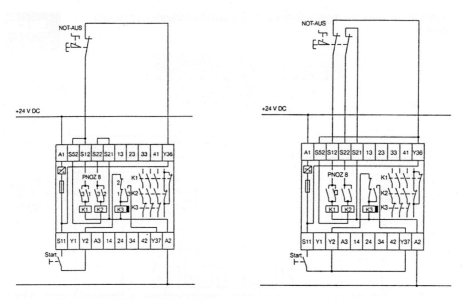

Bild 11-33 NOT-AUS; einkanalige Ansteuerung – Sicherheitskategorie 2 (links) und Sicherheitskategorie 4 (Pilz)

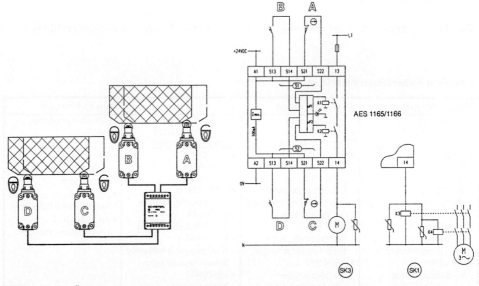

Bild 11-34 Überwachung von zwei Schutztüren mit Sicherheitsschaltern der Funktionsart 1 (Schmersal)

11.11 Beispiele für Schutzeinrichtungen

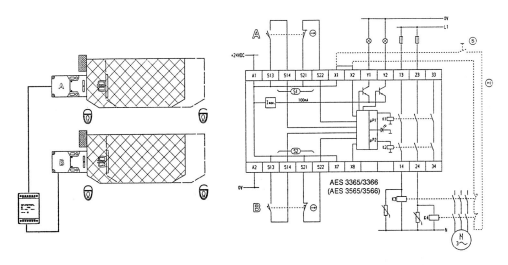

Bild 11-35 Überwachung von zwei Schutztüren mit Sicherheitsschaltern der Funktionsart 2 (Schmersal)

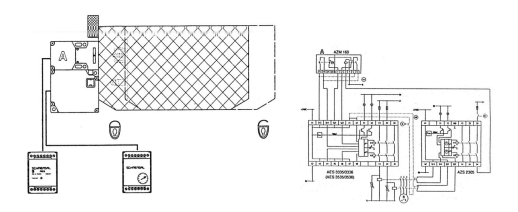

Bild 11-36 Sicherheitszuhaltung mit sicherem Zeitrelais (Schmersal)

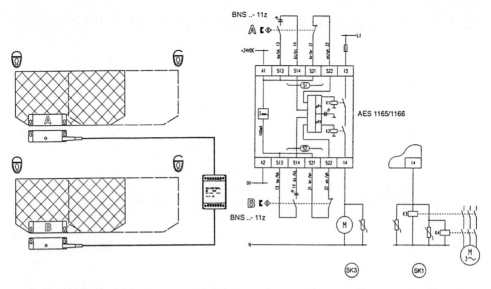

Bild 11-37 Überwachung von zwei Schutztüren mit berührungslos wirkenden Sicherheitsschaltern (Schmersal)

A Kinematische Beschreibung von Industrierobotern

A.1 Einführung

Wie in Kapitel 3.1 erwähnt, besteht ein Industrieroboter aus mehreren Achsen, die gelenkig mit einander verbunden sind. Diese Achsen werden im mechanischen Sinn als starre Körper idealisiert, und die Gelenke stellen die Verbindungen zwischen diesen starren Körpern dar. Die Art der Gelenke beeinflußt den Getriebefreiheitsgrad des Industrieroboters (vgl. Kapitel 3.2). Die Stellung des Roboters im Raum ergibt sich durch die jeweilige Stellung der Gelenke; bei rotatorischen Achsen somit durch die Winkelstellung des jeweiligen Gelenkes und bei translatorischen Achsen durch die Ausfahrlänge der jeweiligen Achse. Wichtig ist in diesem Zusammenhang, daß die Art des Gelenkes natürlich eine große Rolle hinsichtlich des Getriebefreiheitsgrades spielt. Der Einfachheit halber sollen hier nur Gelenke behandelt werden, die für die nächst folgende Achse einen zusätzlichen Freiheitsgrad mehr zulassen.

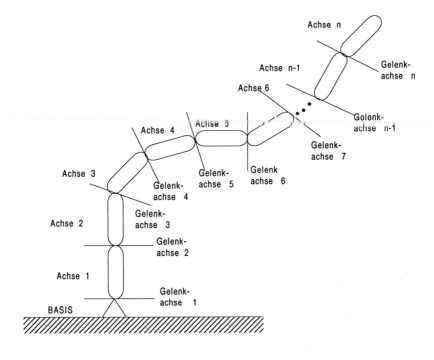

Bild A-1 Aufbau einer offenen kinematischen Kette (nur rotatorische Achsgelenke)

Den kinematischen Aufbau eines Roboters idealisiert man nach VDI-2861 als sog. offene kinematische Kette. Die Lage der aufeinander folgenden Achsen bzw. Segmente ist einmal durch die geometrische Form der Segmente und zum anderen durch die Stellung der Achsgelenke gegeben. Weiterhin sieht man sehr deutlich, daß sich die Lage aller folgenden Achsen (von *n-k* bis *n*) im Raum ändert, wenn die Winkelstellung der Achse *n-k* verändert wird.

Ein Industrieroboter besteht aus einer solchen Folge von Achsen bzw. Segmenten (Verbindungselementen, engl.: links), die durch Achsgelenke (engl.: joints) verbunden sind. In Kapitel 7.2.2 wurde bereits darauf hingewiesen, daß es zur Beschreibung der Bewegungen eines Roboters mehrere Koordinatensysteme gibt. Man benutzt einmal das sog. Raumkoordinatensystem – meist ein kartesisches –, und zum anderen verwendet man das Gelenkkoordinatensystem, das die Stellungen der einzelnen Gelenkachsen angibt. Das Raumkoordinatensystem stellt also in diesem Fall das Basiskoordinatensystem dar, an dem das Segment 1 mit der Gelenkachse 1 angeflanscht ist.

Heutige Robotersteuerungen bieten dem Bediener fast immer die Möglichkeit, die Bewegungen bzw. die Punkte im Raum wahlweise mit Hilfe des Basis-/Raumkoordinaten- oder mit Hilfe des Gelenkkoordinatensystems zu beschreiben. Der Stellbefehl für die einzelnen Achsen wird aber von der Steuerung immer als Wert für die Gelenkvariable (also bei rotatorischen Achsen ein Winkelwert und bei translatorischen Achsen eine Strecke) an die Regelung weitergegeben. Somit muß die Steuerung immer eine Koordinatentransformation durchführen, wenn der Bediener im Basis-/Raumkoordinatensystem arbeitet, um auf die Gelenkkoordinaten zu gelangen. Diesen Vorgang nennt man *Rückwärtstransformation* bzw. *inverse kinematische Transformation*.

Die Steuerung muß aber dem Bediener Raumpunkte im Basis-/Raumkoordinatensystem anzeigen. Dies bedeutet, daß bei gegebenen Achsstellungen, d.h. bei bekannten Achswinkeln bei rotatorischen Achsen bzw. bei bekannten Strecken bei translatorischen Achsen, aus diesen Werten die Lage (d.h. Position und Orientierung) des letzten Segmentes – des Endeffektors – in Raum-/Basiskoordinaten anzuzeigen ist. Diesen Vorgang nennt man *Vorwärtstransformation* bzw. *kinematische Transformation*.

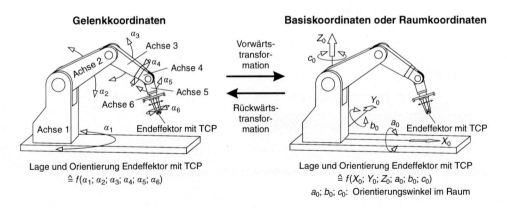

Bild A-2 Vorwärts- und Rückwärtstransformation

A.2 Mathematische Grundlagen

Um Position und Orientierung des letzten Segmentes einer solchen offenen kinematischen Kette im ortsfesten Basiskoordinatensystem beschreiben zu können, ist es notwendig, eine mathematische Beziehung zwischen diesem Basiskoordinatensystem und dem Körperkoordinatensystem des *n*-ten Segmentes und allen Zwischensegmenten zu kennen. Es sind somit bei einem *n*-achsigen Roboter immer mathematische Beziehungen zwischen *n*+1 Koordinatensystemen (*n* Achsen + 1 Basiskoordinatensystem) herzuleiten.

Hierzu benutzt man ein Verfahren, das ursprünglich von *Denavit* und *Hartenberg* zur Beschreibung von mechanischen Starrkörperketten verwendet und von *Paul* erweitert wurde.

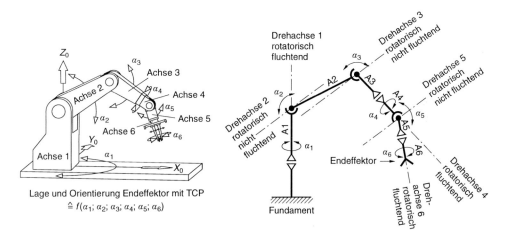

Bild A-3 Kinematik und Koordinatensysteme eines sechsachsigen Knickarmroboters

Kapitel A.2 gibt einige mathematische Grundlagen, die notwendig sind, um dieses Lösungsverfahren zu beschreiben.

A.2 Mathematische Grundlagen

Vorab eine Anmerkung zur verwendeten Kurzschreibweise der Vektoren w:
Der „Hochindex" gibt an, in welchem Koordinatensystem der Vektor gemessen wird.
Der „Tiefindex" gibt an, welchen „Zielpunkt" der Vektor hat.

Das allgemeine mathematische Grundproblem zur Beschreibung der Kinematik der Roboterachsen liegt darin, daß eine Lage (d.h. Position und Orientierung) in verschiedenen Koordinatensystemen beschrieben werden muß.

Beispiel 1
Es seien zwei Koordinatensysteme in der Ebene gegeben. Der Ursprungsvektor $^0w_{0,1}$ des Koordinatensystems 1 (weiterhin als KS 1 abgekürzt) gemessen im KS 0 sei bekannt: $^0w_{0,1}^T = (5;4)$. Weiterhin sei die Lage des Punktes P im KS 1 bekannt: $^1w_p^T = (2;4)$. Gesucht ist die Beschreibung des Punktes P im KS 0, also der Vektor ^0w_p.

Es scheint sich folgende Beziehung durch einfache Vektoraddition zu ergeben:

$$^0w_p = {^0w_{0,1}} + {^1w_p} \tag{1}$$

Berechnet man nach dieser Gleichung den Vektor ^0w_p, so erhält man als Ergebnis:

$$^0w_p^T = (7;8)$$

Vergleicht man dies mit Bild A-4, so ist dieses Ergebnis offensichtlich richtig.

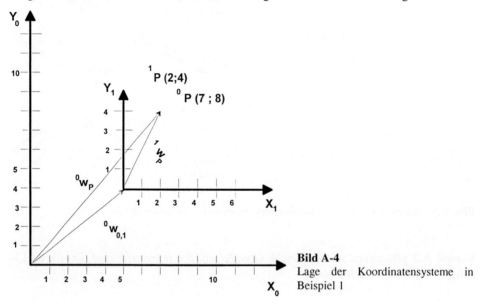

Bild A-4 Lage der Koordinatensysteme in Beispiel 1

Komplizierter wird es, wenn das KS 1 nicht mehr die gleiche Orientierung wie das KS 0 hat.

Beispiel 2
Es seien zwei Koordinatensysteme in der Ebene gegeben, die unterschiedliche Orientierung haben. Der Ursprungsvektor $^0w_{0,1}$ des KS 1 gemessen im KS 0 sei bekannt: $^0w_{0,1}^T = (5;4)$. Weiterhin sei die Lage des Punktes P im KS 1 bekannt: $^1w_p^T = (2;4)$. Gesucht ist die Beschreibung des Punktes P im KS 0, also der Vektor ^0w_p. Das KS 1 sei um 45° nach links um seinen Ursprung gedreht.

Berechnet man auch hier wieder nach Gl. (1) den Vektor ^0w_p, so erhält man:

$$^0w_p^T = (7;8)$$

Vergleicht man dieses Ergebnis mit Bild A-5, so stellt sich heraus, daß es falsch ist.

A.2 Mathematische Grundlagen

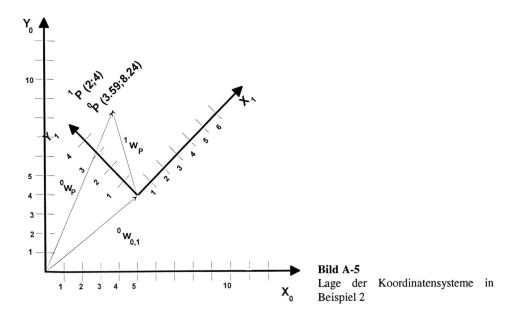

Bild A-5
Lage der Koordinatensysteme in Beispiel 2

Die Ursache liegt darin, daß zwei Vektoren addiert werden, die in unterschiedlichen KS liegen. Bevor man eine solche Addition durchführen kann, muß einer der Vektoren in das KS des anderen transformiert werden. Diese Basistransformation kann entfallen, wenn beide KS die gleiche Orientierung haben, also nur translatorisch verschoben sind.

Die allgemeine mathematische Beziehung für eine solche Koordinatentransformation, bei der sich auch die Orientierung der Koordinatensysteme ändert, lautet:

$$^0w_P = {^0w_{0,1}} + {^0_1K} * {^1w_P} \tag{2}$$

Hierbei ist die Matrix ^0_1K die Matrix der Basiseinheitsvektoren des KS 1 beschrieben im KS 0, drückt also die Rotation des KS 1 beschrieben im KS 0 aus.

$$^0_1K = \begin{bmatrix} k_{11} & k_{12} & k_{13} \\ k_{21} & k_{22} & k_{23} \\ k_{31} & k_{32} & k_{33} \end{bmatrix}$$

Das Beschreiben dieser Rotation kann unter Umständen sehr aufwendig sein, da die KS ja im Raum gedreht sein können. Allgemeine Rotationsbeschreibungsvarianten sind:
- Richtungskosinus
- Euler-Winkel
- Achs-Drehwinkel

Auf nähere Erläuterungen zu diesen Varianten sei hier verzichtet, da sie zur Beschreibung der Roboterkinematiken im Folgenden nicht benötigt werden.

Für Beispiel 1 ergibt sich die Rotationsmatrix zu:

$$_{1}^{0}K = \begin{bmatrix} 1 & 0 \\ 0 & 1 \end{bmatrix}$$

Anmerkung: Da es sich nur um ein ebenes Problem handelt, reduziert sich die 3∗3-Matrix zu einer 2∗2-Matrix

Man sieht, daß es sich hierbei um eine Einheitsmatrix handelt. Dies drückt aus, daß keine Rotation des KS 1 bzgl. des KS 0 stattgefunden hat. Berechnet man für Beispiel 1 nach Gl. (2) den gesuchten Vektor, erhält man das erwartete Ergebnis:

$$^{0}w_{p}{}^{T} = (7;8)$$

Für das Beispiel 2 ergibt sich die Rotationsmatrix zu:

$$_{1}^{0}K = \begin{bmatrix} \frac{1}{2}\sqrt{2} & -\frac{1}{2}\sqrt{2} \\ \frac{1}{2}\sqrt{2} & \frac{1}{2}\sqrt{2} \end{bmatrix}$$

Wendet man nun Gl. (2) auf Beispiel 2 an, so erhält man in Übereinstimmung mit Bild A-5 als Ergebnis

$$^{0}w_{p}{}^{T} = (5-\sqrt{2};4+3\sqrt{2}) \approx (3,59;8,24).$$

Erweitert man das Problem dergestalt, daß man mehr als ein KS hinter das Basiskoordinatensystem schaltet, so verallgemeinert sich Gl. (2) zu:

$$^{0}w_{p} = {}^{0}w_{0,1} + {}_{1}^{0}K * {}^{1}w_{p} \qquad (3)$$

mit

$$^{1}w_{p} = {}^{1}w_{0,2} + {}_{2}^{1}K * {}^{2}w_{p}$$
$$^{2}w_{p} = {}^{2}w_{0,3} + {}_{3}^{2}K * {}^{3}w_{p}$$
$$\ldots$$

und

$$_{n}^{0}K = {}_{1}^{0}K * {}_{2}^{1}K * {}_{3}^{2}K * {}_{4}^{3}K * \ldots * {}_{n-1}^{n-2}K * {}_{n}^{n-1}K$$

bzw. (4)

$$_{n}^{0}K = \prod_{k=0}^{n-1} {}_{k+1}^{k}K$$

Hierbei beschreibt die Rotationsmatrix $_{n}^{0}K$ die Gesamtrotation zwischen dem Basiskoordinatensystem und dem letzten, dem n-ten Koordinatensystem.

Diese Art der Darstellung der Koordinatentransformation führt zu Problemen, wenn man mehrere Koordinatensysteme hintereinander schaltet. Dann wird diese Art der Darstellung sehr umständlich, da sie mit erheblichem Rechenaufwand verbunden ist.

Beispiel 3
Es seien drei KS in der Ebene gegeben, die unterschiedliche Orientierung haben. Der Ursprungsvektor $^{0}w_{0,1}$ des KS 1 gemessen im KS 0 sei bekannt: $^{0}w_{0,1}{}^{T} = (4;2)$. Auch die Lage des Ursprungsvektors sei gegeben: $^{1}w_{0,2}{}^{T} = (6;4)$. Weiterhin sei die Lage des

A.2 Mathematische Grundlagen

Punktes P im KS 2 bekannt: $^2w_p^T = (2;4)$. Gesucht ist die Beschreibung des Punktes P im KS 0, also der Vektor ^0w_p. Das KS 1 sei um 45° nach links um seinen Ursprung und das KS 2 nochmals um 45° nach links um seinen Ursprung gedreht.

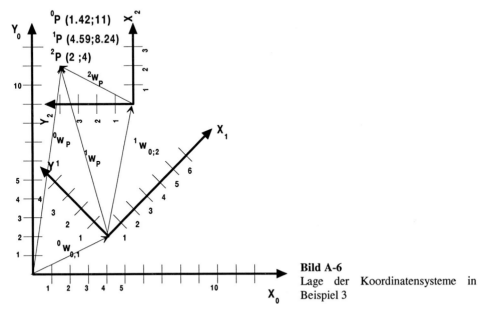

Bild A-6
Lage der Koordinatensysteme in Beispiel 3

Nach den Gl. (3) und (4) ergibt sich:

$$^0w_p = {^0w_{0,1}} + {^0_1K} * {^1w_p}$$
$$^0w_p = {^0w_{0,1}} + {^0_1K} * ({^1w_{0,2}} + {^1_2K} * {^2w_p})$$
$$^0_2K = {^0_1K} * {^1_2K}$$

Für Beispiel 3 ergeben sich folgende Ergebnisse:

$$^0_1K = {^1_2K} = \begin{bmatrix} \frac{1}{2}\sqrt{2} & -\frac{1}{2}\sqrt{2} \\ \frac{1}{2}\sqrt{2} & \frac{1}{2}\sqrt{2} \end{bmatrix}$$

$$^0_2K = {^0_1K} * {^1_2K} = \begin{bmatrix} 0 & -1 \\ 1 & 0 \end{bmatrix}$$

Man sieht an der Gesamtrotationsmatrix, daß eine Rotation um 90° durchgeführt wurde.

Für die Vektoren ergeben sich:

$$^0w_{0,2}^T = (4+\sqrt{2}; 2+5\sqrt{2}) \approx (5{,}41; 9{,}07)$$
$$^1w_p^T = (6-\sqrt{2}; 4+3\sqrt{2}) \approx (4{,}59; 8{,}24)$$
$$^0w_p^T = (\sqrt{2}; 4+5\sqrt{2}) \approx (1{,}41; 11{,}07)$$

Diese Art der Berechnung ist sehr umständlich, vor allem, wenn noch mehr Koordinatensysteme hintereinander geschaltet werden.

An den drei Beispielen sieht man, daß sich jede Koordinatentransformation prizipiell aus einem rotatorischen und einem translatorischen Teil zusammensetzt. Durch die Verwendung von *homogenen Koordinaten* werden die Berechnungen vereinfacht. Auf nähere Erläuterungen zu den homogenen Koordinaten sei hier verzichtet. Man erhält folgende Transformationsgesetzmäßigkeit:

$$\begin{pmatrix} x \\ y \\ z \\ 1 \end{pmatrix} = \begin{pmatrix} A_1 & B_1 & C_1 & T_x \\ A_2 & B_2 & C_2 & T_y \\ A_3 & B_3 & C_3 & T_z \\ 0 & 0 & 0 & 1 \end{pmatrix} * \begin{pmatrix} x' \\ y' \\ z' \\ 1 \end{pmatrix} \tag{5}$$

Hierbei ist die obere 3*3-Matrix der Rotationsanteil, und der vierte Spaltenvektor ergibt den Translationsanteil.

Es ergeben sich folgende allgemeine Transformationsgesetzmäßigkeiten für das Transformieren eines Ortsvektors $^n w_p$, der im n-ten Koordinatensystem gegeben ist und der als Ortsvektor $^0 w_p$ im Basiskoordinatensystem gesucht ist.

$$^0 w_p = {_n^0 T} *{^n w_p} \tag{6}$$

und

$$^0_n T = {^0_1 T} * {^1_2 T} * {^2_3 T} * \ldots * {^{n-2}_{n-1} T} * {^{n-1}_n T}$$

$$\text{bzw. } ^0_n T = \prod_{k=0}^{n-1} {^k_{k+1} T} \tag{7}$$

Wendet man die Gl. (6) und (7) auf die drei Beispiele an, so erhält man folgende Gleichungen und Lösungen:

Beispiel 1

$$^0 w_p = {^0_1 T} *{^n w_p}$$

mit $^0_1 T = \begin{bmatrix} 1 & 0 & 5 \\ 0 & 1 & 4 \\ 0 & 0 & 1 \end{bmatrix}$ ergibt sich:

$$^0 w_p = \begin{bmatrix} 1 & 0 & 5 \\ 0 & 1 & 4 \\ 0 & 0 & 1 \end{bmatrix} * \begin{pmatrix} 2 \\ 4 \\ 2 \end{pmatrix}$$

$^0 w_p = \begin{pmatrix} 7 \\ 8 \\ 1 \end{pmatrix}$ stimmt mit vorheriger Lösung überein.

A.2 Mathematische Grundlagen

Beispiel 2

$$^0w_p = {^0_1}T * {^n}w_p$$

mit $^0_1T = \begin{bmatrix} \frac{1}{2}\sqrt{2} & -\frac{1}{2}\sqrt{2} & 5 \\ \frac{1}{2}\sqrt{2} & \frac{1}{2}\sqrt{2} & 4 \\ 0 & 0 & 1 \end{bmatrix}$ ergibt sich:

$$^0w_p = \begin{bmatrix} \frac{1}{2}\sqrt{2} & -\frac{1}{2}\sqrt{2} & 5 \\ \frac{1}{2}\sqrt{2} & \frac{1}{2}\sqrt{2} & 4 \\ 0 & 0 & 1 \end{bmatrix} * \begin{pmatrix} 2 \\ 4 \\ 2 \end{pmatrix}$$

$$^0w_p = \begin{pmatrix} 5-\sqrt{2} \\ 4+3\sqrt{2} \\ 1 \end{pmatrix}$$ stimmt mit vorheriger Lösung überein.

Beispiel 3

$$^0w_p = {^0_2}T * {^n}w_p$$

mit $^0_1T = \begin{bmatrix} \frac{1}{2}\sqrt{2} & -\frac{1}{2}\sqrt{2} & 4 \\ \frac{1}{2}\sqrt{2} & \frac{1}{2}\sqrt{2} & 2 \\ 0 & 0 & 1 \end{bmatrix}$ und $^1_2T = \begin{bmatrix} \frac{1}{2}\sqrt{2} & -\frac{1}{2}\sqrt{2} & 6 \\ \frac{1}{2}\sqrt{2} & \frac{1}{2}\sqrt{2} & 4 \\ 0 & 0 & 1 \end{bmatrix}$ ergibt sich:

$$^0_2T = \begin{bmatrix} 0 & -1 & 4+\sqrt{2} \\ 1 & 0 & 2+5\sqrt{2} \\ 0 & 0 & 1 \end{bmatrix}.$$

Daraus ergibt sich:

$$^0w_p = \begin{bmatrix} 0 & -1 & 4+\sqrt{2} \\ 1 & 0 & 2+5\sqrt{2} \\ 0 & 0 & 1 \end{bmatrix} * \begin{pmatrix} 2 \\ 4 \\ 1 \end{pmatrix}$$

$$^0w_p = \begin{pmatrix} \sqrt{2} \\ 4+5\sqrt{2} \\ 1 \end{pmatrix} \approx \begin{pmatrix} 1,42 \\ 11,07 \\ 1 \end{pmatrix}$$ stimmt mit vorheriger Lösung überein.

Man sieht bei allen Beispielen, daß sich die Berechnungen vereinfachen und vor allen Dingen wesentlich leichter als Algorithmus programmieren lassen.

Noch einfacher wird das Problem der Koordinatentransformation, wenn kein Ortsvektor im letzten Koordinatensystem gegeben ist, sondern lediglich der Ursprung des letzten Koordinatensystem nach Position und Orientierung gefragt ist. Dies sei am nächsten Beispiel verdeutlicht.

Beispiel 4
Gegeben seien ein Basiskoordinatensystem 0 und drei dahinter geschaltete KS 1 bis KS 3. Es sei jeweils die Translationsmatrix $^{i}_{i+1}T$ bekannt, also $^{0}_{1}T, ^{1}_{2}T, ^{2}_{3}T$. Die KS sollen alle unterschiedliche Orientierungen haben. Gesucht sind Lage und Orientierung von KS 3 in Koordinaten von KS 0.

Bild A-7 erläutert dieses Beispiel.

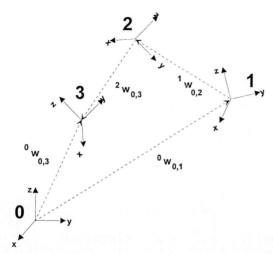

Bild A-7
Lage der Koordinatensysteme in Beispiel 4

Um Lage und Orientierung von KS 3 im Basiskoordinatensystem 0 ausdrücken zu können, braucht man lediglich die Matrix $^{0}_{3}T$ nach Gl. (7) zu berechnen und erhält:

$$^{0}_{3}T = ^{0}_{1}T * ^{1}_{2}T * ^{2}_{3}T$$

Auf ein Zahlenbeispiel sei hier verzichtet. Betrachtet man in Beispiel 3 die $^{0}_{2}T$-Matrix,

$$^{0}_{2}T = \begin{bmatrix} 0 & -1 & 4+\sqrt{2} \\ 1 & 0 & 2+5\sqrt{2} \\ 0 & 0 & 1 \end{bmatrix},$$

so sieht man, daß sich im dritten Spaltenvektor die Gesamttranslation des Ursprunges des KS 2, der Vektor

$$^{0}w_{0,2}{}^{T} = (4+\sqrt{2}; 2+5\sqrt{2}) \approx (5{,}41; 9{,}07)$$

in homogenen Koordinaten abbildet. Ferner drückt die obere 2*2-Matrix die Gesamtrotation des KS 2 beschrieben im KS 0 aus.

ZUSAMMENFASSUNG

Mit Hilfe dieses Verfahrens ist man also in der Lage, die einzelnen Koordinatensysteme mathematisch so zu verknüpfen, daß man jedes einzelne in das Basiskoordinatensystem transformieren kann.

Paul hat, aufbauend auf den Überlegungen von *Denavit und Hartenberg*, ein Verfahren entwickelt, das diese Art der Koordinatentransformation mit homogenen Koordinaten benutzt. Ferner hat *Paul* Regeln aufgestellt, mit deren Hilfe es relativ einfach möglich ist, den Rotations- und den Translationsanteil in der Gesamttransformationsmatrix zu beschreiben. Diese Vorgehensweise wird im nächsten Kapitel erläutert.

A.3 Roboterachsenbeschreibung nach *Denavit* und *Hartenberg*

Die Vorgehensweise sei hier an einer allgemeinen Roboterachse dargestellt.

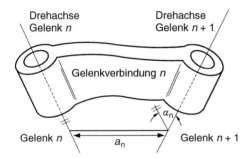

Bild A-8
Aufbau einer allgemeinen Roboterachse

Eine solche Roboterachse verbindet im allgemeinen Fall zwei Achsgelenke (rotatorische bzw. lineare) miteinander. In Bild A-8 sind dies zwei nicht fluchtende Drehgelenke (Gelenk n und Gelenk $n+1$). Die jeweiligen Drehachsen, um die die Achse drehen kann, sind entsprechend eingezeichnet.

Für die Berechnungen spielt lediglich die Lage der beiden Gelenke zueinander eine Rolle. Diese Lage wird durch zwei Größen beschrieben:
- *Abstand a_n*
  - im allgemeinen liegen die beiden Drehachsen n und $n+1$ windschief im Raum. Dadurch ist der Abstand dieser Geraden über die Länge der gemeinsamen Normalen bestimmt
  - bei parallelen Geraden ist der Abstand in jedem Punkt gleich
  - bei sich schneidenden Geraden ist der Abstand Null
- *Winkel α_n* zwischen den beiden Gelenkachsen, wenn eine Gelenkachse entlang der gemeinsamen Normalen verschoben wird, bis sie die andere schneidet

Man bezeichnet die beiden Größen a_n und α_n auch als *Länge* und *Verdrillung* der Roboterachse.

Bei einfacheren Kinematiken – und nur solche seien hier weiterhin betrachtet – sind die beiden Drehachsen parallel zueinander bzw. um 90° gedreht oder schneiden sich.
In Bild A-9 sind alle Roboterachsen als rechtwinklige Quader idealisiert.

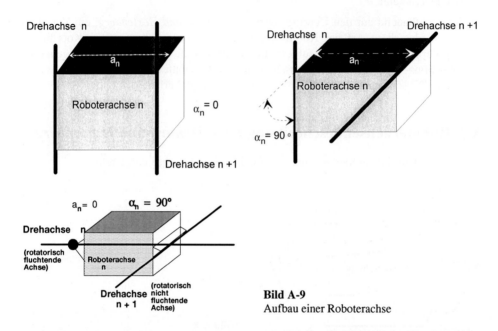

Bild A-9
Aufbau einer Roboterachse

Ein Industrieroboter besteht nach der gültigen Definition aus mindestens drei Achsen. Will man nun die Lage zweier Roboterachsen zueinander beschreiben, benötigt man zwei weitere Parameter.

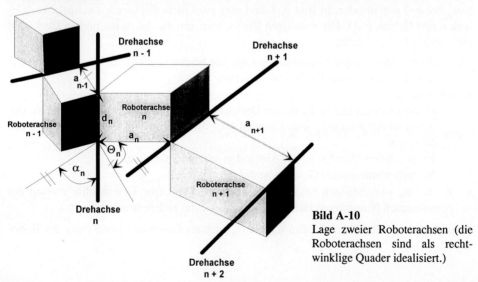

Bild A-10
Lage zweier Roboterachsen (die Roboterachsen sind als rechtwinklige Quader idealisiert.)

Die Lage zweier Roboterachsen zueinander läßt sich durch die folgenden Größen beschreiben:
- Der Abstand der beiden gemeinsamen Normalen a_n und a_{n-1} auf der Drehachse n wird als d_n bezeichnet.
- Der Winkel, den diese beiden gemeinsamen Normalen bilden, erhält die Bezeichnung θ_n.

Durch die vier Größen a_n, α_n, d_n und θ_n, die im Folgenden als DH-Parameter bezeichnet werden, kann die Lage zweier Roboterachsen zueinander eindeutig angegeben werden.

ZUSAMMENFASSUNG *DENAVIT-HARTENBERG*-PARAMETER
- Die Länge der gemeinsamen Normalen zwischen den beiden Gelenkachsen wird durch die Größe a_n beschrieben.
- Der Winkel α_n ist als Winkel zwischen den beiden Gelenkachsen n und $n+1$ definiert, wenn eine Gelenkachse entlang der gemeinsamen Normalen bis zum Schnittpunkt verschoben wird.
- Der Abstand d_n ist definiert als die Strecke zwischen den beiden gemeinsamen Normalen a_n und a_{n-1}, welche auf der Drehachse n liegt.
- Die Größe θ_n beschreibt den zwischen den gemeinsamen Normalen a_n und a_{n-1} eingeschlossenen Winkel.

A.4 Beschreibung der Roboterkinematik nach *Paul*

Wie schon erwähnt, muß bei einer kinematischen Kette die Lage (d.h. Position und Orientierung) eines jeden Kettengliedes bekannt sein, da Veränderungen eines Kettengliedes (linear oder rotatorisch) bekanntlich auch die Lage aller nachfolgenden Kettenglieder verändert. Gesucht ist ein Verfahren, das die einzelnen Roboterachsen in Koordinaten der direkten Vorgängerachse beschreiben kann. Die Vorgehensweise von *Denavit und Hartenberg* gibt keine Beschränkung zur Lage der Koordinatensysteme zueinander an, da die Ermittlung der DH-Parameter nicht an Koordinatensysteme gebunden ist. *Paul* hat eine handhabbare Form entwickelt, mit der es möglich ist, die Lage von Koordinatensystemen in Roboterachsen mit Hilfe der DH-Parameter zu ermitteln. Die allgemeine Vorgehensweise läßt sich überblickartig in drei Unterpunkte gliedern:
- jede Roboterachse erhält ein eigenes, körperfestes Koordinatensystem
- jede Roboterachse wird im Koordinatensystem des direkten Vorgängers beschrieben
- es werden homogene Koordinaten für die Beschreibung benutzt

Somit ist es möglich, die Lage der Roboterachsen durch Transformationsmatrizen zu beschreiben. Diese Transformationsmatrizen sind nur noch von den geometrischen Abmessungen der einzelnen Roboterachsen und den Drehgelenkstellungen abhängig.

Es ergibt sich nach Paul folgendes Schema zur Ermittlung des Koordinatensystems n, das die Roboterachse n (mit rotatorischen Drehgelenken) beschreibt:
- Der Schnittpunkt der Drehachse $n+1$ mit der gemeinsamen Normalen a_n der Drehachsen n und $n+1$ bildet den Ursprung des Koordinatensystems der Roboterachse n, wenn die beiden Drehachsen windschief sind.

  Gibt es keine gemeinsame Normale – dies ist der Fall, wenn sich die beiden Drehachsen n und $n+1$ schneiden –, so ist der Schnittpunkt der beiden Drehachsen n und $n+1$ der Koordinatenursprung des Koordinatensystems der Roboterachse n.

  Gibt es unendlich viele gemeinsame Normalen – dies ist der Fall, wenn beide Drehachsen n und $n+1$ parallel sind –, so verschiebt man den Ursprung des Koordinatensystems der Roboterachse n so auf der Drehgelenkachse $n+1$, daß der DH-Parameter d_n zu Null wird.
- Die z-Achse des Koordinatensystems der Roboterachse n – als z_n bezeichnet – zeigt in Richtung der Drehachse des Drehgelenkes $n+1$.
- Die Richtung der verlängerten gemeinsamen Normalen von Drehgelenk n zu Drehgelenk $n+1$ ergibt die Richtung der x-Achse des Koordinatensystems der Roboterachse n – als x_n bezeichnet.

  Schneiden sich die beiden Drehachsen n und $n+1$, dann wird die Richtung der x-Achse durch das Kreuzprodukt der beiden Drehachsen n und $n+1$ festgelegt.
- Durch die y_n-Achse wird das Koordinatensystem der Roboterachse n zu einem Rechtssystem.

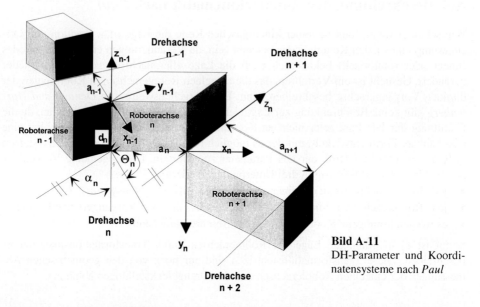

Bild A-11
DH-Parameter und Koordinatensysteme nach *Paul*

Der weitaus größte Teil der im Moment auf dem Markt befindlichen Industrieroboter zeichnet sich durch die Spezialfälle
- parallele Gelenkachsen oder
- sich schneidende Gelenkachsen

aus. Die Regeln von Paul vereinfachen sich dadurch wie folgt:

- Für parallele Drehgelenke n und $n+1$ gilt:
  - Der Koordinatenursprung des Koordinatensystems der Roboterachse n wird auf der Drehgelenkachse $n+1$ so verschoben, daß der DH-Parameter d_n zur folgenden Roboterachse zu Null wird.
  - Die Drehachse des Drehgelenkes $n+1$ wird zur z_n-Achse.
  - Die Richtung der gemeinsamen Normalen von Drehgelenk n und $n+1$ ergibt die Richtung der x_n-Achse.
- Schneiden sich zwei aufeinander folgende Gelenkachsen n und $n+1$, so ergibt sich:
  - Der Schnittpunkt der beiden Drehgelenkachsen wird zum Ursprung des Koordinatensystems der Roboterachse n.
  - Die Gelenkachse des Drehgelenks $n+1$ ergibt die z_n-Achse.
  - Das Kreuzprodukt der Drehachsen n und $n+1$ ergibt die Richtung der x_n-Achse.
  - Die y_n-Achse ergänzt das Koordinatensystem zu einem mathematischen Rechtssystem.

Zur vollständigen Beschreibung fehlt noch das Basiskoordinatensystem, welches das Bezugssystem darstellt. Die Lage dieses Koordinatensystems muß auch den Regeln von Paul entsprechen, und somit ergibt sich:
- Der Ursprung des Basiskoordinatensystems wird so verschoben, daß der Parameter d_1 zu Null wird.
- Die Gelenkachse 1 gibt die Richtung der z_0-Achse an.
- Die x_0-Achse paßt sich den nachfolgenden x-Achsen an.

Da zur Festlegung des Koordinatensystems der jeweiligen Roboterachse zwei Drehgelenke notwendig sind, ist das Koordinatensystem der letzten Achse nicht eindeutig definiert. Meist wird der Ursprung in die Mitte des Anschlußflansches für den Endeffektor gelegt, da sich dadurch die mathematischen Berechnung für den Endeffektor vereinfachen.

Man sollte alle x-Achsen der Roboterachsenkoordinatensysteme in die gleiche Richtung zeigen lassen, da sich dadurch $\theta_n = 0$ für alle Achsen ergibt. Man nennt diese Stellung auch Nullstellung, wobei sie nicht mit der Nullstellung des Wegmeßsystems der einzelnen Achsen zu verwechseln ist.

ZUSAMMENFASSUNG BESCHREIBUNG NACH PAUL
- Jede Roboterachse erhält ein eigenes, körperfestes Koordinatensystem.
- Jede Roboterachse wird im Koordinatensystem des direkten Vorgängers beschrieben.
- Für die Beschreibung werden homogene Koordinaten benutzt.
- Als Bezugsbasis wird ein System 0 vereinbart, auch Basiskoordinatensystem genannt, das keine Bewegungsmöglichkeit besitzt.
- Für parallele Drehgelenke n und $n+1$ gilt:
  - Der Koordinatenursprung des Koordinatensystems der Roboterachse n wird auf der Drehgelenkachse $n+1$ so verschoben, daß der DH-Parameter d_n zur folgenden Roboterachse zu Null wird.
  - Die Drehachse des Drehgelenkes $n+1$ wird zur z_n-Achse.
  - Die Richtung der gemeinsamen Normalen von Drehgelenk n und $n+1$ ergibt die Richtung der x_n-Achse.

- Schneiden sich zwei aufeinander folgende Gelenkachsen n und $n+1$, so ergibt sich:
  - Der Schnittpunkt der beiden Drehgelenkachsen wird zum Ursprung des Koordinatensystems der Roboterachse n.
  - Die Gelenkachse des Drehgelenks $n+1$ ergibt die z_n-Achse.
  - Das Kreuzprodukt der Drehachsen n und $n+1$ ergibt die Richtung der x_n-Achse.
  - Die y_n-Achse ergänzt das Koordinatensystem zu einem mathematischen Rechtssystem.

Man kann nun zeigen, daß sich der Übergang vom Koordinatensystem $n-1$ zum Koordinatensystem n durch folgende Transformationen beschreiben läßt:
- Rotation um die Achse z_{n-1} mit dem Winkel θ_n, $\mathbf{ROT}(z_{n-1}; \theta_n)$
- Translation in Richtung der z_{n-1}-Achse mit der Länge d_n, $\mathbf{TRANS}(z_{n-1}; d_n)$
- Translation in Richtung der x_n-Achse mit der Länge a_n, $\mathbf{TRANS}(x_n; a_n)$
- Rotation um die Achse x_n mit dem Winkel α_n, $\mathbf{ROT}(x_n; \alpha_n)$

Es ergibt sich eine Transformationsmatrix, die die Lage von Koordinatensystem n im Koordinatensystem $n-1$ in homogenen Koordinaten beschreibt:

$$^{n-1}_{n}T = \mathbf{ROT}(z_{n-1};\theta_n) * \mathbf{TRANS}(z_{n-1};d_n) * \mathbf{TRANS}(x_n;a_n) * \mathbf{ROT}(x_n;\alpha_n)$$

$$^{n-1}_{n}T = \begin{bmatrix} \cos\theta_n & -\sin\theta_n \cos\alpha_n & \sin\theta_n \sin\alpha_n & a_n\cos\theta_n \\ \sin\theta_n & \cos\theta_n \cos\alpha_n & -\cos\theta_n \sin\alpha_n & a_n\sin\theta_n \\ 0 & \sin\alpha_n & \cos\alpha_n & d_n \\ 0 & 0 & 0 & 1 \end{bmatrix} \qquad (8)$$

Wie schon im letzten Kapitel erwähnt, beschreibt der obere Teil, die 3*3-Matrix, den Rotationsanteil, während der vierte Spaltenvektor den Translationsanteil der Transformation beschreibt.

Durch konsequente Anwendung dieser Beschreibung auf die Roboterachsen eines Industrieroboters lassen sich so die Beziehungen zwischen beliebigen Achsen herleiten. Es ergibt sich allgemein für einen Roboter mit k Achsen:

$$^{0}_{k}T = ^{0}_{1}T * ^{1}_{2}T * ^{2}_{3}T * \ldots * ^{k-2}_{k-1}T * ^{k-1}_{k}T$$

bzw. $^{0}_{k}T = \prod_{i=0}^{k-1} {^{i}_{i+1}T}$ \hfill vgl. Gl. (7)

Somit ist es gelungen, mit Hilfe der Methode von *Paul* Transformationsmatrizen herzuleiten, die es ermöglichen, jedes Teilsegment des Roboters (d.h. jede Achse) ins Basiskoordinatensystem zu transferieren. Es braucht also lediglich die Gesamttransformationsmatrix $^{0}_{k}T$ berechnet zu werden, und man kann die Lage und die Orientierung des Endeffektors bestimmen.

Für einen sechsachsigen Roboter ergibt sich somit obige Gleichung zu:

$$^{0}_{6}T = ^{0}_{1}T * ^{1}_{2}T * ^{2}_{3}T * ^{3}_{4}T * ^{4}_{5}T * ^{5}_{6}T$$

A.4 Beschreibung der Roboterkinematik nach Paul   303

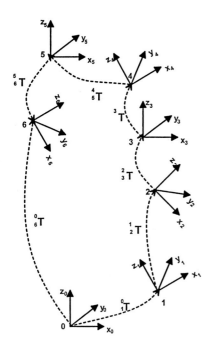

Bild A-12
Transformationsmatrizen eines sechsachsigen Industrieroboters

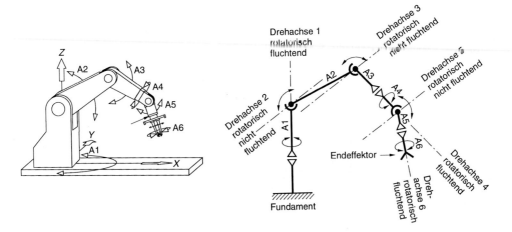

Bild A-13 Realer sechsachsiger Knickarmroboter und kinematisches Ersatzschaltbild

304 A Kinematische Beschreibung von Industrierobotern

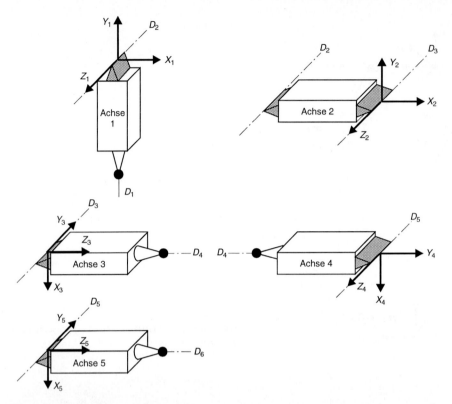

Bild A-14 Körperfeste Koordinatensysteme der Achsen 1 bis 5 eines sechsachsigen Knickarmroboters nach *Paul* (die Achsen sind vereinfacht dargestellt)

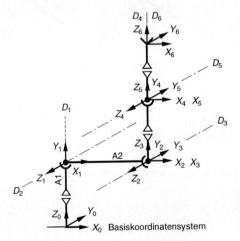

Bild A-15
Nullstellung der Koordinatensysteme eines sechsachsigen Knickarmroboters nach *Paul*

A.4 Beschreibung der Roboterkinematik nach Paul

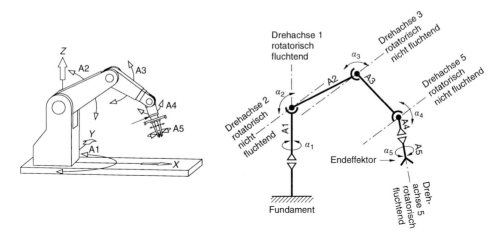

Bild A-16 Realer fünfachsiger Knickarmroboter und kinematisches Ersatzschaltbild

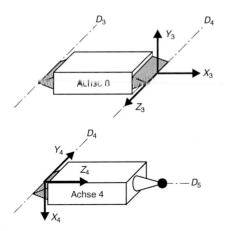

Bild A-17
Körperfeste Koordinatensysteme der Achsen 3 und 4 eines fünfachsigen Knickarmroboters nach *Paul* (die Lage der körperfesten Koordinatensysteme der Achsen 1 und 2 ist wie in Bild A-14)

A Kinematische Beschreibung von Industrierobotern

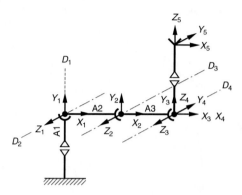

Bild A-18
Nullstellung der Koordinatensysteme eines fünfachsigen Knickarmroboters nach *Paul*

Graphisches Modell des Puma 560

i	$\Theta_i/°$	d_i/mm	a_i/mm	$\alpha_i/°$
1	Θ_1	0.00	0.00	-90.00
2	Θ_2	149.18	432.00	0.00
3	Θ_3	0.00	0.00	90.00
4	Θ_4	0.00	0.00	-90.00
5	Θ_5	0.00	0.00	90.00
6	Θ_6	0.00	0.00	0.00

DH-Parameter

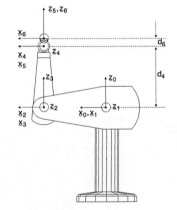

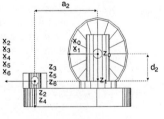

Bild A-19
Lage der Koordinatensysteme und DH-Parameter am PUMA 560 (Schwinn)

A.4 Beschreibung der Roboterkinematik nach Paul

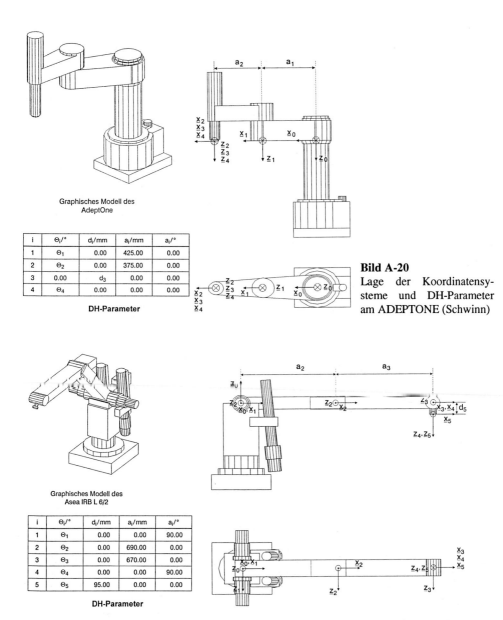

Graphisches Modell des AdeptOne

i	$\Theta_i/°$	d_i/mm	a_i/mm	$\alpha_i/°$
1	Θ_1	0.00	425.00	0.00
2	Θ_2	0.00	375.00	0.00
3	0.00	d_3	0.00	0.00
4	Θ_4	0.00	0.00	0.00

DH-Parameter

Bild A-20 Lage der Koordinatensysteme und DH-Parameter am ADEPTONE (Schwinn)

Graphisches Modell des Asea IRB L 6/2

i	$\Theta_i/°$	d_i/mm	a_i/mm	$\alpha_i/°$
1	Θ_1	0.00	0.00	90.00
2	Θ_2	0.00	690.00	0.00
3	Θ_3	0.00	670.00	0.00
4	Θ_4	0.00	0.00	90.00
5	Θ_5	95.00	0.00	0.00

DH-Parameter

Bild A-21 Lage der Koordinatensysteme und DH-Parameter am ASEA IRB L 6/2 (Schwinn)

A.5 Vorwärts- und Rückwärtstransformation beim Zweiarmmanipulator

Hier soll am einfachen Beispiel des planaren (d.h. ebenen) Zweiarmmanipulators die Vorgehensweise mit Hilfe der DH-Parameter zur Berechnung der Transformationsmatrizen aufgezeigt werden.

- Vorwärtstransformation: aus gegebenen Drehwinkeln der Drehachsen Lage und Orientierung des Endeffektors im xy-Basiskoordinatensystem berechnen; und
- Rückwärtstransformation: aus gegebener Lage und Orientierung des Endeffektors im xy-Basiskoordinatensystem die Drehwinkel der Drehachsen berechnen.

Beide Berechnung sind eine der wichtigsten Aufgaben einer jeden Robotersteuerung, die neben dem Gelenkkoordinatensystem noch andere Koordinatensysteme benutzt.

Nach der strengen Industrieroboterdefinition handelt es sich hier natürlich nicht um einen Roboter. Die prinzipielle Vorgehensweise bei der Vorwärts- und der Rückwärtstransformation kann aber relativ einfach aufgezeigt werden. Ferner erhält man Einblick in die prinzipiellen mathematischen Probleme, die bei der Berechnung entstehen und kann die Auswirkungen – hier speziell die Mehrdeutigkeiten – sehr schön demonstrieren.

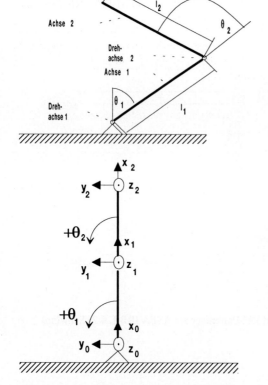

Bild A-22 Planarer Zweiarmmanipulator

ARBEITSBEREICHE

Achse 1: $\pm 180°$

Achse 2: $\pm 180°$

i	θ_i	d_i	a_i	α_i
1	θ_1	0	l_1	0
2	θ_2	0	l_2	0

Bild A-23 Koordinatensysteme, DH-Parameter und Arbeitsbereich am Zweiarmmanipulator

A.5 Vorwärts- und Rückwärtstransformation beim Zweiarmmanipulator   309

Nach Gl. (8) ergeben sich folgende Transformationsbeschreibungen der körperfesten Koordinatensysteme:

$${}^0_1T = \begin{bmatrix} \cos\theta_1 & -\sin\theta_1 & 0 & l_1\cos\theta_1 \\ \sin\theta_1 & \cos\theta_1 & 0 & l_1\sin\theta_1 \\ 0 & 0 & 1 & 0 \\ 0 & 0 & 0 & 1 \end{bmatrix}$$

$${}^1_2T = \begin{bmatrix} \cos\theta_2 & -\sin\theta_2 & 0 & l_2\cos\theta_2 \\ \sin\theta_2 & \cos\theta_2 & 0 & l_2\sin\theta_2 \\ 0 & 0 & 1 & 0 \\ 0 & 0 & 0 & 1 \end{bmatrix}$$

Nach Gl. (7) ergibt sich die resultierende Transformationsmatrix durch Multiplikation der beiden Transformationsmatrizen und Anwendung der Additionstheoreme zu:

$${}^0_2T = \begin{bmatrix} \cos(\theta_1+\theta_2) & -\sin(\theta_1+\theta_2) & 0 & l_2\cos(\theta_1+\theta_2)+l_1\cos\theta_1 \\ \sin(\theta_1+\theta_2) & \cos(\theta_1+\theta_2) & 0 & l_2\sin(\theta_1+\theta_2)+l_1\sin\theta_1 \\ 0 & 0 & 1 & 0 \\ 0 & 0 & 0 & 1 \end{bmatrix} \quad (8a)$$

A.5.1 Vorwärtstransformation

Wie bereits erwähnt, sollen hier aus den Gelenkvariablen θ_1 und θ_2 Position und Orientierung des Endeffektors berechnet werden. Es sind somit die Gelenkkoordinaten θ_1 und θ_2 bekannt. Diese sollen in das kartesische Basiskoordinatensystem 0 umgerechnet werden. (beachten Sie die Zählrichtung von θ, laut Bild A-23)

Beispiel 1

$\theta_1 = -90°$ *und* $\theta_2 = 90°$ *seien gegeben. Gesucht sind Lage und Orientierung des KS 2 beschrieben im KS 0. Gesucht ist also die Transformationsmatrix* ${}^0_2T$ *, in der die Gesamtrotation und die Gesamttranslation des KS 2 beschrieben in Basiskoordinaten abzulesen sind.*

Vorab zur Verdeutlichung die Lage des Zweiarmmanipulators in der Ebene für die beiden Winkelwerte.

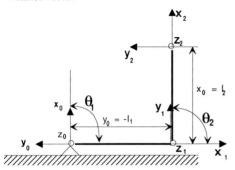

Bild A-24
Zweiarmmanipulator für $\theta_1 = -90°$ und $\theta_2 = 90°$

Die resultierende Transformationsmatrix für diese beiden Winkelwerte ergibt sich nach Gl. (8a) zu:

$${}_2^0T = {}_1^0T * {}_2^1T = \begin{bmatrix} 1 & 0 & 0 & l_2 \\ 0 & 1 & 0 & -l_1 \\ 0 & 0 & 1 & 0 \\ 0 & 0 & 0 & 1 \end{bmatrix}$$

Man sieht hier sehr schön, daß die obere 3*3-Matrix eine Einheitsmatrix ist, und kann somit interpretieren, daß keine Rotation des KS 2 stattfand. Den translatorischen Anteil kann man am vierten Spaltenvektor ablesen, und die Koordinaten des Ursprungs des KS 2 gemessen im Basiskoordinatensystem 0 ergeben sich zu:

$x_0 = l_2$ und $y_0 = -l_1$.

Berechnet man zur Kontrolle auch noch die Transformationsmatrix

$${}_1^0T = \begin{bmatrix} 0 & 1 & 0 & 0 \\ -1 & 0 & 0 & -l_1 \\ 0 & 0 & 1 & 0 \\ 0 & 0 & 0 & 1 \end{bmatrix},$$

so zeigt sich, daß der Ursprung des Koordinatensystems der Achse 1 bei

$x_0 = 0$ und $y_0 = -l_1$

liegt; das Koordinatensystem 1 ist um -90° zur Ausgangslage gedreht (vgl. Bild A-24).

In einem weiteren Beispiel soll gezeigt werden, daß auch Rotationen des KS 2 in der Transformationsmatrix abgebildet werden.

Beispiel 2

$\theta_1 = -90°$ *und* $\theta_2 = 135°$ *seien gegeben. Gesucht sind Lage und Orientierung des KS 2 beschrieben im KS 0. Gesucht ist also die Transformationsmatrix* ${}_2^0T$ *, in der Gesamtrotation und Gesamttranslation des KS 2 beschrieben in Basiskoordinaten abzulesen sind.*

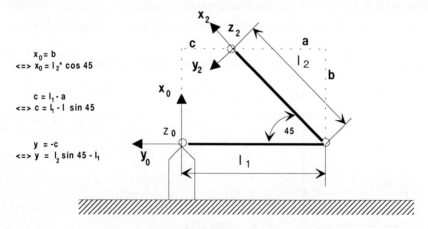

Bild A-25 Zweiarmmanipulator für $\theta_1 = -90°$ und $\theta_2 = 135°$

A.5 Vorwärts- und Rückwärtstransformation beim Zweiarmmanipulator

Unter Anwendung der Gesetzmäßigkeit $\sin 45° = \cos 45° = \frac{1}{2}\sqrt{2}$ ergibt sich die Transformationsmatrix für diese beiden Winkelwerte zu:

$$^0_2T = \begin{bmatrix} \frac{1}{2}\sqrt{2} & -\frac{1}{2}\sqrt{2} & 0 & l_2\cos 45° \\ \frac{1}{2}\sqrt{2} & \frac{1}{2}\sqrt{2} & 0 & -l_1 + l_2\sin 45° \\ 0 & 0 & 1 & 0 \\ 0 & 0 & 0 & 1 \end{bmatrix}$$

Die obere 2∗2-Matrix verdeutlicht die 45°-Rotation des KS 2 nach links ausgedrückt im KS 0. Der dritte Spaltenvektor gibt die Lage des Ursprungs gemessen im KS 0 an.

ZUSAMMENFASSUNG

Man sieht mit Hilfe der beiden Beispiele, daß durch Berechnung der Gesamttransformationsmatrix ^0_nT sowohl die Gesamtrotation als auch die Gesamttranslation abgebildet wird. Die Berechnung dieser Matrix läßt sich sehr gut in eine Programmiersprache übertragen, was einen großen Vorteil gegenüber anderen Methoden darstellt.

A.5.2 Rückwärtstransformation

Bei diesem Rechenweg muß aus der Angabe von Position und Orientierung des KS 2 im Basiskoordinatensystem 0 auf die Gelenkwinkel θ_i geschlossen werden.

Beispiel 3
Der Einfachheit halber werde Beispiel 2 „rückwärts" gerechnet. Es ist somit die Gesamttransformationsmatrix mit folgenden Werten gegeben:

$$^0_2T = \begin{bmatrix} \frac{1}{2}\sqrt{2} & -\frac{1}{2}\sqrt{2} & 0 & l_2\cos 45° \\ \frac{1}{2}\sqrt{2} & \frac{1}{2}\sqrt{2} & 0 & -l_1 + l_2\sin 45° \\ 0 & 0 & 1 & 0 \\ 0 & 0 & 0 & 1 \end{bmatrix}$$

Mit Hilfe dieser Matrix müssen dann die Winkelwerte θ_i berechnet werden.

Zur Lösung des Problems betrachtet man sich die allgemeine Transformationsmatrix ^0_2T

$$^0_2T = \begin{bmatrix} \cos(\theta_1+\theta_2) & -\sin(\theta_1+\theta_2) & 0 & l_2\cos(\theta_1+\theta_2)+l_1\cos\theta_1 \\ \sin(\theta_1+\theta_2) & \cos(\theta_1+\theta_2) & 0 & l_2\sin(\theta_1+\theta_2)+l_1\sin\theta_1 \\ 0 & 0 & 1 & 0 \\ 0 & 0 & 0 & 1 \end{bmatrix}. \quad (8a)$$

Man sieht, daß man die Gesamttransformationsmatrix vereinfacht schreiben kann als

$$^0_2T = \begin{bmatrix} a & -b & 0 & t_x \\ b & a & 0 & t_y \\ 0 & 0 & 1 & 0 \\ 0 & 0 & 0 & 1 \end{bmatrix}.$$

Setzt man beide Matrizen gleich, erhält man folgende Gleichungen:

$$a = \cos(\theta_1 + \theta_2) \tag{9}$$

$$b = \sin(\theta_1 + \theta_2) \tag{10}$$

$$t_x = l_2 \cos(\theta_1 + \theta_2) + l_1 \cos \theta_1 \tag{11}$$

$$t_y = l_2 \sin(\theta_1 + \theta_2) + l_1 \sin \theta_1 \tag{12}$$

Die Werte von a, b, t_x, t_y, l_1 und l_2 sind vorgegeben, gesucht sind die beiden Winkelwerte für die Gelenkstellungen. Setzt man Gl. (10) in Gl. (12) ein, erhält man:

$$t_y = l_2 b + l_1 \sin \theta_1$$

$$\Rightarrow \sin \theta_1 = \frac{t_y - l_2 b}{l_1}$$

$$\Rightarrow \theta_1 = \arcsin \frac{t_y - l_2 b}{l_1} \tag{13}$$

Mit Gl. (9) ergibt sich:

$$a = \cos(\theta_1 + \theta_2)$$

$$\arccos a = \theta_1 + \theta_2$$

$$\theta_1 = \arccos a - \theta_2 \tag{14}$$

Setzt man die gegebenen Zahlenwerte für a, b, t_x, t_y, l_1 und l_2 ein und berechnet das Ergebnis „mit einem Taschenrechner", so erhält man als Ergebnis
$\theta_1 = -90°$ und $\theta_2 = 135°$.

Damit scheint auf den ersten Blick das gewünschte Ergebnis erzielt und die Rückwärtstransformation gelöst. Dem ist jedoch nicht so.

Nimmt man an, daß beide Achsen des Zweiarmmanipulators links oder rechts herum drehen können, d.h. negative und positive Winkelwerte annehmen können, so können diese beiden bislang errechneten Winkel nicht die einzige Lösung sein. Das „Problem" liegt beim Taschenrechner und an der Eindeutigkeit der Cosinus- und Sinus-Funktion. Die Arcus-Cosinus-Funktion z.B. bildet „im Taschenrechner" nur Winkelwerte im Bereich $0° \leq \alpha \leq 180°$ ab. Es existiert aber für θ_1 nicht nur die Lösung $\theta_1 = -90°$ sondern auch $\theta_1 = -270°$. Ähnlich bildet die Arcus-Sinus-Funktion „im Taschenrechner" nur für Winkelwerte im Bereich $-90° \leq \alpha \leq 90°$ ab. Auch hier existiert neben der Lösung $\theta_2 = 135°$ noch die Lösung $\theta_2 = -225°$ Dies führt somit zu insgesamt vier Lösungsmöglichkeiten der Achsstellungen bei der Rückwärtstransformation des Zweiarmmanipulators:

L1 = (-90° ; 135°)
L2 = (-90° ;-225°)
L3 = (270° ; 135°)
L4 = (270° ;-225°)

Aus diesen vier Lösungsmöglichkeiten muß die Steuerung nun diejenige berechnen, die vom Roboter überhaupt angefahren werden kann; d.h. diejenige Stellung, die innerhalb des vorgegebenen Arbeitsbereiches liegt. In diesem Beispiel ist dies nur L1.

A.5 Vorwärts- und Rückwärtstransformation beim Zweiarmmanipulator

ZUSAMMENFASSUNG

- Es zeigt sich, daß bei der Rückwärtstransformation immer Mehrdeutigkeiten auftreten, da mit transzendenten Funktionen gearbeitet werden muß und diese nicht eineindeutig sind. Dies führt dazu, daß die Steuerung aus einer Vielzahl von Lösungsmöglichkeiten die richtige auswählen muß. Die Anzahl der Lösungsmöglichkeiten und somit auch der Rechenaufwand steigen mit der Anzahl der Achsen.

- Ferner ist es bei mehrachsigen Robotern nicht mehr so einfach wie beim Zweiarmmanipulator möglich, durch einfaches Gleichsetzen von Matrizen die Lösungen herzuleiten. Dazu sind wesentlich kompliziertere Lösungsalgorithmen notwendig, auf die hier nicht eingegangen werden kann. Es sei auf die Literatur (z.B. SCHWINN, Grundlagen der Roboterkinematik) verwiesen.

B Bahnberechnungen

B.1 Grundlagen

Das prinzipielle Vorgehen bei der Roboterprogrammierung ist immer gleich. Der Anwender teacht die relevanten Punkte, die zur Durchführung der Handhabungsaufgabe benötigt werden. Die Steuerung speichert diese Punkte ab, meistens in Gelenkkoordinaten. Dann wird im eigentlichen Roboterprogramm vom Programmierer festgelegt, in welcher Reihenfolge die Punkte abzufahren sind. Ferner wird bestimmt, wie die Bahn des TCP; d.h. das Bewegungsmuster der Achsen, zwischen den Punkten aussieht. Hierzu stehen prinzipiell folgende Möglichkeiten zur Verfügung:
- PTP-Steuerung (asynchron und synchron)
- Multipunkt-Steuerung
- Bahnsteuerung (Gerade, Kreis etc.)

Wie erwähnt, braucht die Steuerung dazu einen sog. Interpolator, der die Aufgabe hat, den Stellweg (Winkel bei rotatorischen Achsen und Wege bei linearen Achsen) und die Achsgeschwindigkeit für jede Achse für die auszuführende Bewegung zu berechnen. Art und Umfang der Berechnungen unterscheiden sich je nach Steuerungsart, die verwirklicht werden soll.

Bei der PTP-Steuerung interessieren nur Anfangs- und Endpunkt der Bewegung. Den Anwender interessiert es nicht, auf welchem Weg die Roboterachsen das Ziel erreichen. Der Interpolator braucht also keine mathematische Bahn zwischen den Anfangs- und den Endpunkt zu legen. Er kann direkt die Differenz der Gelenkkoordinaten der einzelnen Achsen, die zwischen Anfangs- und Endpunkt liegen, berechnen und mit diesen Werten dann den Bewegungsablauf berechnen. Je nachdem, ob die Achsen zur gleichen Zeit zum Stillstand kommen oder nicht, unterscheidet man zwischen synchroner und asynchroner PTP-Steuerung. Bei synchroner PTP-Steuerung ist neben den zu verfahrenden Gelenkwinkeln auch noch ein Geschwindigkeitsprofil für jede Achse zu berechnen. Bei der asynchronen PTP-Steuerung entfällt dies, da jede Achse versucht, sich mit maximaler Achsgeschwindigkeit zu bewegen; die Achse, die den kürzesten Weg zurückzulegen hat, beendet ihre Bewegung zuerst.

Bei der Multipunkt-Steuerung – die auch als Quasi-Bahnsteuerung bezeichnet wird – ist der Anwender daran interessiert, daß die Bewegung zwischen Anfangs- und Endpunkt auf einer bestimmten Bahn erfolgt. Man unterscheidet zwei Arten der Multipunkt-Steuerung (vgl. Kapitel 7.3.3):
- Beim Abfahren einer beliebigen Raumkurve muß der Bediener alle Zwischenpunkte geteacht haben. Die Bewegung zwischen den einzelnen Punkten ist eine PTP-Bewegung und wird genauso berechnet wie diese. Diese Art der Bewegung stellt somit mehr eine softwaremäßige Erleichterung für den Bediener dar, damit er sich Programmieraufwand sparen kann; bei 100 Zwischenpunkten, die alle angefahren werden müssen, ist die Zeitersparnis beim Programmieren erheblich.

- Beim Linearisieren einer Bahn muß vom Interpolator eine Gerade im Raum berechnet werden, die zwischen Anfangs- und Endpunkt liegt. Auf dieser Geraden werden dann Zwischenpunkte berechnet – die Anzahl wird entweder vom Bediener vorgegeben oder ist im Interpolator implementiert. Diese berechenten Zwischenpunkte werden dann wieder in PTP-Fahrt angefahren, wobei auch hier wieder das „PTP-Berechnungs-Verfahren" angewendet wird.

Ganz anders verhält es sich bei der Bahnsteuerung. Hier muß sich der Roboter auf einer genau definierten mathematischen Kurve – meistens Gerade oder Kreis – zwischen Anfangs- und Endpunkt bewegen. Die einzelnen Achsen müssen also in Lage und Geschwindigkeit so abgestimmt werden, daß diese Bahn abgefahren werden kann. Dies ist mit erheblichem Rechenaufwand verbunden.

Der Rechenaufwand hängt ferner auch noch von der Anzahl der bewegten Roboterachsen ab. Wie in Anhang A aufgezeigt, muß bei Robotern mit mehr als drei Achsen die Transformationsmatrix bestimmt werden. Dies und die Lösungsermittlung für die Vorwärts- und Rückwärtstransformation führen zu aufwendigen Berechnungen.

Bei fast allen Roboterherstellern wird als Basiskoordinatensystem ein feststehendes kartesisches Koordinatensystem verwendet. Dies bedeutet, daß sämtliche Gelenkkoordinaten immer in kartesische Koordinaten umgerechnet werden müssen. Das kartesische Grundsystem hat den Vorteil, daß die Bedienbarkeit gesteigert wird, da man davon ausgehen kann, daß dieses Koordinatensystem vielen bekannt ist.

B.2 Industrieroboter mit maximal drei Achsen

Auch hier lassen sich prinzipiell die drei oben genannten Steuerungsarten (PTP etc.) verwirklichen.

Bei den dreiachsigen Industrierobotern braucht man nicht so aufwendige Lösungsstrategien zu ermitteln, da sie mit ihren drei Achsen immer eine feste Orientierung haben und lediglich die Bewegung des TCP im Raum interessiert. Dadurch bekommt man einfache Transformationsgesetzmäßigkeiten. Den kinematischen Aufbau dieser Roboter gestaltet man so, daß sie einem der drei Koordinatensysteme
- kartesisches Koordinatensystem,
- Zylinderkoordinatensystem oder
- Kugelkoordinatensystem

entsprechen. Man hat allerdings auch hier bei der Rückwärtstransformation von Zylinder- bzw. Kugelkoordinaten in kartesische Koordinaten mit Eindeutigkeitsproblemen zu kämpfen (vgl. Kapitel 7.2.1). Allerdings ist ein Interpolator für solche Anwendungen wesentlich einfacher zu entwickeln als für mehrachsige Industrieroboter.

B.2.1 Dreiachsiger Roboter mit kartesischem Arbeitsraum

Dieser Roboter soll aus drei rechtwinklig im Raum zu einander angeordneten Schubgelenken (d.h. Linearachsen) bestehen.

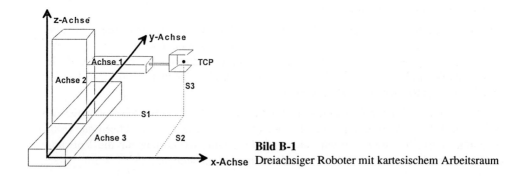

Bild B-1
Dreiachsiger Roboter mit kartesischem Arbeitsraum

Die Stellung des Endeffektors ist gegeben durch die drei Achspositionen (Achse 1, Achse 2, Achse 3), also durch (s_1, s_2, s_3). Die Steuerung braucht lediglich die eingegebenen Werte s_1, s_2 und s_3 – die Verfahrwege der Linearachsen – an die Lageregelung weiterzugeben und kann damit den Endeffektor zum gewünschten Zielpunkt bewegen.

Die Umrechnung der Punkte im Raum ins kartesische Koordinatensystem, das hier als Basiskoordinatensystem eingezeichnet ist, ist trivial. Es gilt:

$P(x,y,z)$ mit
$x = s_1$
$y = s_2$
$z = s_3$

Bei dieser Anordnung der Roboterachsen sind die Gelenkkoordinaten gleich den Koordinaten im *xyz*-Basiskoordinatensystem; das Gelenkkoordinatensystem entspricht somit dem Basiskoordinatensystem (auch Weltkoordinatensystem genannt). Von daher treten auch bei der Koordinatentransformation keine Probleme auf.

B.2.2 Dreiachsiger Roboter mit zylindrischem Arbeitsraum

Hierbei handelt es sich um einen Roboter mit einem Drehgelenk (Achse 1) und zwei translatorischen Achsen (Achse 2 und Achse 3). Die drei Achsen sind folgendermaßen angeordnet:

Achse 1 dreht um die in der Skizze eingezeichnete *z*-Achse, während Achse 2 Achse 3 in *z*-Richtung auf- bzw. abwärts bewegen kann. Achse 3 selbst kann als Schubachse linear ein- bzw. ausfahren.

B.2 Industrieroboter mit maximal drei Achsen

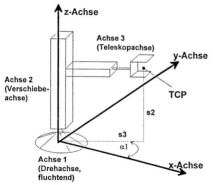

Bild B-2
Dreiachsiger Roboter mit zylindrischem Arbeitsraum

Auch hier gilt, wie schon in Kapitel 7.2.2 erwähnt: Wenn man die Lage des TCP im Raum angeben will, hat man zwei Möglichkeiten:

- Angabe der jeweiligen Achsstellung (Gelenkkoordinaten)
  Die Koordinatenbeschreibung des TCP in Bezug auf das Gelenkkoordinatensystem ergibt sich zu
  P (Achse 1, Achse 2, Achse 3) mit
  Achse 1 = α_1
  Achse 2 = s_2
  Achse 3 = s_3.
  Bei dieser Angabe treten keine Probleme mit Mehrdeutigkeiten auf.
- Angabe mit dem Bezugssystem Basiskoordinaten xyz
  Die Koordinatenangabe des TCP erfolgt bezogen auf das Basiskoordinatensystem xyz:
  $P(x,y,z)$
  Will man von Achskoordinaten in das Basissystem xyz umrechnen, so ergeben sich dabei keine Probleme, und die Transformationsgesetze für den Punkt $P(x,y,z)$ lauten:
  $x = s_3 \cos \alpha_1$
  $y = s_3 \sin \alpha_1$
  $z = s_2$

Will man hingegen vom Basissystem xyz in Achskoordinaten umrechnen, so ergeben sich die beschriebenen Transformationsprobleme. Die Transformationsgleichungen lauten:
  $\alpha_1 = \arctan y/x$
  $s_2 = z$
  $s_3 = \sqrt{x^2 + y^2}$

B.2.3 Dreiachsiger Roboter mit kugelförmigem Arbeitsraum

Dieser Roboter besteht aus zwei rotatorischen Achsen (Achse 1 und Achse 2) und einer translatorischen Achse (Achse 3).

Achse 1 dreht um die in der untenstehenden Abbildung eingezeichnete z-Achse. Achse 3 sitzt mit einem weiteren Drehgelenk an Achse 1. Dieses Drehgelenk stellt Achse 2 dar. Das Drehgelenk der Achse 2 dreht nicht wie Achse 1 um die z-Achse, sondern senkrecht dazu. Achse 3 ist eine Schubachse und kann somit linear ein- und ausfahren.

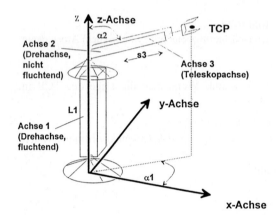

Bild B-3
Dreiachsiger Roboter mit kugelförmigem Arbeitsraum

Auch hier ist die Stellung des Endeffektors eindeutig durch die Stellung der Achspositionen (Achse 1, Achse 2, Achse 3) gegeben. Dabei ist die Lage des TCP im Raum durch die Angabe
P (Achse 1, Achse 2, Achse 3) mit
Achse $1 = \alpha_1$
Achse $2 = \alpha_2$
Achse $3 = s_3$.
eindeutig beschrieben. Auch hier ergeben sich keine Mehrdeutigkeiten, was die Stellung des Roboters angeht. Die Steuerung braucht lediglich die eingegebenen Werte α_1, α_2 und s_3 an die Lageregelung weiterzugeben und kann damit den Endeffektor zum gewünschten Zielpunkt bewegen.

Ähnlich wie bei dem dreiachsigen Roboter mit zylindrischem Arbeitsraum hat man, neben den Gelenkkoordinaten, eine weitere Möglichkeit, die Lage des TCP im Raum anzugeben: sie kann auch im Basiskoordinatensystem xyz beschrieben werden:
P (x,y,z) mit
$x = s_3 \sin \alpha_2 \cos \alpha_1$
$y = s_3 \sin \alpha_2 \sin \alpha_1$
$z = s_3 \cos \alpha_2 + L_1$
(L_1 = Abstand zwischen Drehgelenk Achse 1 und Drehgelenk Achse 2)

Diese Transformationsgesetze gelten, wenn man von gegebenen Achskoordinaten in Basiskoordinaten umrechnen will. Hierbei ergeben sich keine Probleme mit der Eindeutigkeit der Winkelfunktionen.

Anders verhält es sich beim Umrechnen von Basiskoordinaten in Gelenkkoordinaten. Hier hat man wieder die Probleme der Eindeutigkeit. Es gelten die Transformationsgleichungen:

$$\alpha_1 = \arctan y/x$$
$$\alpha_2 = \arccos ((z - L_1) / s_3)$$
$$s_3 = \sqrt{x^2 + y^2} + (z - L_1)^2$$

B.3 Punktsteuerungen für mehr als drei Achsen

B.3.1 Interpolation für eine einzelne Achse

Das prinzipielle Vorgehen bei der Berechnung der Bahnparameter soll zunächst der Einfachheit halber an einer einzelnen Achse dargestellt werden. Es sollen ferner folgende grundlegende Bedingungen gelten:
- für die Beschleunigungs- und Bremsphase der Achse gilt
  a = konst
- der Betrag der Beschleunigung soll gleich dem Betrag der Verzögerung sein
  $a_{beschl} = -a_{brems}$

Mit Hilfe der kinematischen Grundgleichung für die gleichförmig beschleunigte Bewegung (a = konst) und für die gleichförmige Bewegung (a = 0 und v = konst) ergeben sich die nachfolgende Beziehungen.

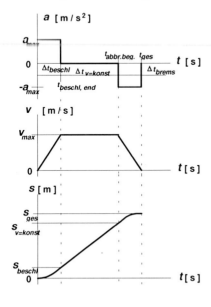

Bild B-4
a-t-, v-t- und s-t-Diagramm für eine Bewegung einer Roboterachse mit Erreichen der maximalen Achsgeschwindigkeit v_{max}

Aus Bild B-4 ergeben sich anschaulich die folgenden Beziehungen für die Zeiten:

$$t_0 = t_{beschl,beginn} \tag{1}$$
$$t_{beschl,ende} = t_{vkonst,beginn} \tag{2}$$
$$t_{vkonst,ende} = t_{brems,beginn} \tag{3}$$
$$t_{beschl,ende} = t_{ges} \tag{4}$$

Somit ergibt sich

$$\Delta t_{beschl} = t_{beschl,ende} - t_{beschl,beginn}$$
$$= t_{beschl,ende} - t_0 \tag{5}$$

(Zeit, in der aus der Ruhe bis v_{max} beschleunigt wird; d.h. $a > 0$)

$$\Delta t_{vkonst} = t_{vkonst,ende} - t_{vkonst,beginn} \tag{6}$$

(Zeit, in der mit v_{max} = konst gefahren wird; d.h. $a = 0$)

$$\Delta t_{brems} = t_{brems,ende} - t_{brems,beginn}$$
$$= t_{ges} - t_{brems,beginn} \tag{7}$$

(Zeit, in der bis zum Stillstand verzögert wird; d.h. $a < 0$)

Ferner gilt

$$\Delta t_{brems} = \Delta t_{beschl} \tag{8}$$

(Bremszeit = Beschleunigungszeit, da $a_{beschl} = -a_{brems}$)

Somit ergibt sich für die Gesamtzeit t_{ges} des Vorganges folgende Gleichung:

$$t_{ges} = \Delta t_{beschl} + \Delta t_{vkonst} + \Delta t_{brems}$$
$$t_{ges} = 2 \Delta t_{beschl} + \Delta t_{vkonst} \tag{9}$$

Für die Beschleunigung ergibt sich:

$$a(t) = a_{max} \quad \text{für } t_0 = t_{beschl,beginn} \leq t \leq t_{beschl,ende} \tag{10}$$
$$a(t) = 0 \quad \text{für } t_{vkonst,beginn} < t \leq t_{vkonst,ende} \tag{11}$$
$$a(t) = -a_{max} \quad \text{für } t_{brems,beginn} < t \leq t_{brems,ende} = t_{ges} \tag{12}$$

Für die Geschwindigkeit ergibt sich:

$$v(t) = a_{max} t \quad \text{für } t_0 = t_{beschl,beginn} \leq t \leq t_{beschl,ende} \tag{13}$$
$$v(t) = v_{max} = a_{max} \Delta t_{beschl} \quad \text{für } t_{vkonst,beginn} < t \leq t_{vkonst,ende} \tag{14}$$
$$v(t) = a_{max} (\Delta t_{beschl} + t_{brems,beginn}) - a_{max} t \tag{15}$$
$$\text{für } t_{brems,beginn} < t \leq t_{brems,ende} = t_{ges}$$

Für den zurückgelegten Weg ergibt sich:

$$s(t) = \frac{1}{2} a_{max} t^2 \quad \text{für } t_{beschl,beginn} \leq t \leq t_{beschl,ende} \tag{16}$$

$$s(t) = a_{max} \Delta t_{beschl} t - \frac{1}{2} a_{max} \Delta t_{beschl}^2 \quad \text{für } t_{vkonst,beginn} < t \leq t_{vkonst,ende} \tag{17}$$

$$s(t) = a_{max} \left(-\frac{1}{2} \left(\Delta t_{beschl}^2 + t_{brems,beginn}^2 \right) + \left(\Delta t_{beschl} + t_{brems,beginn} \right) t - \frac{1}{2} t^2 \right) \tag{18}$$
$$\text{für } t_{brems,beginn} < t \leq t_{brems,ende} = t_{ges}$$

B.3 Punktsteuerungen für mehr als drei Achsen 321

Herleitung von Gl. (15):

$$
\begin{aligned}
v(t) &= v_{max} - a_{max}(t - t_{brems,beginn}) \\
&= a_{max}\,\Delta t_{beschl} - a_{max}(t - t_{brems,beginn}) \\
&= a_{max}\,\Delta t_{beschl} - a_{max}\,t + a_{max}\,t_{brems,beginn} \\
&= a_{max}(\Delta t_{beschl} + t_{brems,beginn}) - a_{max}\,t
\end{aligned}
$$

Herleitung von Gl. (17):

$$
\begin{aligned}
s(t) &= \frac{1}{2}a_{max}\,\Delta t_{beschl}^2 + v_{max}(t - \Delta t_{beschl}) \\
&= \frac{1}{2}a_{max}\,\Delta t_{beschl}^2 + a_{max}\,\Delta t_{beschl}(t - \Delta t_{beschl}) \\
&= \frac{1}{2}a_{max}\,\Delta t_{beschl}^2 + a_{max}\,\Delta t_{beschl}\,t - a_{max}\,\Delta t_{beschl}^2 \\
&= a_{max}\,\Delta t_{beschl}\,t - \frac{1}{2}a_{max}\,\Delta t_{beschl}^2
\end{aligned}
$$

Herleitung von Gl. (18):
Für den bis im dritten Zeitintervall zurückgelegten Weg ergibt sich:

$$s(t) = s_{beschl} + s_{vkonst} + s_{brems} \qquad (\text{I})$$

mit

$$s_{beschl} = \frac{1}{2}a_{max}\,\Delta t_{beschl}^2 \qquad (\text{II})$$

$$s_{vkonst} = v_{max}\,\Delta t_{vkonst} = a_{max}\,\Delta t_{beschl}\,\Delta t_{vkonst} \qquad (\text{III})$$

$$s_{brems} = v_0\,t + \frac{1}{2}a\,t^2 \quad \text{(allgemein)}$$

hier: $t \equiv t - t_{brems,beginn}$

$v_0 = v_{max} = a_{max}\,\Delta t_{beschl}$

$a = -a_{max}$

ergibt

$$s_{brems} = a_{max}\,\Delta t_{beschl}(t - t_{brems,beginn}) - \frac{1}{2}a_{max}(t - t_{brems,beginn})^2 \qquad (\text{IV})$$

Setzt man nun (II), (III) und (IV) in (I) ein ergibt sich:

$$
\begin{aligned}
s(t) &= \frac{1}{2}a_{max}\,\Delta t_{beschl}^2 + a_{max}\,\Delta t_{beschl}\,\Delta t_{vkonst} \\
&\quad + a_{max}\,\Delta t_{beschl}(t - t_{brems,beginn}) - \frac{1}{2}a_{max}(t - t_{brems,beginn})^2 \\
&= \frac{1}{2}a_{max}\,\Delta t_{beschl}^2 + a_{max}\,\Delta t_{beschl}\,\Delta t_{vkonst} + a_{max}\,\Delta t_{beschl}\,t \\
&\quad - a_{max}\,\Delta t_{beschl}\,t_{brems,beginn} - \frac{1}{2}a_{max}\left(t^2 - 2t\,t_{brems,beginn} + t_{brems,beginn}^2\right) \\
&= \frac{1}{2}a_{max}\,\Delta t_{beschl}^2 + a_{max}\,\Delta t_{beschl}\,\Delta t_{vkonst} + a_{max}\,\Delta t_{beschl}\,t \\
&\quad - a_{max}\,\Delta t_{beschl}\,t_{brems,beginn} - a_{max}\left(\frac{1}{2}t^2 - t\,t_{brems,beginn} + \frac{1}{2}t_{brems,beginn}^2\right)
\end{aligned}
$$

$$= a_{max}\left(\frac{1}{2}\Delta t_{beschl}^2 + \Delta t_{beschl}\,\Delta t_{vkonst} + \Delta t_{beschl}\,t\right.$$

$$\left. -\Delta t_{beschl}\,t_{brems,beginn} - \frac{1}{2}t^2 + t\,t_{brems,beginn} - \frac{1}{2}t_{brems,beginn}^2\right)$$

mit $t_{brems,beginn} = \Delta t_{beschl} + \Delta t_{vkonst}$ ergibt sich:

$$s(t) = a_{max}\left(\frac{1}{2}\Delta t_{beschl}^2 + \Delta t_{beschl}\,\Delta t_{vkonst} + t_{beschl}\,t\right.$$

$$\left. -\Delta t_{beschl}\left(\Delta t_{beschl} + \Delta t_{vkonst}\right) - \frac{1}{2}t^2 + t\,t_{brems,beginn} - \frac{1}{2}t_{brems,beginn}^2\right)$$

$$= a_{max}\left(\frac{1}{2}\Delta t_{beschl}^2 + \Delta t_{beschl}\,\Delta t_{vkonst} + t_{beschl}\,t\right.$$

$$\left. -\Delta t_{beschl}^2 - \Delta t_{beschl}\,\Delta t_{vkonst} - \frac{1}{2}t^2 + t\,t_{brems,beginn} - \frac{1}{2}t_{brems,beginn}^2\right)$$

$$= a_{max}\left(\frac{1}{2}\Delta t_{beschl}^2 - \Delta t_{beschl}^2 - \frac{1}{2}t_{brems,beginn}^2 + \Delta t_{beschl}\,t\right.$$

$$\left. + t\,t_{brems,beginn} - \frac{1}{2}t^2\right)$$

$$s(t) = a_{max}\left(-\frac{1}{2}\left(\Delta t_{beschl}^2 + t_{brems,beginn}^2\right) + t\left(\Delta t_{beschl} + t_{brems,beginn}\right) - \frac{1}{2}t^2\right) \quad (18)$$

Im allgemeinen Berechnungsfall muß man davon ausgehen, daß von der Herstellerseite die Werte für v_{max} und a_{max} bekannt sind. Die Aufgabenstellung wird also folgendermaßen lauten:

Die Roboterachse steht auf dem Startwert $s(t_0)$ und soll auf den Endwert $s(t_{ges})$ gefahren werden (Bsp.: Drehung einer rotatorischen Achse vom Startwinkel 0° bis zum Endwinkel 200°). Aufgrund dieser Angaben sind die entsprechenden Werte zu ermitteln.

Relativ einfach lassen sich die Beschleunigungszeiten $\Delta t_{beschl} = \Delta t_{brems}$ – Gl. (8) – ermitteln. Nach Gl. (14) gilt

$$v_{max} = a_{max}\,\Delta t_{beschl} \Leftrightarrow \Delta t_{beschl} = \frac{v_{max}}{a_{max}} \quad (19)$$

Schwieriger wird es für die Bestimmung der Gesamtzeit des Vorganges t_{ges}. Hierzu ist folgende Herleitung notwendig:
Nach Gl. (18) gilt

$$s(t) = \frac{1}{2}a_{max}\,\Delta t_{beschl}^2 + v_{max}\,\Delta t_{vkonst} + v_{max}\left(t - t_{brems,beginn}\right)$$

$$-\frac{1}{2}a_{max}\left(t - t_{brems,beginn}\right)^2 \qquad \text{für } t_{brems,beginn} < t \leq t_{brems,ende} = t_{ges}$$

B.3 Punktsteuerungen für mehr als drei Achsen

für $t = t_{ges}$ ergibt sich somit nach den Gl. (I), (II), (III) und (IV)

$$s(t_{ges}) = \frac{1}{2} a_{max} \Delta t_{beschl}^2 + v_{max} \Delta t_{vkonst} + v_{max}\left(t_{ges} - t_{brems,beginn}\right)$$
$$- \frac{1}{2} a_{max} \left(t_{ges} - t_{brems,beginn}\right)^2$$

Diese Gleichung vereinfacht sich mit Gl. (7) und Gl. (8) zu

$$s(t_{ges}) = \frac{1}{2} a_{max} \Delta t_{beschl}^2 + v_{max} \Delta t_{vkonst} + v_{max} \Delta t_{beschl} - \frac{1}{2} a_{max} \Delta t_{beschl}^2$$
$$= v_{max} \Delta t_{vkonst} + v_{max} \Delta t_{beschl}$$
$$= v_{max}\left(\Delta t_{vkonst} + \Delta t_{beschl}\right)$$

Aus dieser Gleichung läßt sich die Unbekannte Δt_{vkonst} ermitteln:

$$\Delta t_{vkonst} = \frac{s(t_{ges})}{v_{max}} - \Delta t_{beschl} \tag{20}$$

Mit Gl. (19) läßt sich dann auch Gl. (9) lösen:

$$t_{ges} = 2 \frac{v_{max}}{a_{max}} + \frac{s(t_{ges})}{v_{max}} - \Delta t_{beschl}$$

$$t_{ges} = 2 \frac{v_{max}}{a_{max}} + \frac{s(t_{ges})}{v_{max}} - \frac{v_{max}}{a_{max}}$$

$$t_{ges} = \frac{v_{max}}{a_{max}} + \frac{s(t_{ges})}{v_{max}} \tag{20a}$$

Dieses einfache Interpolationsverfahren soll zunächst an einem Beispiel erläutert werden.

Beispiel 1
Eine rotatorische Roboterachse soll vom Wert $s(t_0) = 0°$ auf den Endwert $s(t_{ges}) = 200°$ gebracht werden. Die Herstellerangaben für die maximale Achsgeschwindigkeit v_{max} und die maximale Achsbeschleunigung a_{max} sind:

$v_{max} = 100°\,s^{-1}$ und
$a_{max} = 200°\,s^{-2}$

Nach Gl. (19) ergeben sich für die Beschleunigungs- und die Bremszeit folgende Werte:

$$\Delta t_{beschl} = \Delta t_{brems} = \frac{v_{max}}{a_{max}} = \frac{100°\,s^{-1}}{200°\,s^{-2}} \quad \Rightarrow \quad \Delta t_{beschl} = \Delta t_{brems} = 0{,}5\,s$$

Mit Hilfe von Gl. (20) kann dann Δt_{vkonst} ermittelt werden:

$$\Delta t_{vkonst} = \frac{s(t_{ges})}{v_{max}} - \Delta t_{beschl} = \frac{200°}{100°\,s^{-1}} - 0{,}5\,s \quad \Rightarrow \quad \Delta t_{vkonst} = 1{,}5\,s$$

Somit ergibt sich die Gesamtzeit des Bewegungsvorgangs nach Gl. (9) zu:

$$t_{ges} = 2\Delta t_{beschl} + \Delta t_{vkonst} = 2 \cdot 0{,}5\,s + 1{,}5\,s \quad \Rightarrow \quad t_{ges} = 2{,}5\,s$$

Damit ist der gesamte Bewegungsvorgang berechenbar.

Man hat mit diesen Gleichungen leider noch nicht alle Möglichkeiten abgedeckt, die eintreten können. Dies sei an einem einfachen Beispiel demonstriert:

Beispiel 2
Eine rotatorische Roboterachse soll vom Wert $s(t_0) = 0°$ auf den Endwert $s(t_{ges}) = 200°$ gebracht werden. Die Herstellerangaben für die maximale Achsgeschwindigkeit v_{max} und die maximale Achsbeschleunigung a_{max} sind:
$v_{max} = 200° \, s^{-1}$ und
$a_{max} = 50° \, s^{-2}$

Nach Gl. (19) ergibt sich für die Beschleunigungs- und die Bremszeit folgender Wert:

$$\Delta t_{beschl} = \Delta t_{brems} = \frac{v_{max}}{a_{max}} = \frac{200° \, s^{-1}}{50° \, s^{-2}} \quad \Rightarrow \quad \Delta t_{beschl} = \Delta t_{brems} = 4\,s$$

Mit Hilfe von Gl. (20) kann dann Δt_{vkonst} ermittelt werden:

$$\Delta t_{vkonst} = \frac{s(t_{ges})}{v_{max}} - \Delta t_{beschl} = \frac{200°}{200° \, s^{-1}} - 4\,s \quad \Rightarrow \quad \Delta t_{vkonst} = -3\,s$$

Eine negative Zeit, in der mit konstanter Geschwindigkeit v_{max} gefahren wird, gibt physikalisch keinen Sinn. Die Interpretation dieser Variante liegt darin, daß der Gesamtweg für diesen Vorgang so kurz ist, daß die Maximalgeschwindigkeit v_{max} nicht erreicht werden kann. Vielmehr muß die Bewegung der Achse direkt vom Beschleunigen ($a > 0$) ins Verzögern ($a < 0$) übergehen. Diesen Vorgang verdeutlicht Bild B-5.

Tritt dieser Fall ein, so wird die maximale Geschwindigkeit der Achse zu keinem Zeitpunkt erreicht. Vielmehr geht die Achse direkt vom Beschleunigungszustand in den Bremszustand über. Damit müssen auch die Bewegungsgleichungen geändert werden. Es ergeben sich somit nur noch zwei Bewegungszustände, sprich Zeitintervalle, für die die entsprechenden Bewegungsgleichungen zu finden sind.

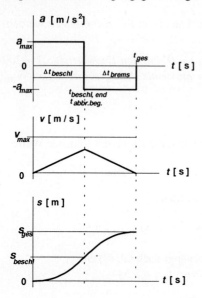

Bild B-5
a-t-, v-t- und s-t-Diagramm für die Bewegungen einer Roboterachse, bei der die maximale Achsgeschwindigkeit v_{max} nicht erreicht wird

B.3 Punktsteuerungen für mehr als drei Achsen   325

Vorab eine Zusammenfassung der Zeiten

$t_0 = t_{beschl,beginn}$ (21)

$t_{beschl,ende} = t_{brems,beginn}$ (22)

$t_{beschl,ende} = t_{ges}$ (23)

Somit ergibt sich

$$\Delta t_{beschl} = t_{beschl,ende} - t_{beschl,beginn}$$
$$= t_{beschl,ende} - t_0$$
$$= t_{brems,beginn} - t_0 \quad (24)$$

(Zeit, in der aus der Ruhe beschleunigt wird; d.h. $a > 0$)

Ferner gilt

$\Delta t_{brems} = \Delta t_{beschl}$ (25)

(Bremszeit = Beschleunigungszeit, da $a_{beschl} = -a_{brems}$)

Somit ergibt sich für die Gesamtzeit t_{ges} des Vorgangs folgende Gleichung:

$$t_{ges} = \Delta t_{beschl} + \Delta t_{brems}$$
$$t_{ges} = 2 \Delta t_{beschl}$$
$$t_{ges} = 2 \Delta t_{brems} \quad (26)$$

Für die Beschleunigung ergibt sich:

$a(t) = a_{max}$ für $t_0 = t_{beschl,beginn} \leq t \leq t_{beschl,ende}$ (27)

$a(t) = -a_{max}$ für $t_{brems,beginn} < t \leq t_{brems,ende} = t_{ges}$ (28)

Für die Geschwindigkeit ergibt sich:

$v(t) = a_{max} t$ für $t_0 = t_{beschl,beginn} \leq t \leq t_{beschl,ende}$ (29)

$v(t) = 2a_{max} t_{beschl,ende} - a_{max} t$ für $t_{brems,beginn} \leq t \leq t_{brems,ende} = t_{ges}$ (30)

Für die Wege ergibt sich:

$s(t) = \dfrac{1}{2} a_{max} t^2$ für $t_0 = t_{beschl,beginn} \leq t \leq t_{beschl,ende}$ (31)

$s(t) = a_{max}\left(-t_{beschl,ende}^2 + 2t\, t_{beschl,ende} - \dfrac{1}{2} t^2\right)$

für $t_0 = t_{beschl,beginn} \leq t \leq t_{beschl,ende}$ (32)

Herleitung von Gl. (30):

allgemein $v(t) = v_0 + a t$

hier gilt $v_0 = a_{max} t_{beschl,ende}$ und $a = -a_{max}$

somit $v(t) = a_{max} t_{beschl,ende} - a_{max}(t - t_{brems,beginn})$

mit Gl. (22) $v(t) = a_{max} t_{beschl,ende} - a_{max}(t - t_{beschl,ende})$

$= a_{max} t_{beschl,ende} - a_{max} t + a_{max} t_{beschl,ende}$

$= 2 a_{max} t_{beschl,ende} - a_{max} t$

Herleitung von Gl. (32):

$$\text{allgemein} \quad s(t) = s_0 + v_0\, t + \frac{1}{2} a\, t^2$$

$$\text{mit} \quad t \equiv t - t_{brems,beginn} = t - t_{beschl,ende}$$

$$\text{und} \quad s(0) = \frac{1}{2} a_{max}\, t^2_{beschl,ende}$$

$$v(0) = a_{max}\, t_{beschl,ende}$$

$$a = -a_{max}$$

$$\text{somit } s(t) = \frac{1}{2} a_{max}\, t^2_{beschl,ende} + a_{max}\, t_{beschl,ende}\left(t - t_{beschl,ende}\right)$$

$$- \frac{1}{2} a_{max} \left(t - t_{beschl,ende}\right)^2$$

$$= \frac{1}{2} a_{max}\, t^2_{beschl,ende} + a_{max}\left(t\, t_{beschl,ende} - t^2_{beschl,ende}\right)$$

$$- \frac{1}{2} a_{max}\left(t^2 - 2t\, t_{beschl,ende} + t^2_{beschl,ende}\right)$$

$$= a_{max}\left(\frac{1}{2} t^2_{beschl,ende} + t\, t_{beschl,ende} - t^2_{beschl,ende}\right.$$

$$\left. \frac{1}{2} t^2 + t\, t_{beschl,ende} - \frac{1}{2} t^2_{beschl,ende}\right)$$

$$s(t) = a_{max}\left(-t^2_{beschl,ende} + 2t\, t_{beschl,ende} - \frac{1}{2} t^2\right)$$

Zur Berechnung des Umschaltpunktes setzt man wiederum den bekannten Wert für $s(t_{ges})$ in Gl. (32) ein und erhält dann

$$t_{beschl} = \sqrt{\frac{s(t_{ges})}{a_{max}}} \tag{33}$$

Eine andere Möglichkeit, Gl. (33) herzuleiten, ist der Ansatz, daß nach t_{beschl} der halbe Weg zurückgelegt sein muß. Somit ergibt sich Gl. (31) zu:

$$s(t_{beschl}) = \frac{1}{2} a_{max}\, t^2_{beschl} = \frac{1}{2} s(t_{ges})$$

$$\Rightarrow s(t_{ges}) = a_{max}\, t^2_{beschl}$$

$$\Rightarrow t_{beschl} = \sqrt{\frac{s(t_{ges})}{a_{max}}}$$

Für das oben erwähnte Beispiel ergibt sich dann folgende Lösung:

$$t_{beschl} = \sqrt{\frac{s(t_{ges})}{a_{max}}} = \sqrt{\frac{100°}{50°\,\text{s}^{-1}}} = \sqrt{2}\ \text{s}$$

B.3.2 Kopplung mehrerer Achsen

Für einen Industrieroboter, der ja per Definition aus mindestens drei frei programmierbaren Achsen besteht, muß das oben beschriebene Verfahren für eine Achse entsprechend erweitert werden. Die prinzipiellen Bahngleichungen aus dem vorherigen Kapitel verändern sich nicht.

Zunächst sei auch hier der Fall betrachtet, daß die Maximalgeschwindigkeit v_{max} erreicht wird. Der Index i bezeichnet die Nummer der jeweiligen Roboterachse. Somit ergibt sich

- für die Achsbeschleunigungen

$$a_i(t) = a_{max,i} \quad \text{für} \quad t_{0,i} = t_{beschl,beginn,i} \leq t \leq t_{beschl,ende,i} \tag{34}$$

$$a_i(t) = 0 \quad \text{für} \quad t_{vkonst,beginn,i} < t \leq t_{vkonst,ende,i} \tag{35}$$

$$a_i(t) = -a_{max,i} \quad \text{für} \quad t_{brems,beginn,i} < t \leq t_{brems,ende,i} = t_{ges,i} \tag{36}$$

- für die Geschwindigkeiten

$$v_i(t) = a_{max,i}\, t \quad \text{für} \quad t_{0,i} = t_{beschl,beginn,i} \leq t \leq t_{beschl,ende,i} \tag{37}$$

$$v_i(t) = v_{max,i} = a_{max,i}\, \Delta t_{beschl,i} \quad \text{für} \quad t_{vkonst,beginn,i} < t \leq t_{vkonst,ende,i} \tag{38}$$

$$v_i(t) = a_{max,i}\left(\Delta t_{beschl,i} + t_{brems,beginn,i}\right) - a_{max,i}\, t$$

$$\text{für} \quad t_{brems,beginn,i} < t \leq t_{brems,ende,i} = t_{ges,i} \tag{39}$$

- für den zurückgelegten Weg

$$s_i(t) = \frac{1}{2} a_{max,i}\, t^2 \quad \text{für} \quad t_{0,i} = t_{beschl,beginn,i} \leq t \leq t_{beschl,ende,i} \tag{40}$$

$$s_i(t) = a_{max,i}\, \Delta t_{beschl,i}\, t - \frac{1}{2} a_{max,i}\, \Delta t_{beschl,i}^2$$

$$\text{für} \quad t_{vkonst,beginn,i} < t \leq t_{vkonst,ende,i} \tag{41}$$

$$s_i(t) = a_{max,i}\left(-\frac{1}{2}\left(\Delta t_{beschl,i}^2 + t_{brems,beginn,i}^2\right) + t\left(\Delta t_{beschl,i} + t_{brems,beginn,i}\right) - \frac{1}{2} t^2 \right)$$

$$\text{für} \quad t_{brems,beginn,i} < t \leq t_{brems,ende,i} = t_{ges,i} \tag{42}$$

Hierbei tritt allerdings folgendes Problem auf: Wenn eine Bewegung des Roboters von einem Punkt im Raum zu einem anderen Punkt erfolgen soll, so müssen sich eventuell alle gekoppelten Achsen bewegen. Sie werden aber nur in Ausnahmefällen den gleichen Weg zurückzulegen haben.

Mit den obigen Gleichungen [Gl. (34) bis Gl. (42)] lassen sich für jede der i Achsen Bahnfunktionen berechnen, die von allen anderen Achsen unabhängig sind. Werden diese unabhängigen Funktionen an die Steuerung – und von da aus die Lageregelung der jeweiligen Achse – weitergegeben, so spricht man von einer *unsynchronisierten PTP-Bewegung* – auch *asynchrone PTP-Bewegung* genannt. Das Bewegungsende der einzelnen Achsen fällt hierbei im allgemeinen nicht zusammen.

Will man die Bewegung der einzelnen Achsen synchronisieren – *synchrone PTP-Bewegung* –, so müssen die Bewegungsgleichungen der einzelnen Achsen angeglichen werden. Man ermittelt die Achse, deren Bewegungsvorgang am längsten dauert, und gleicht alle anderen daran an.

$$t_{ges,max} = max\ (t_{ges,i})$$

Auch hier ergibt sich die Beschleunigungszeit der Achse i nach Gl. (19) zu:

$$\Delta t_{beschl,i} = \frac{a_{max,i}}{v_{max,i}}$$

Ferner läßt sich nach Gl. (20a) die Gesamtzeit für die Bewegung ausrechnen nach:

$$t_{ges,i} = v_{max,i}/a_{max,i} + s(t_{ges,i})/v_{max,i}$$

Zur Synchronisation wird nun $t_{ges,i}$ der einzelnen Achse gleich dem Maximum $t_{ges,max}$ gesetzt. Es ergibt sich:

$$t_{ges,max} = v_{max,i}/a_{max,i} + s(t_{ges,i})/v_{max,i} \tag{43}$$

Wie man sieht, hat man zur Anpassung der jeweiligen Achse zwei Möglichkeiten: Man kann in Gl. (43) $v_{max,i}$ oder $a_{max,i}$ variieren, um die Zeitanpassung durchzuführen. Dadurch ist der Index *max* nicht mehr gerechtfertigt und soll durch *red* ersetzt werden.

Für die Reduzierung der Achsbeschleunigung ergibt sich folgende Gleichung:

$$t_{ges,max} = \frac{v_{max,i}}{a_{red,i}} + \frac{s(t_{ges})}{v_{max,i}} \tag{44}$$

Für die Reduzierung der Maximalgeschwindigkeit erhält man:

$$t_{ges,max} = \frac{v_{red,i}}{a_{max,i}} + \frac{s(t_{ges})}{v_{red,i}} \tag{45}$$

Löst man Gl. (44) nach $a_{red,i}$ auf, erhält man:

$$a_{red,i} = \frac{v_{max,i}}{t_{ges,max} - \frac{s(t_{ges,i})}{v_{max,i}}} \tag{46}$$

Löst man Gl. (45) nach $v_{red,i}$ auf, erhält man die quadratische Gleichung:

$$v_{red,i} = \frac{1}{2} a_{max,i}\, t_{ges,max} \pm \sqrt{\frac{1}{4} a_{max,i}^2\, t_{ges,max} - s(t_{ges,i})\, a_{max,i}} \tag{47}$$

Es ergeben sich zwei Lösungmöglichkeiten, von der nur eine physikalisch sinnvoll ist. Die reduzierte Geschwindigkeit $v_{red,i}$ muß ja kleiner sein als die Maximalgeschwindigkeit $v_{max,i}$ der jeweiligen Achse. Da der Wurzelterm größer Null ist, muß das negative Vorzeichen gewählt werden. Man erhält:

$$v_{red,i} = \frac{1}{2} a_{max,i}\, t_{ges,max} - \sqrt{\frac{1}{4} a_{max,i}^2\, t_{ges,max} - s(t_{ges,i})\, a_{max,i}} \tag{48}$$

Ähnlich wie bei der Interpolation für eine Achse, kann es auch hier vorkommen, daß eine bzw. mehrere Achsen nicht die Maximalgeschwindigkeit in der zur Verfügung stehenden Zeit erreichen. Man erhält aus den Gl. (27) bis (32):

B.3 Punktsteuerungen für mehr als drei Achsen

- für die Beschleunigung

$$a_i(t) = a_{max,i} \quad \text{für } t_{0,i} = t_{beschl,beginn,i} \leq t \leq t_{beschl,ende,i} \quad (49)$$

$$a_i(t) = -a_{max,i} \quad \text{für } t_{brems,beginn,i} < t \leq t_{brems,ende,i} = t_{ges,i} \quad (50)$$

- für die Geschwindigkeiten

$$v_i(t) = a_{max,i}\, t \quad \text{für } t_{0,i} = t_{beschl,beginn,i} \leq t \leq t_{beschl,ende,i} \quad (51)$$

$$v_i(t) = 2a_{max,i}\, t_{beschl,ende,i} - a_{max,i}\, t$$

$$\text{für } t_{brems,beginn,i} < t \leq t_{brems,ende,i} = t_{ges,i} \quad (52)$$

- für die zurückgelegten Wege

$$s_i(t) = \frac{1}{2} a_{max,i}\, t^2 \quad \text{für } t_{0,i} = t_{beschl,beginn,i} \leq t \leq t_{beschl,ende,i} \quad (53)$$

$$s_i(t) = a_{max,i}\left(-t_{beschl,ende,i}^2 + 2 t_{beschl,ende,i}\, t - \frac{1}{2} t^2\right)$$

$$\text{für } t_{brems,beginn,i} < t \leq t_{brems,ende,i} = t_{ges,i} \quad (54)$$

Zur Berechnung des Umschaltpunktes setzt man wiederum den bekannten Wert für $s(t_{ges,i})$ in Gl. (54) ein und erhält dann

$$\Delta t_{beschl,i} = \sqrt{\frac{s(t_{ges,i})}{a_{max,i}}} \quad (55)$$

Eine andere Möglichkeit, Gl. (55) herzuleiten, ist der Ansatz, daß nach $\Delta t_{beschl,i}$ der halbe Weg zurückgelegt sein muß. Somit ergibt sich wieder Gl. (55).

Damit ergibt sich die Gesamtzeit für den Vorgang zu:

$$t_{ges,i} = 2 \cdot \sqrt{\frac{s(t_{ges,i})}{a_{max,i}}} \quad (56)$$

Bei der Synchronisation mehrerer Achsen kann in Gl. (56) der Wert $t_{ges,max}$ eingesetzt und die Gleichung nach $a_{red,i}$ aufgelöst werden. Dadurch erhält man:

$$t_{ges,max} = 2 \cdot \sqrt{\frac{s(t_{ges,i})}{a_{red,i}}}$$

$$\Leftrightarrow a_{red,i} = \frac{4 s(t_{ges,i})}{t_{ges,max}} \quad (57)$$

Die andere Möglichkeit ist, daß man durch die Reduzierung der Maximalgeschwindigkeit $v_{max,i}$ auf $v_{red,i}$ wieder in ein Bewegungsmuster mit zwischenzeitlicher konstanter Geschwindigkeit $v_{red,i}$ kommt. Auf diese Herleitung sei hier verzichtet.

Abschließend sei zu diesem Themengebiet bemerkt, daß es noch andere Verfahren wie z.B. Polynominterpolation zwischen zwei Punkten bzw. Interpolation mit kubischen Splines gibt, um die Bahnberechnung durchzuführen. Auf die Herleitungen sei hier mit Hinweis auf die weiterführende Literatur (z.B. Schwinn: Grundlagen der Roboterkinematik) verzichtet.

B.4 Bahnsteuerungen für mehr als drei Achsen

Viele Anwendungsgebiete in der Fertigungstechnik, in der Industrieroboter eingesetzt werden, wie
- Montage,
- Entgraten,
- Spritzlackieren
- Schweißen,
- Brennschneiden etc.

erfordern die Möglichkeit, den Endeffektor auf genau definierten Bahnen zu bewegen

Bild B-6
Zusammenspiel mehrerer Bewegungsachsen eines IR zum Erzeugen einer Geraden (KUKA)

Wie in Bild B-6 deutlich zu sehen ist, erfordert die Bewegung auf einer genau definierten Bahn im Raum, daß im allgemeinen Fall alle Achsen des Roboters entsprechend verschieden geführt werden müssen.

Der in der Anwendung am häufigsten vorkommende Fall bei der Bahnsteuerung ist, daß zwischen zwei oder mehreren geteachten Punkten irgendeine – mathematisch definierte – Bahn gefahren werden muß, d.h. der TCP soll sich genau auf dieser Bahn bewegen. Dabei spielt die Orientierung des Endeffektors eine untergeordnete Rolle. Die Orientierung wird von der Anfangsorientierung kontinuierlich in die Endorientierung überführt. Diese beiden Orientierungen sind durch die geteachten Punkte gegeben.

B.4 Bahnsteuerungen für mehr als drei Achsen 331

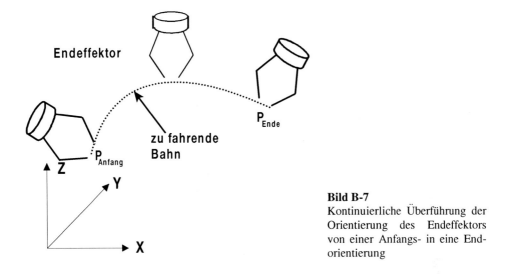

Bild B-7
Kontinuierliche Überführung der Orientierung des Endeffektors von einer Anfangs- in eine Endorientierung

Es gibt aber Anwendungen, die verlangen, daß die Orientierung bezüglich der Bahn konstant gehalten werden muß (z.B. beim Schweißen).

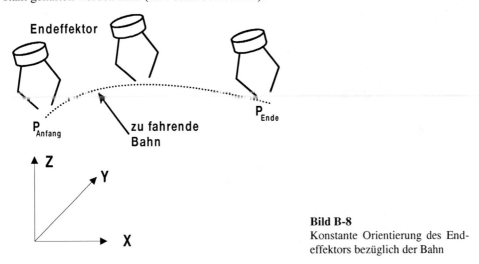

Bild B-8
Konstante Orientierung des Endeffektors bezüglich der Bahn

Ferner gibt es auch Roboterbewegungen, bei denen die Werkzeugposition bezüglich des TCP konstant bleibt (x-, y- und z-Koordinaten) und nur die Orientierungswinkel verändert werden. Man kann dabei eine sog. Nickbewegung ausführen oder zusätzlich noch eine sog. Gierbewegung und eine sog. Rollbewegung. Diese Bewegungskombination nennt man Quirlen. Dabei rotiert die Mittelachse des Endeffektors auf einer Kegelmantellinie, während der Endeffektor sich zusätzlich um die eigene Achse dreht.

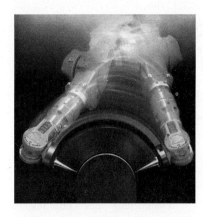

Bild B-9
Nickbewegung (KUKA)

Bild B-10
Quirlen (KUKA)

Dieses Quirlen nutzen manche Roboterhersteller zum einfachen Vermessen eines Werkzeuges, das seinen Arbeitspunkt nicht im TCP des Flansches hat. Man kann damit auf eine relativ einfache Art und Weise die Werkzeugkorrekturdaten ermitteln.

In den Werksunterlagen der Firma REIS ist dazu folgendes zu finden:
„Die Spezialfunktion Hand-/Werkzeugvermessung erlaubt, die Daten von unbekannten Werkzeugen (Handlänge, Werkzeuglänge und Werkzeugwinkel) automatisch in der Robotersteuerung zu vermessen. Hierzu steht eine komfortable Bedienoberfläche zur Verfügung. Verändert sich die Werkzeugspitze während des Prozesses, können durch Anfahren eines Referenzpunktes in 4 verschiedenen Stellungen die vorhandenen Programme ohne weitere Korrektur genutzt werden. Stillstandzeiten durch Programmänderungen entfallen."

Es zeigt sich, daß prinzipiell zwei Anforderungen an eine Bahnsteuerung gestellt werden:
- Die Bahnverfolgung muß auf einer mathematisch beschreibbaren Kurve im Raum mit einem definierten Punkt des Endeffektors (meist der TCP) möglich sein.
- Die Orientierung des Endeffektors muß bezüglich dieser Bahn beeinflußbar sein.

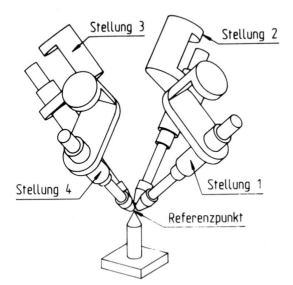

Bild B-11
Automatische TCP Vermessung mit einem Schweißbrenner (REIS)

Zusammenfassend kann man sagen, daß die mathematischen Herleitungen zu diesem Thema sehr komplex und umfangreich sind und somit den Rahmen dieses Buches sprengen würden. Ferner bringt die Bahnberechnung gerade bei der Bahnsteuerung informationstechnische Probleme, da die Berechnungen dermaßen umfangreich sind und in sehr kurzen Zeitintervallen wiederholt werden müssen, daß man Interpolationstakte hat, die zeitkritisch bezogen auf den Prozessor sind. Dies hat Auswirkungen auf die Taktzeiten für die Lageregelung und somit auf das Fahrverhalten des Roboters. Deswegen werden heute auch Mehrprozessorsteuerungen in Industrierobotern eingesetzt, die sich die „Arbeit" teilen. Auch auf diese Problematik kann nur hingewiesen werden.

Anhang C Beispiele ausgeführter Roboter

C.1 Portalroboter der Firma DÜRR

Bild C-1
Portalroboter der Firma DÜRR

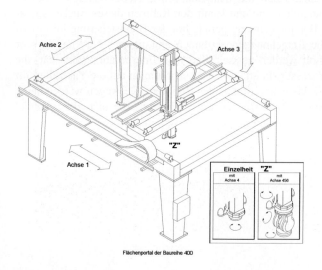

Bild C-2
Schemazeichnung (DÜRR)

C.1 Portalroboter der Firma DÜRR

Tabelle C-1 Technische Daten der Portalroboter Baureihe 025 (DÜRR)

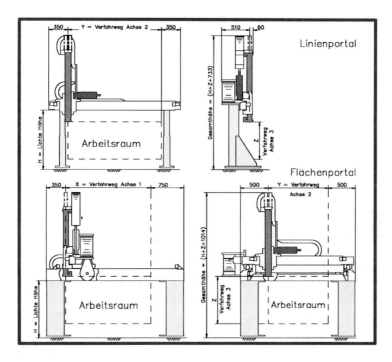

Tabelle: Technische Daten

Portalroboter - Baureihe		025	Handachsen (optional)		für Baureihe 025
Aufbau		Portal, kartesisch	Mögliche Ausführungen		Achse 4
Ausführung		Linienportal Flächenportal			Achse 5
Typ		L 025 A 025			Achse 4+5
Nutzlast an Flansch Achse 3		40 ... 25 kg	Drehwinkel	Achse 4	400° (200°/s)
(bei Verfahrweg Achse 3 =)		(400 ... 1000 mm)	(Geschwind.)	Achse 5	400° (200°/s)
Verfahrwege	Achse 1	- 1 ... 10 m	Beschleunigung	Achse 4	800°/s2
	Achse 2	1 ... 10 m 0,8 ... 2,0 m		Achse 5	800°/s2
	Achse 3	0,4 ... 1,0 m	Nutzlast	Achse 4	30 ... 15 kg
Geschwindigkeit	Achse 1	- 2,0 m/s	an Flansch	Achse 5	24 ... 12 kg
	Achse 2	2,0 m/s		Achse 4+5	20 ... 8 kg
	Achse 3	1,25 m/s			
Beschleunigung	Achse 1	- 3,1 m/s²			
	Achse 2	4,0 m/s²			
	Achse 3	7,5 m/s²			
Wiederholgenauigkeit		± 0,15 mm			
Motorentyp		AC bürstenlos			
Wegmeßsystem		Absolutwertgeber			

Tabelle C-2 Technische Daten der Portalroboter Baureihe 400 (DÜRR)

Portalroboter - Baureihe		400	Handachsen (optional)		für Baureihe 400
Aufbau		Portal, kartesisch	Mögliche Ausführungen		Achse 4
Ausführung		Linienportal Flächenportal			Achse 4,5,6
Typ		L 400 A 400	Drehwinkel	Achse 4	360° (120°/s)
Nutzlast an Flansch Achse 3		540 ... 400 kg	(Geschwind.)	Achse 5	360° (110°/s)
(bei Verfahrweg Achse 3 =)		(630 ... 2000 mm)		Achse 6	220° (110°/s)
	Achse 1	- 2 ... 20 m		Achse 4	240°/s2
Verfahrwege	Achse 2	2 ... 20 m 1,6 ... 4,0 m	Beschleunigung	Achse 5	220°/s2
	Achse 3	0,63 ... 2,0 m		Achse 6	220°/s2
	Achse 1	- 1,5 m/s	Nutzlast	Achse 4	300 kg
Geschwindigkeit	Achse 2	1,5 m/s	an Flansch	Achse 6	120 kg
	Achse 3	1,2 m/s			
	Achse 1	- 1,67 m/s²			
Beschleunigung	Achse 2	2,38 m/s²			
	Achse 3	2,5 m/s²			
Wiederholgenauigkeit		± 0,5 mm			
Motorentyp		AC bürstenlos			
Wegmeßsystem		Absolutwertgeber			

C.2 Scara-Roboter der Firma BOSCH

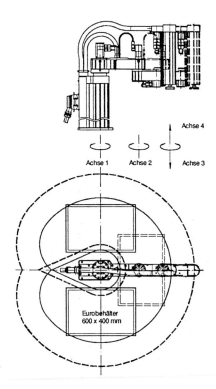

Bild C-3
BOSCH Turboscara Roboterfamilie

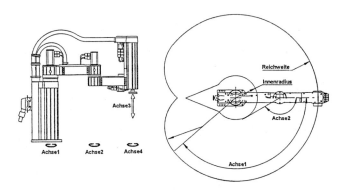

Bild C-4 BOSCH-Turboscara Universalgerät

Tabelle C-3 Technische Daten Universalgerät Turboscara (BOSCH)

		Standard SR60	abweichende Daten der Optionen: SR60HT	Standard SR80	abweichende Daten der Optionen: SR80HT
Arbeitsbereich					
max. Arbeitsradius	mm	600		800	
Schwenkwinkel Achse 1	Grad	± 140		± 140	
Schwenkwinkel Achse 2	Grad	± 150		± 150	
Hub Achse 3 Standard	mm	200		200	
Option	mm	300		300	
Option	mm	450		450	
Drehwinkel Achse 4	Grad	360		360	
Traglast					
Nennlast	kg	2		2	
Maximallast	kg	5*		5*	
Nennträgheitsmoment A4	kgcm²	150	500	150	500
max. Trägheitsmoment A4	kgcm²	250	1000	250	1000
max. Geschwindigkeit					
Überlagerung A1/2	mm/s	4400		5100	
Achse 1	Grad/s	265		220	
Achse 2	Grad/s	350		325	
Achse 3	mm/s	700		700	
Achse 4	Grad/s	1100	720	1100	720
Beschleunigung	bei Nennlast				
Achse 1	Grad/s²	720		620	
Achse 2	Grad/s²	1400		1400	
Achse 3	mm/s²	10000		10000	
Achse 4	Grad/s²	15000	3000	15000	3000
Reaktionskräfte	dauernd/<1s				
Horizontal Fx,Fy	N	60 / 150		60 / 150	
Vertikal Fz	N	150 / 250		150 / 250	
Moment Mz	Nm	2 / 4	4 / 8	2 / 4	4 / 8
Genauigkeit					
Positionsstreubreite	mm	± 0,025		± 0,025	
" Achse 4	Grad	± 0,1		± 0,1	
Auflösung	mm	0,01		0,01	
Motorleistung					
Achse 1	W	950		950	
Achse 2	W	150		450	
Achse 3	W	150		150	
Achse 4	W	60	150	60	150
Masse	kg	55	56	57	58
Schutzart	DIN 40050	IP54		IP54	
Temperaturbereich	°C	+10 bis +40		+10 bis +40	
Anwendersignale					
- elektrisch:					
verdrahtete Eingänge		5		5	
verdrahtete Ausgänge		8		8	
Spannungsbereich	V DC	24		24	
Strombelastbarkeit	A	0,5		0,5	
- pneumatisch:					
Luftschlauch LW2		2		2	
maximaler Druck	bar	8		8	

*: höhere Traglast mit reduzierten Geschwindigkeiten/Beschleunigungen auf Anfrage bei unseren Vertriebspartnern

C.3 Knickarmroboter der Firma KUKA

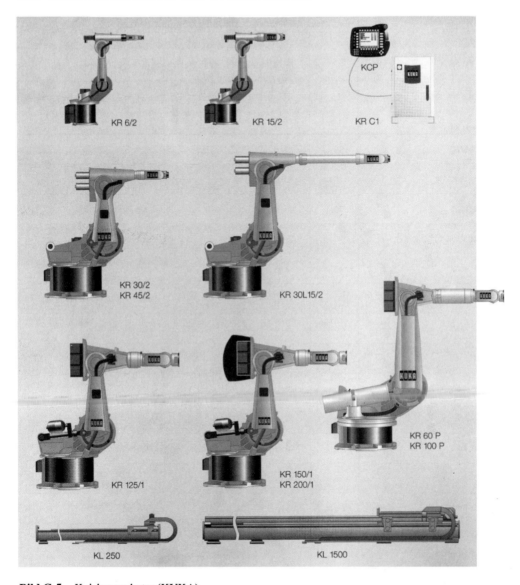

Bild C-5 Knickarmroboter (KUKA)

Tabelle C-4 Technische Daten Knickarmroboter (KUKA)

Typen / Type / Références	Grunddaten / Principal data / Caractéristiques de base						
	Traglast[1] / Payload[1] / Charge utile[1]	Zusatzlast / Supplementary load / Charge supplémentaire	Max. Reichweite[2] / Max. reach[2] / Portée maxi.[2]	Anzahl der Achsen / Number of axes / Nombre d'axes	Wiederholgenauigkeit / Repeatability / Précision de répétabilité	Gewicht (Roboter), ca. / Weight (robot), approx. / Poids (robot), env.	Einbaulage / Mounting position / Implantation
KR 6/2	6 kg	10 kg	1570	6	$<\pm 0{,}1$ mm	205 kg	Variabel / Variable
KR 15/2	15 kg	10 kg	1570	6	$<\pm 0{,}1$ mm	222 kg	Variabel / Variable
KR 30/2	30 kg	35 kg	2041	6	$<\pm 0{,}15$ mm	867 kg	Variabel / Variable
KR 30L 15/2	15 kg	35 kg	3086	6	$<\pm 0{,}15$ mm	930 kg	Boden, Decke / Floor, ceiling / Au sol, au plafond
KR 45/2	45 kg	35 kg	2041	6	$<\pm 0{,}15$ mm	880 kg	Variabel / Variable
KR 125/1	125 kg / 100 kg / 90 kg	120 kg / 120 kg / 120 kg	2410 / 2610 / 2810	6	$<\pm 0{,}2$ mm	975 kg / 990 kg / 995 kg	Boden, Decke / Floor, ceiling / Au sol, au plafond
KR 150/1	150 kg / 150 kg / 120 kg	95 kg / 80 kg / 80 kg	2410 / 2610 / 2810	6	$<\pm 0{,}2$ mm	1120 kg / 1135 kg / 1140 kg	Boden, Decke / Floor, ceiling / Au sol, au plafond
KR 200/1	200 kg	80 kg	2410	6	$<\pm 0{,}2$ mm	1120 kg	Boden, Decke / Floor, ceiling / Au sol, au plafond
KR 125 W/1	125 kg	120 kg	2410	6	$<\pm 0{,}2$ mm	1590 kg	Wand / Wall / Mur
KR 60 P	60 kg	30 kg	3500	6	$<\pm 0{,}5$ mm	1540 kg	Boden, Decke / Floor, ceiling / Au sol, au plafond
KR 100 P	100 kg	50 kg	3500	6	$<\pm 0{,}5$ mm	1545 kg	Boden, Decke / Floor, ceiling / Au sol, au plafond
KR 125 S/1	125 kg	80 kg	2550	6	$<\pm 0{,}3$ mm	1450 kg	Boden / Floor / Au sol
KR 125 K	125 kg	125 kg	3100	6	$<\pm 0{,}3$ mm	1670 kg	Boden / Floor / Au sol
KR 250	250 kg	Modul-Baukasten aus Lineareinheiten / Modular system of linear units / Solutions modulaires d'unités linéaires			$<\pm 0{,}2$ mm	Hubabhängig / Dependent on travel / Suivant longueurs de course	Boden, Decke / Floor, ceiling / Au sol, au plafond
KL 1500	1500 kg						

Roboter-Sonderbauformen auf Anfrage / Special robot designs available upon request / Types de robots spéciaux disponibles s

KR/KL-Typen mit Robotersteuerung KR C1 / KR/KL models with robot controller KR C1 / Types KR/KL avec commande de rob

[1] Gültig für Standardausführung / Valid for standard version / Valable pour l'exécution standard
[2] Angaben in mm, bezogen auf Schnittpunkt Achsen 4/5 / Specifications in mm, referred to intersection of axes 4 and 5 / Spécifications en mm, par rapport

C.4 Industrieroboter der Firma REIS

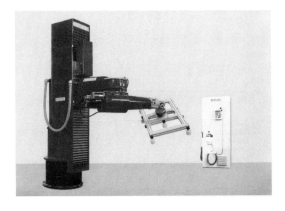

Bild C-6 Roboter RH130 (Reis)

Tabelle C-5 Technische Daten RH130 (Reis)

VORTEILE:	REIS-ROBOTstar IV:
- FEM-optimierte Konstruktion, modular aufgebaut	Wichtige Steuerungsfunktionen:
- Hohe Steifigkeit	- Automatische Programmanpassung
- AC-Servomotoren	- Fehlertolerantes Wegmeßsystem
- Alle Achsen gebremst	- Programmierbares Regelverhalten
- Servicefreundlich, Bauteiltausch in Minuten	- Mehrachsen-Transformation
- Absolutes Resolver-Wegmeßsystem	- Werkstückinterpolation
- Gekapselte Antriebe	- Lichtbogenpendelsensor
	- Automatische Hand-Werkzeugvermessung
	- Prozeßdatenerfassung
	- Online-Parameteroptimierung
	- Online-Positionskorrektur
	- Online-Geschwindigkeitskorrektur
	und viele weitere wichtige Funktionen

		RH130
Geschwindigkeiten	Achse 1	90 °/s
	Achse 2	800 mm/s
	Achse 3	90 °/s
	Achse 4	140 °/s
	Achse 5	130 °/s
	Achse 6	215 °/s
Maximallast		130 kg
Arbeitsraum in mm	A	600
	B	1500 (2000*/2500*)
	C	3565 (4065*/4565*)
	D	5194
	E	5700
* Option	F	2350
Bewegungsmöglichkeiten	A1	330°
	A2	1500 mm (2000*/2500*)
	A3	280°
	A4	360°
	A5	240°
* Option	A6	720°
Wiederholgenauigkeit		± 0,2 mm
Elektrischer Anschlußwert		11 kVA
Gewicht ohne Schaltschrank		2820 kg

Hardwarekonfiguration:
- Modulares Multiprozessorsystem mit VME-Bus
- Rechenleistung erweiterbar

Ansteuerbare Achsen: 6 bis max. 18
Speicherkapazität: 128 KB bis 2 MB/ 3500 bis 8000 Raumpunkte
Speicher batteriegepuffert

Schnittstellen:
Binäre Ein-/Ausgänge: 16 bis max. 128
Analog- Ein-/Ausgänge: 4 bis 8 erweiterbar
Serielle Schnittstellen: RS 232/RS 422
Sensorschnittstellen: für Laserscanner, Bildverarbeitungssysteme, Analogsensoren und Suchsensoren

Archivierung:
3,5" Diskette, DNC-Rechner, Offline-PC
Druckeranschluß: Option

Bewegungsarten:
PTP (Punkt zu Punkt): Synchrone Achseninterpolation
CP-Linear-Zirkular: Geraden- und Kreisinterpolation mit wählbaren Arten zur kontinuierlichen Nachstellung der Werkzeugorientierung
CP-Betrieb mit Zusatzachsentransformation bis zu 18 Achsen

Programmierung: Teach-In-Koordinatensysteme: ansteuerbar über Verfahrtasten oder Joystick; Achskoordinaten, kartesische World-Werkzeug- und Drehtischkoordinaten

Programmierverfahren: Teach-In am PHG, Numerische Eingabe, Offline-Programmierung am PC wahlweise unter Verwendung von CAD-Daten, grafische Offline-Programmierung und Simulation mit ROBCAD.

D Beispielprogramm Geradeninterpolation

D.1 Programmablaufplan

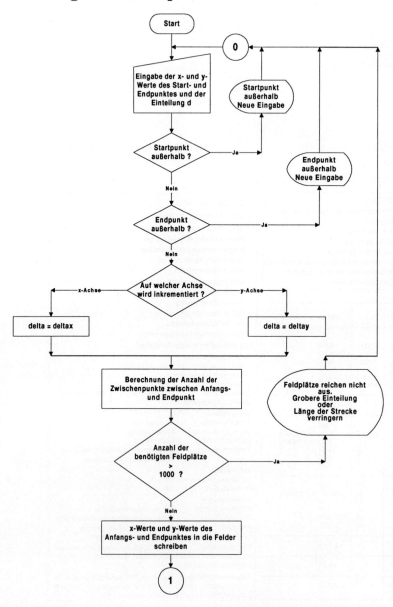

D.1 Programmablaufplan

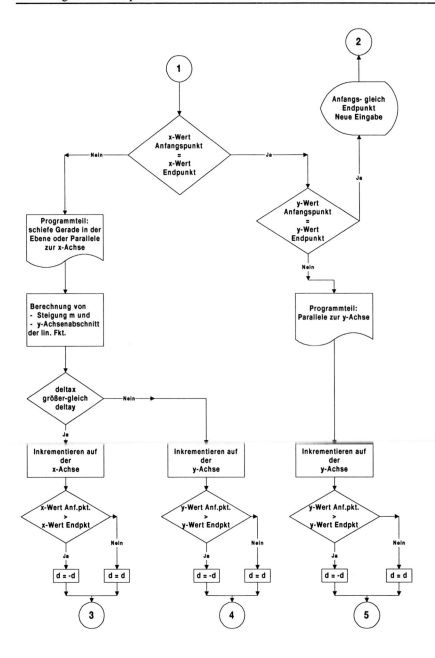

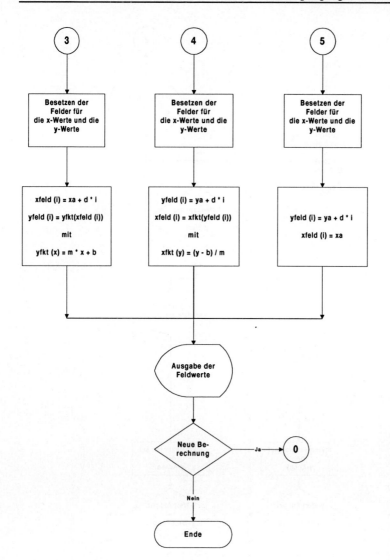

D.2 FORTRAN-Programm

```
c       FORTRAN-Programm zur Geradeninterpolation
c
c       von Jörg Bartenschlager
        19.05.1996
c
        common /block1/rm,b
        dimension xfeld(1000)
        dimension yfeld(1000)
c
        do 11, i = 1, 1000
        xfeld(i) = 0.
11      yfeld(i) = 0.
c
c       Sprungmarke für Programmbeginn
        nach Fehlern oder Programmende
        **********************************
c
1       continue
c
c       Eingabe des Start- und Endpunktes
c       und des Inkrementes d
c       **********************************
        call leer
        write(*,*)'Eingabe des x-Wertes des
     Startpunktes'
        read(*,*)xa
        write(*,*)'Eingabe des y-Wertes des
     Startpunktes'
        read(*,*)ya
        write(*,*)'Eingabe des x-Wertes des
     Endpunktes'
        read(*,*)xe
        write(*,*)'Eingabe des y-Wertes des
     Endpunktes'
        read(*,*)ye
        write(*,*)'Eingabe des Inkrementes d'
        read(*,*)d
```

```
c      Überprüfung, ob Start- und Endpunkt im
richtigen Intervall zwischen -100 und 100
für die x- und die y-Achse
c      **********************************************
c
       if(xa.le.100.or.xa.ge.-100.or.ya.le.100.or.ya.ge.-
100) goto 2
          call leer
          write(*,*)'Ihr eingegebener Startpunkt liegt außer-
halb'
          write(*,*)'Bitte neue Eingabe'
          call weiter
          goto 1
2         continue
          if(xe.le.100.or.xe.ge.-100.or.ye.le.100.or.ye.ge.-
100) goto 3
          call leer
          write(*,*)'Ihr eingegebener Endpunkt liegt außer-
halb'
          write(*,*)'Bitte neue Eingabe'
          call weiter
          goto 1
3         continue
c
c      Überprüfung, ob auf der x-Achse oder der y-Achse
gerechnet wird
c      d.h. Berechnung von deltax und deltay
c
****************************************************************
deltax = abs (xe - xa)
       deltay = abs (ye - ya)
       if (deltax.ge.deltay) then
              delta = deltax
              else
              delta = deltay
              end if
c
c    Berechnung der Anzahl der Zwischenpunkte
zwischen Endpunkt Pe und Anfangspunkt Pa
c************************************************
rnum1 = (delta / d) - 1.
       rnum2 = aint (rnum1)
       if (rnum1.gt.rnum2) then
              inum = rnum2 + 1
              else
              inum = rnum1
              end if
```

D.2 FORTRAN-Programm

```
c          Überprüfung, ob die Feldanzahl von
c       1000 ausreicht
c          ******************************************
c
        if(inum.lt.999 ) goto 200
        call leer
        write(*,*)'Die Feldanzahl, die benötigt wird, ist'
        write(*,*)'größer als die im Programm vorgesehene'
        write(*,*)'von 1000'
        write(*,*)'Deshalb neue Eingabe'
        call weiter
        goto 1
c
c       Ausgabe der Anzahl der Stützpunkte
c       zwischen Anfangs- und Endpunkt
c       ***********************************
c
200     continue
        call leer
        write(*,*)'Die Anzahl der Stützpunkte, die'
        write(*,*)'zwischen dem Anfangs- und Endpunkt lie-
gen,'
        write(*,*)'beträgt :',inum
        call weiter
c
c       x- und y-Werte des Anfangs- und des Endpunktes
c       in die jeweiligen Felder schreiben
c       ************************************************
c
        xfeld(0) = xa
        yfeld(0) = ya
        xfeld(inum+1) = xe
        yfeld(inum+1) = ye
c
c       Abfrage ob a) schiefe Gerade   oder   b) Parallele
zur y-Achse
c
****************************************************************
c
        if(xa.eq.xe) goto 4
c
```

```
c         ******************************************************
c         PROGRAMMTEIL:     a)    SCHIEFE GERADE IN DER EBENE
c                                 ODER PARALLE ZUR X-ACHSE
c         ******************************************************
c
c         Berechnung der Steigung m und des y-
Achsenabschnittes
c
**********************************************************
c
          rm = (ye - ya) / (xe - xa)
          b = ya - xa * rm
c
c         Überprüfen, ob deltax größer als deltay
c         **************************************
c
          if (deltay.le.deltax) goto 22
          if (ya.gt.ye) then
                  d = -1 * d
                  else
                  d = d
                  end if
c
c         Auffüllen der Felder für die x- und die y-Werte
c         für deltay größer als deltax
c         *************************************************
c
          izaehl = 1
21        if (izaehl.gt.inum) goto 23
                  yfeld(izaehl) = ya + d *izaehl
                  xfeld(izaehl) = xfkt(yfeld(izaehl))
                  izaehl = izaehl + 1
                  goto 21
c         Auffüllen der Felder für die x- und die y-Werte
c         für deltax größer als deltay
c         *************************************************
c
22        if (xa.gt.xe) then
                  d = -1 * d
                  else
                  d = d
                  end if
          izaehl = 1
6         if (izaehl.gt.inum) goto 23
                  xfeld(izaehl) = xa + d * izaehl
                  yfeld(izaehl) = yfkt(xfeld(izaehl))
                  izaehl = izaehl + 1
          goto 6
4         continue
```

D.2 FORTRAN-Programm

```fortran
c         Überprüfung, Anfangs- gleich Endpunkt
c         ******************************
c
          if (ya.ne.ye) goto 100
          write(*,*)'Anfangspunkt gleich Endpunkt'
          write(*,*)'Neue Eingabe'
          goto 1
c


c         ***********************************************
c         PROGRAMMTEIL:     b)    PARALLELE ZUR Y-ACHSE
c         ***********************************************
c
100       continue
          if (ya.gt.ye) then
          d = -1 * d
          else
          d = d
          end if
          izaehl = 1
30        if (izaehl.gt.inum) goto 23
          yfeld(izaehl) = ya + d * izaehl
          xfeld(izaehl) = xa
          izaehl = izaehl + 1
          goto 30
c
c         Sprungmarke zum Zusammenführen der Programmteile
c         **********************************************************
c
23        continue
c
c         Ausgabe der Feldwerte
c         *********************
c
          do 10, i = 0,inum + 1
          write(*,*)i,'   x = ',xfeld(i),i,'   y = ',yfeld(i)
10        continue
c
c         Neue Berechnung oder Programmende ?
c         ***********************************
c
          call leer
          write(*,*)'Wollen Sie eine neue '
          write(*,*)'Berechnung oder wollen Sie'
          write(*,*)'das Programm beenden?'
          write(*,*)
          write(*,*)'Neue Berechnung   --> 1 eingeben'
          write(*,*)'Programmende      --> 2 eingeben'
          read(*,*)iende
          if(iende.eq.1) goto 1
```

```
C*******************************************************
C
C       ENDE DES HAUPTPROGRAMMES
C
C*******************************************************
        end
C=======================================================
C
C       UNTERPROGRAMME
C
C=======================================================
C
C       Subroutine Leerzeilen
C       ---------------------
C
        subroutine leer
        write(*,*)
        write(*,*)
        write(*,*)
        end
C
C       Subroutine Weiterschalten
C       -------------------------
C
        subroutine weiter
1       continue
        write(*,*)'Weiter ----> 1'
        read(*,*) i
        if(i.ne.1) goto 1
        end
C
C       Function zur linearen Funktion:  y = m * x + b
C       ----------------------------------------------
C
        function yfkt(x)
        common /block1/rm,b
        yfkt = rm * x + b
        end
C
C       Function zur Umkehrfunktion der lin. Fkt. x=(y-b)/m
C       ---------------------------------------------------
C
        function xfkt (y)
        common /block1/rm,b
        xfkt = (y -b) / rm
        end
```

Literaturverzeichnis

ABB Industrietechnik AG: Firmenprospekte. Lampertheim

ADIRO: Grundlagen der Robotertechnik. Esslingen o.J.

Altenhein, A.:Einsatzplanung. In: Warnecke, H.-J.; Schraft, R. D.: Industrieroboter. Handbuch für Industrie und Wissenschaft. Heidelberg u.a. 1990

Arbeitsgemeinschaft der Eisen- und Metall-Berufsgenossenschaft, Fachausschuß Eisen und Metall II, Mainz, Sicherer Betrieb von Industrierobotern. Mainz o.Z.

Bartelt, R.; Burkhardt, G.: Mit Vollgas in die Kurve. Neuartiges Bedien- und Programmierkonzept. Roboter-Zeitschrift für Automation 1994(3)

Baumer electric GmbH: Firmenprospekte. Friedberg

Baumüller GmbH: Firmenprospekte. Nürnberg

Bautz: Firmenprospekte. Weiterstadt

Beuthner, A.: Kontrollierte Mechanik. Greifersysteme für jeden Anwendungsfall. Robotertechnik, Sonderpublikation 1993, Verlag moderne Industrie Landsberg

Blume, Ch.; Jacob, W.: Programmiersprachen für Industrieroboter, Würzburg 1983

Bosch (Hrsg.): Flexible Automation. Produkt-Datenblatt, Druckschrift-Nr. 3842394271 IA, Stuttgart

Bosch (Hrsg.): Handbuch Flexible Automation. Stuttgart o.J.

Breuer, S.; Scharf, S.; Thorausch, M.: COSIMIR, Softwarepaket zur zellenorientierten Simulation und Programmierung von Industrierobotern. FESTO Didactic KG, Esslingen 1993

Brodbeck, B.: Untersuchung des Arbeitsverhaltens programmierbarer Handhabungsgeräte. Mainz 1979

Brodbeck, B.; Schiele, G.: Prüfstand für Industrieroboter. Forschungsbericht der ARGE Handhabungssysteme. o.O. 1990

Bundesanstalt für Arbeitsschutz: Arbeitsschutz und Roboter. Dortmund 1993

Capek, K.: Rossum´s Universal Robots. Berlin o.J.

Desoyer, K.; Kopacek, P.; Troch, I.: Industrieroboter und Handhabungsgeräte. Aufbau, Dynamik, Steuerung, Regelung und Einsatz. München 1985

Dreher, H., Krüll, G.: Alles im Griff. Planung und Auswahl von Greiferwechselsystemen. Roboter-Zeitschrift für Automation, Sonderpublikation 1993

DÜRR GmbH, Produktbereich Automation + Fördertechnik: Firmenprospekte

EPSON Deutschland GmbH: Firmenprospekte

EUROBTEC: PSI-Handbuch. Programmiersystem für Industrieroboter. Fürth 1991

Europäische Normen:
EN 292-1, 1991   Sicherheit von Maschinen. Grundbegriffe, allgemeine Gestaltungsleitsätze. Teil 1: Grundsätzliche Terminologie, Methodik. o.O. 1991
EN (DIN) 775, ISO 10218, 1993   Industrieroboter Sicherheit. Berlin 1993

ExpertTeam Sim Tec: FACTOR, zeitdynamische Simulation für die effiziente Produktion und Logistik. Firmenprospekte und Seminarunterlagen. Düsseldorf 1994

Fachausschuß „Eisen und Metall" II: Prüfgrundsatz Industrieroboter. Mainz 1988

Fachgemeinschaft Montage-Handhaben-Industrieroboter im Verband Deutscher Maschinen- und Anlagenbau e.V. (VDMA): Leitfaden Handhaben-Montage-Industrieroboter. Mitgliederverzeichnis. Frankfurt am Main 1994

Fachgemeinschaft Montage-Handhabung-Industrieroboter (MHI): Portrait der Branche 1993/94. Frankfurt am Main April 1994

FANUC Robotics Deutschland GmbH: Firmenprospekte

FESTO Didaktik KG: Grundlagen der Robotertechnik (BP 70). Stuttgart o.J.

Fezer: Vakuum-Transport-Technik. Esslingen o.J.

Fibro: Firmenprospekt. Fibromanta – Handhabungstechnik Greifer. Hassmersheim o.J.

Frank, A.: Schneller Zugriff. Instandhaltungsanweisungen auf Videofilm erleichtern Verständlichkeit. Maschinenmarkt 1994(34)

Gellert, D.; Wahl, G.: Industrie-Roboter in Industrie und Praxis. München 1985

Götz, E.: Automatisierung von Arbeitsmaschinen und Produktionsleittechnik, Teil 1. Technische Hochschule Darmstadt Institut für Produktionstechnik und spanende Werkzeugmaschinen. Ausgabe 1991

Götz, E.: Automatisierung von Arbeitsmaschinen und Produktionsleittechnik, Teil 2. Strecken, Messung, Antriebe, Regelungen. Technische Hochschule Darmstadt Institut für Produktionstechnik und spanende Werkzeugmaschinen. Ausgabe 1992

Grube, G.; Hoppe, M.: Erkennen, begreifen, handeln. Sensordatenverarbeitung beim Schleifen. Roboter-Zeitschrift für Automation 1993(1)

Heidenhain, J. (Hrsg.): Digitale Längen- und Winkelmeßtechnik. Landsberg 1989

Heidenhain: Firmenprospekt: Drehgeber. Traunreut 1993

Heinemann, H.: Einführung in die Industrieroboter-Technik. Allgemeine Einsatzplanung – von der Idee bis zur Realisierung. Essen 1986

Hengesbach, K. u.a.: Fachwissen für Industriemechaniker Fachstufe 2. Köln u.a. 1990

Hesse, S.: Atlas der modernen Handhabungstechnik. Darmstadt 1992

Hübner Elektromaschinen AG: Firmenprospekt. Berlin

ifm elektronik GmbH: Firmenprospekte. Essen

Interelectric AG: Firmenprospekte. Sachseln/Schweiz

IPR, Intelligente Peripherie für Roboter GmbH.: Firmenprospekt Kollisonsschutz. Schwaigern o.J.

ISO TR 8373: Manipulating industrial robots – Vocabulary. o.O. 1993

Kämpfer, S.: Roboter: die elektronische Hand des Menschen. 2. Aufl., Düsseldorf 1985

Kämpfer, S.: Robotern geht die Arbeit leicht von der Hand. VDI-Nachr. 47/1990

Kemmer, K.H.: Arbeitssicherheit beim Betrieb von Industrierobotern. Sonderdruck aus „Moderne Unfallverhütung", Band 33. Essen 1989

Kemmer, K.H.: Arbeitssicherheit beim Einsatz von Industrieroboters. Sonderdruck aus Die BG 9/1984. Bielefeld 1994

Kief, H. B.: NC/CNC-Handbuch 93/94. München 1993

Krause, P. C.; Wasynczuk, O.: Electromechanical Motion Devices. o.O. o.J.

KUKA Schweißanlagen und Roboter GmbH: Firmenprospekt. Augsburg o.J.

Lehrl, W.: Bericht über das Gespräch mit Prof. Dnelen (Institut für Wekzeugmaschinen und Fertigungstechnik der TU Berlin) zum Stand der Robotertechnik. In: 5. Tagung des überregionalen Arbeitskreises Automatisierungstechnik. Institut Technik und Bildung, Abt. Berufspädagogik/Elektrotechnik, Universität Berlin. Bremen, Berlin 1991

Maiß, G. (Verf.): Bosch Schwenkarmroboter. Turboscara mit RS 82. Bosch-Veröffentlichung, o.O. o.J.

Morgan, C.: Robots – Planning and Implementation. Berlin u.a. 1984

Naval, M.: Roboter-Praxis. Aufbau, Funktion und Einsatz von Industrierobotern. Würzburg 1989

Nicolaisen, P.: Arbeitsschutz. In: Warnecke, H.-J.; Schraft, R. D.: Industrie Roboter Katalog 1987. Darstellung der auf dem deutschen Markt angebotenen Industrie-Roboter-Systeme. Mainz 1987

o. V.: Werkzeuge im inneren Labyrinth. Pendelachse löst aufwendige Konstruktion zum Toleranzausgleich ab. Roboter-Zeitschrift für Automation. 1993(4)

o.V.: Kuriositäten und Exoten. Merk- und denkwürdige Roboteranwendungen. Roboter-Zeitschrift für Automation. 1993(4)

Raab, H. H.: Handbuch Industrieroboter, 2. Aufl. Braunschweig/Berlin 1986

REIS GMBH & KG: Schulungsunterlagen. Obernburg o.J.

Schanz, G.: Sensoren. o.O. 1986

Schmalz: Firmenprospekt. Glatten o.J.

Schnell, G.: Sensoren in der Automatisierungstechnik, 2. Aufl. Vieweg-Verlag, Wiesbaden 1993

Schraft, R.: Eiserne Helfer. Serviceroboter – kein Märchen aus künftigen Tagen. Roboter-Zeitschrift für Automation 1993(1)

Schunk: Firmenprospekt Greifsysteme. Lauffen 1993

Schunk: Spann- und Greiftechnik – Greifsysteme (CD-ROM). Lauffen 1996

Schweizer, M.: Roboterbranche mit Rückenwind. Roboter-Zeitschrift für Automation 1993(4)

Schweizer, M.; Dreher, H.: Die Qual der Wahl. Auswahlkriterien für Greifersysteme im Montagebereich. Roboter-Zeitschrift für Automation 1993(2)

Schwinn, W.: Grundlagen der Roboterkinematik. Schmalbach 1992

Sensor report. Zeitschrift für Sensorik – Meßtechnik – Automatisierung

Slatter, R.: So genau wie vielseitig. Präzisionsgetriebe in Industrierobotern. Robotertechnik Sonderpublikation 1993, Verlag moderne Industrie Landsberg

Sommer-Automatic: Firmenprospekt: Automatisierung aus einer Hand.

Stegmann: Firmeninformationen, Datenblatt 88902. Donaueschingen o.J.

Stegmann: Firmenprospekt. Donaueschingen o.J.

Stegmann: Technische Information. Sychron serielles Interface für absolute Winkelcodierer. Donaueschingen 1991

T. W.: Der Traum vom hilfreichen Roboter. Ein Gespräch mit Joseph Engelberger. Roboter-Zeitschrift für Automation 1993(6)

Törnig, W.: Numerische Mathematik für Ingenieure und Physiker. Band 2: Eigenwertprobleme und numerische Methoden der Analysis. Berlin, Heidelberg, New York 1979

VDI-Richtlinien:

2221, 1986	Methodik zum Entwickeln und Konstruieren technischer Systeme und Produkte
2740, Bl. 1E, 07.91	Mechanische Einrichtungen in der Automatisierungstechnik; Greifer für Handhabungsgeräte und Industrieroboter
2854, 1991	Sicherheitstechnische Anforderungen an automatisierte Fertigungssysteme
2853, 07.87	Sicherheitstechnische Anforderungen an Bau, Ausrüstung und Betrieb von Industrierobotern
2860, 05.90	Montage und Handhabungstechnik; Handhabungsfunktionen, Handhabungseinrichtungen; Begriffe, Definitionen, Symbole
2861 Bl. 1, 06.88	Montage- und Handhabungstechnik; Kenngrößen für Industrieroboter; Achsbezeichnungen
2861 Bl. 2, 05.88	Montage- und Handhabungstechnik; Kenngrößen für Industrieroboter; Einsatzspezifische Kenngrößen
2861 Bl. 3, 05.88	Montage- und Handhabungstechnik; Kenngrößen für Industrieroboter; Prüfung der Kenngrößen

Volmer, J.: Industrieroboterentwicklung. 2. Auflage, Heidelberg 1985

Wagner, F.; Pöllath, K., Schumacher, H.: Technik und Programmierung von Robotern. Hamburg 1986

Warnecke, H.-J.; Schraft, R. D.: Industrie Roboter Katalog 1987. Darstellung der auf dem deutschen Markt angebotenen Industrie-Roboter-Systemen. Mainz 1987

Warnecke, H.-J.; Schraft, R. D.: Industrieroboter. Handbuch für Industrie und Wissenschaft. Heidelberg u.a. 1990

Weck, M.: Werkzeugmaschinen, Band 1: Maschinenarten, Bauformen und Anwendungen. 3. Aufl. Düsseldorf 1988

Weck, M.: Werkzeugmaschinen, Band 3. Automatisierungs- und Steuerungstechnik. 3. Aufl. Düsseldorf 1989

Zühlke, D.: Handhabungs-, Transport- und Lagertechnik. Skript 1. Lehrstuhl für Produktionsautomatisierung der Universität Kaiserslautern. o.Z.

Zühlke, D.: Handhabungstechnik und Industrieroboter. Skript 2. Lehrstuhl für Produktionsautomatisierung der Universität Kaiserslautern. o.Z.

Sachwortverzeichnis

A
Achse
  Haupt- 22
  Länge 297
  letzte 301
  Neben- 22
  Verdrillung 297
Akzeptanzbereich 210
Akzeptanzzone 203
Alpha-5/0°-Situation 134
Analysator 209
Anfahrkurve s. *Hysteresekurve*
Ansteuerung
  Block- 62–63
  Rechteck- 62–63
  Sinus- 64
  Vergleich 64–65
Antriebssystem 20
Arbeitsraum 23
  Haupt- 23
  Neben- 23
Aufbau
  kinematischer 288
Ausschwingzeit 26

B
Backside 133
Bahn
  Linearisierung 141
Bahnabstand 29
Bahnfehler
  dynamischer 117
Bahngeschwindigkeit 26
Bahn-Orientierungsabweichung 29
Bahn-Orientierungsstreubereich 29
Bahnradiusdifferenz 29
Bahnsteuerung 116, 141, 315
  Anforderungen 333
  Quasi- 314
Bahnstreubereich 29
Bahnungenauigkeiten 118
BAPS 142, 147, 227, 232, 237, 239
  Elemente 233
BAPS2 237
Bedämpfungsfahne 160, 161
Bedienfeld 113
Beschleunigung
  resultierende 26
Betauung 199
Betriebsspannung
  gängige 171
Bewegungseinheiten 19
Bewegungseinrichtung
  feste Hauptfunktion 10
  manuell gesteuerte 11
  programmgesteuerte 11
  variable Hauptfunktion 10
Bewegungsraum 23, 255
  fester 23
  variabler 23

C
CIM 3
Code
  BCD- 79
  Binär- 79
  dekadischer Gray-Excess- 80
  gekappter Gray- 80
  Gray- 76, 79
  Gray-Excess- 80
Codearten 79–81
Codierer
  Multiturn- 78
  Singleturn- 76
Compiler 112
Computer Integrated Manufacturing s. *CIM*
Continious Path s. *CP*
CP 51

D
Dämpfungsmoment 57
DH-Parameter 299
Drehgeber
  Code- 75–78
  Genauigkeit 75
  inkrementaler 58
Drehimpulsgeber 58, 84
Drehmoment
  inneres 57
  Nutz- 57
Drehzahl
  Messung 197
  Überwachung 197
Dunkelschaltung 207

E
Eckenfehler 29
Effektor 85
Einsatzplanung 241
Einschaltkurve 180
Ellbogenstellung 132
Ellbow down 132
Ellbow up 132
Empfangskeule 203
Encoder 58
  Inkremental- 62
Endeffektor 19

Sachwortverzeichnis

F
Fläche
   aktive 158
Flansch
   Aufgaben 87
FMSsoft 247
Freiheitsgrad 6
Frontside 133
Füllstand
   Kontrolle 195, 197
   Meßtechnik 197
Funktion
   Eineindeutigkeit 124
Funktionsreserve 204–7

G
Gefahrenbereich 250, 255
   Sicherheitsabstand 272–73
Gefahrenraum 23
Gefahrstelle
   Mindestabstand 272
Gegenspannung 57
Gelenk 287
Genauigkeit
   Austausch- 29
   Programmier- 29
   Referier- 29
   Wiederhol- 27
Geradeninterpolation
   Beispielprogramm 145
Geschwindigkeit
   resultierende 26
Geschwindigkeitsverstärkung 116
Gierbewegung 331
Greifer
   Adhäsions- 98
   Austauschbarkeit 88
   Dauermagnet- 100
   Doppel- 96
   Drei-Finger- 98
   Einfach- 95
   Einzel- 95
   Elektromagnet- 100
   Gummi- 105
   Gummifinger- 107
   Hauptaufgaben 86
   Loch- 98, 106
   Magnet- 98
   mechanischer 90
   Mehrfach- 95
   Parallel- 101
   Revolver- 96
   Röhren- 105
   Saug- 98
   Sechspunkt- 102
   Spreizfinger- 107
   Stoff- 104
   Subsysteme 86
   Winkel- 101
   Zapfen- 98
   zusätzliche Funktionen 86
   Zweifach- 95
   Zwei-Finger- 98
Greifereinrichtung
   Anpassung 108
Greifsystem 85
   mechanisches 88
Größen
   statistische 28
Guckschaltung 176

H
Handhaben
   automatisches 5
   Definition nach VDI 5
Handprogrammiergerät 225
Hellschaltung 207
Hintergrundausblendung
   Triangulationsverfahren 215
   Winkellichtverfahren 215
home Impuls 59
Hysterese 192
   Schalt- 163, 193
Hysteresekurve 163

I
Inductosyn 82–83
Industrial Robot Data 230
Industrieroboter
   Definition 18
international protection *s. IP*
Interpolation
   Beispiel 323
   Geraden- 143–46
   Kreis- 146–47
   kubische Spline- 329
   Linear- 143–46
   Parabel- 151
   Polynom- 329
   sonstige 151
   Spline- 151
Interpolator 142, 315
IP 198, 199
IRDATA-Richtlinie 230
IRL 230

K
Kantenlänge
   Korrekturfaktor 166
Kapazitätsänderung
   Größe 188
Kategorie 0-Stop 258
Kategorie 1-Stop 258
Kenngrößen 29
   Genauigkeits- 29
Kette
   kinematische 288

Kinematik 19
Kollisionsschutzsystem 92
Kompensationselektrode 198, 199
Koordinaten
  Gelenk- 134–35
  Greifer- 135–36
  homogene 294
  kartesische 119–21
  Kugel- 129–31
  Maschinen- 134–35
  Raum- 131–34
  Transformation 116, 119
  Welt- 131–34
  Zylinder- 121–22
Koordinatensystem
  ebenes kartesisches 121
  körpereigenes 6
  linksdrehendes 120
  rechtshändiges 120
  Ursprung des Basis- 22
Korrekturfaktor 166
  Reichweite 205
  Umweltbedingungen 205
Kurzschlußschutz 173–75
  einrastender 174
  getakteter 175
  Nachteile 175

L

Lage 118
  Festlegung 119
Lageregelung 52
Laser-Scanner
  tastender 272
Last
  Effektor- 24
  Greifer- 24
  Maximal- 25
  Nenn- 24
  Nutz- 24
  Werkzeug- 24
Leitfähigkeit 161
Lichtgitter
  Sicherheits- 272
Lichtschrank
  Sicherheits- 272
Lichtvorhang
  Sicherheits- 272
Losbrechmoment 57

M

Magnet 54
Manipulator
  ferngesteuerter 12
  Manual 18
Manual Manipulator 18
Maschine
  Sicherheit 254

Material
  Korrekturfaktor 166
Materialdicke
  Korrekturfaktor 167
Meridian 129
Motografie 118
Motor
  Anschlußspannung 57
  Schleifringläufer- 54
MRL 237

N

Nickbewegung 331
Normmeßplatte 165
NOT-AUS 284
NOT-AUS-Funktion 258
Nutzlast
  maximale 25
  zusätzliche 25

O

Oberfläche
  Betauung 199
Oberschwingungsgehalt 171
Optik
  fokussierte 214
Ordnungszustand 7
Orientierung 118
Orientierungsgrad 6

P

PAP 127
Pendeln 147–49
Permeabilität 161
Permeabilitätszahl 167
Permittivitätszahl
  Tabelle 189
PGH 19, 113
PHG2000 237
Pick&Place-Geräte 13
Planungssoftware 247
Playback-Verfahren 223
Point To Point *s. PTP*
Polarkoordinaten 123–29
Polpaarzahl 62
Polwinkel 129
Polygonzugmethode 143
Position 118
Positionsgrad 6
Produktgestaltung 240
Programmablaufplan *s. PAP*
Programmierhandgerät *s. PGH*
Programmierung
  Ablauf 231
  textuelle 229–34
Programmteile 232

PTP 51, 116, 141, 147
  asynchrone Bewegung 327
  asynchrone Steuerung 314
  synchrone Bewegung 328
  synchrone Steuerung 314

Q
Quirlen 331

R
Radialsymmetrie 129
Raum
  nicht nutzbarer 23
Raumkurve
  beliebige 142
Referenzmarke 71
  abstandscodierte 72
Regeldifferenz 116
Regelkreis
  Geschwindigkeits- 83
  Lage- 83
  Positions- 83
Reichweite 218
Reichweitenkurve 204
Reproduzierbarkeit 163, 179
Resolver 81–82
Restwelligkeit 171
Risikoabschätzung
  pr EN 954-1 260
Risikobewertung 255
Risikograph 260
Robot
  Fixed Sequence 18
  intelligent 18
  Numerical control 18
  Playback 18
  Variable Sequence 18
Robot Control 112
Roboter
  Begriff 16
Rollbewegung 331

S
Sauggreifer
  Haltekräfte 99
Schaltabstand 162
  Arbeits- 163
  erreichbarer 179–80
  Nenn- 162, 193
  Nutz- 163
  Real- 162, 193
Schalter
  Positions- 197
Schaltfrequenz
  Ermittlung 169
Schaltpunkt
  Drift 163
  Wiederholgenauigkeit 163
Schaltpunktdrift 193

Schaltzone
  aktive 158
Schleppabstand 116
Schnittstelle 22
  mechanische 87
Schritt
  kleinster verfahrbarer 29
Schutzeinrichtung
  bereichssichernde 275
  optoelektronische 272
Schutzmaßnahmen
  Auswahl 254
Schutztüren
  Überwachung 284, 285, 286
Sendekeule 203
Sensor 20, 91
  Applikationsgruppen 153
  dunkelschaltender 220
  Durchlicht- 207
  Eigenschaften 156
  Elementar- 156
  Empfindlichkeit 193
  Hall- 62
  hellschaltender 220
  Leistungsaufnahme 172
  Ring- 170
  Schlitz- 170
  Struktur 155
  Zuverlässigkeit 202
Servomotor
  Anforderungen 52
  Auswahlkriterien 52
Sicherheit
  bei Inspektion 281
  bei Wartung 282
Sicherheitseinrichtung 20
Sicherheitsfunktion
  Rückstellung 259
Sicherheitskategorie
  Bestimmung 260–61
Sicherheitskreise
  geforderte Funktionen 258–59
Sicherheitsschaltgerät 279
Sicherheitszuhaltung 285
Skin-Effekt 167
Statorfrequenz 62
Stellbefehl 288
Steuerung 19
  Bahn- 51
  Multipunkt- 314
Stillsetzen
  gesteuertes 258
  ungesteuertes 258
Stillstandsbremse 60
Stoff
  diamagnetischer 167
  paramagnetischer 167

Stop-Funktion 258
Strahlungsspektrum
   Aufteilung 201
Streubreite
   Orientierungs- 29
   Positions- 29
Streuung
   Exemplar- 179, 193
   Hysterese- 179
Strobe-Signal 79

T
Tacho
   Digital- 84
Tachogenerator 59, 62, 83
Tachometerdynamo 83
Taktzeiten 5
Tastbereich 216
Tastweite 216, 218
TCP 23, 51, 117, 118, 131, 136, 143
Teachbox 113
Teachen 135, 137, 141, 142, 143
Teaching-Box 225
   Funktionen 225
Teach-in-Verfahren 223
Teachphase 113
Teile
   sicherheitsbezogene 256
Temperaturfehler 29
Tool Center Point s. *TCP*
Transformation
   inverse kinematische 288
   kinematische 288
   Koordinaten- 291
   Rückwärts- 288
   Vorwärts- 288
Triangulationsverfahren 215
Tripelspiegel 209

Ü
Überlastfestigkeit 176
Überlastungsschutz 173–75
Überschleifpunkt 148
Überschwingfehler 29, 117
Überschwingweite 26
ULS-Einheit 92
Umkehrspanne 29
Umschaltpunkt
   Berechnung 326
Unfall
   roboterspezifischer 250
Unfallverhütung 5

V
Verpolungssicherheit 175–76
Verrundungsfehler 117, 118
Verschleifen 147–49
   Bahn- 147
   Geschwindigkeits- 148

W
Wegmeßsystem 20
Wegmessung
   inkrementale 74
Werkstückhandhabung 30
Werkzeug 22
Werkzeughandhabung 30
Werkzeugwechsler 109
Winkelcodierer
   Absolute 75–78
Winkellichtverfahren 215

Z
Zählungen 197
Zeitkonstante
   elektrische 52
   mechanische 52, 54
Zustand
   gefahrbringender 255
Zykluszeit 26

Neue Perspektiven

Automation und Robotik

FIBRO-Modulsysteme sind im Einsatz für:
- Laden und Verketten von Werkzeugmaschinen
- Wechseln von Werkzeugen
- Laden und Verketten von Pressen
- Montageanlagen
- Schweißstraßen
- Induktionshärteroboter
- Holzverarbeitung

Freiheit zur Erfüllung Ihrer Handhabungsaufgaben aus dem Baukasten.
Unendlich kombinierbare Module für pick & place bis zum 6-achsigen Portalroboter.
Traglast bis 1000 kg, 30 m Verfahrweg und 6,5 ms^{-1} Verfahrgeschwindigkeit.
Robust und bewährt im Einsatz in vielen Branchen.
Rufen Sie uns an und lassen Sie sich informieren!

FIBRO GmbH · **Automation+Robotik**
D-74851 Hassmersheim · Postfach 11 20 · Telefon 0 62 66 - 73 - 0* · Telefax 0 62 66 - 73 - 213

Robotik

Grundwissen für die
berufliche Bildung

von Stefan Hesse und Günther Seitz

1996. VIII, 171 S. mit 158 Abb.
(Viewegs Fachbücher der Technik)
Kart. DM 32,--
ISBN 3-528-04951-0

Aus dem Inhalt: Funktionen und Funktionsträger - Anwendungen der Robotertechnik - Aufbau von Industrierobotern - Komponenten - Sensorik - Programmierung - Arbeitssicherheit

Den Bedürfnissen der beruflichen Ausbildung in der Metalltechnik angepaßt, werden hier alle wesentlichen Inhalte knapp, aber leicht verständlich dargestellt. Im Mittelpunkt stehen Technik und Anwendung der Roboter.

Abraham-Lincoln-Str. 46
Postfach 1547
65005 Wiesbaden
Fax: (06 11) 78 78-4 00
http://www.vieweg.de

Stand 04.02.98. Änderungen vorbehalten.
Erhältlich im Buchhandel oder beim Verlag.

Atlas der modernen Handhabungstechnik

von Stefan Hesse

1993. 458 S. im Ringordner. DM 228,--
ISBN 3-528-04988-X

Aus dem Inhalt: Grundlagen der Handhabungstechnik - Objekte der Handhabungstechnik - Handhabungseinrichtungen - Zuführsysteme - Werkstückbereitstellung und Werkstückträger - Schwingfördertechnik - Industrierobotertechnik - Greifertechnik - Handhabung in der Montage - Verkettung - Sensorik - Steuerungen in der Handhabungstechnik - Arbeitssicherheit in der Handhabungstechnik - Handhabungssysteme

Abraham-Lincoln-Str. 46
Postfach 1547
65005 Wiesbaden
Fax: (06 11) 78 78-4 00
http://www.vieweg.de

Stand 04.02.98. Änderungen vorbehalten.
Erhältlich im Buchhandel oder beim Verlag.